MALINGSHU ZHINENG JINGBO
LILUN JI ZHUANGBEI

马铃薯智能精播理论及装备

马伟 许丽佳 谭彧 著

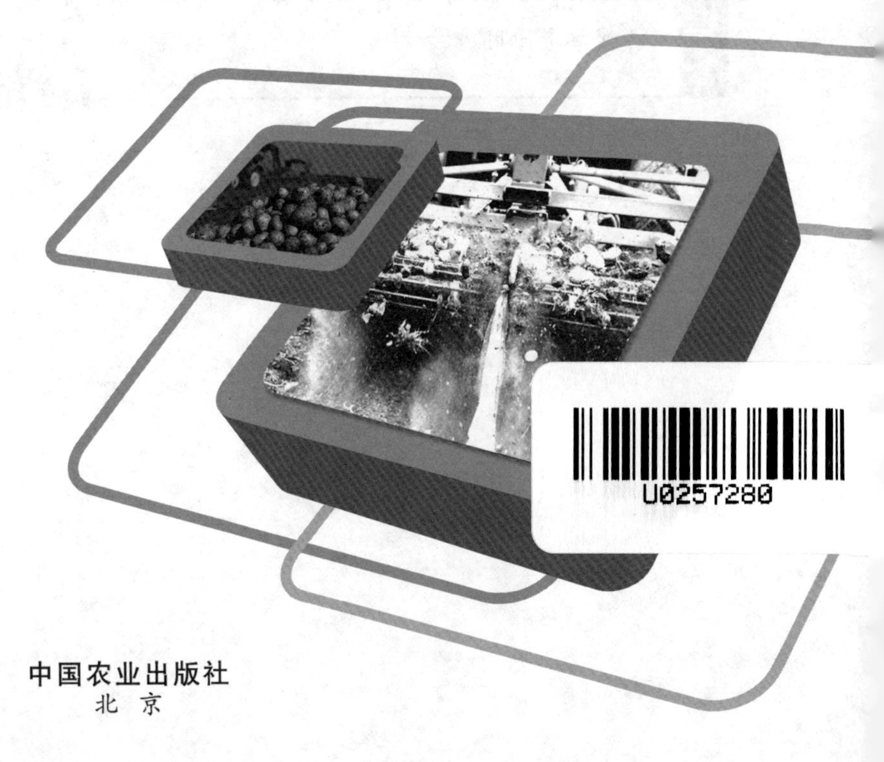

中国农业出版社
北 京

内容简介

本书围绕马铃薯机械化生产智能精播理论及装备的研究，聚焦马铃薯切种和播种两个关键环节。全书图文并茂地介绍科学依据、技术难点和实践应用。本书是作者团队多位科学家携手、在该领域持续探索多年的结晶。

本书内容聚焦、系统全面、可读性强，具有较强的科学性、教育性和前瞻性，以及一定科普性，可作为大专院校本科生和研究生的参考用书，也可供本学科的科研、教育、管理、工程技术、农机推广、农机销售等相关人员参考使用。

著者简介

马　伟　中国农业科学院都市农业研究所智能农业机器人团队首席科学家，博士，正高级工程师，博士生导师。

许丽佳　四川农业大学机电学院院长，博士，教授，博士生导师。

谭　彧　中国农业大学工学院，博士，教授，博士生导师。

前言

马铃薯对我国粮食安全具有重要作用。几千年来，人类对马铃薯的直观认识是一个动态变化的过程，早期印象是用来填饱肚子、解决饥饿问题，接着是作为工业淀粉的主要来源，后来马铃薯成为西餐中的主流食物。但马铃薯对人类的价值远不止这些，神奇的马铃薯有多重身份，其在第一产业、第二产业和第三产业中都扮演了非常重要的角色，民间流传着马铃薯的各种传说，而从科学的角度，我们正逐渐揭开马铃薯神秘的面纱。

马铃薯的神秘在于栽培方面。其生命力旺盛，种下去就能长出来，不种下去也会定期发芽，但因含有龙葵素而没法食用。西北干旱地区栽培马铃薯有好收成，西南多雨地区栽培马铃薯亦有好收成。但遗憾的是，种出优质的马铃薯还是不太容易。一旦加上淀粉颗粒大小、特定用途加工、种薯质量稳定等限定条件，马铃薯商品化率就会直线下降。这说明精准栽培马铃薯任重道远，需要农业科技工作者进一步探索。

马铃薯农业装备的研发走的是以美国为代表的发达国家的路子。最早是麦当劳、肯德基等快餐企业进入我国，国内有了优质马铃薯的市场需求，在这个以西方为首的马铃薯产业链上，开始有了中国人的身影。但这种市场需求和传统的马铃薯栽培是无法对接的。因此精准化、规模化和机械化的马铃薯栽培开始在我国普及，配套的装备企业也开始一步步地发展起来，研发智能装备的任务也就被各大科研院所和企业承接。

马铃薯装备的智能化是个庞大的体系，除了机械设计、电子控制、软件设计和物联传感之外，还涉及土壤学、栽培学和分子生物学等，同时还要对国际贸易、产业趋势有所了解。马铃薯智能装备需要颠覆性的创新，需要跨专业的合作，还需要不断进行知识迭代和更新。马铃薯耕、种、管、收、储5个环节都有不同的技术难题需要克服，而且每个环节都有自己的体系，因此不是单独的某一技术越先进越好，而是需要从系统工程的思想出发，做好装备之间的配合。

基于以上认识，著者从2016年开始马铃薯智能精播的研究和实践。一开始只是聚焦在土壤病害和土壤消毒等非常具体的点上，探索如何机械化地改善土壤以便提高产量。在完成国家重点研发计划等课题过程中，开始熟悉这个领域，也感叹这个领域技术装备的空白，因此在完成土壤机械研发后，就尝试在播种的环节进行技术探索。经过和国内外科研院所长期合作，共同研究探索和实践应用，著者团队在精准识别模型、智能控制技术和精量播种装备等方面取得了进展。

在开展合作研究的过程中，廖敏教授、王秀研究员、宋卫鹏教授、张付杰教授、赖庆辉教授、田芳博士、田志伟博士、卢劲竹博士、焦巍博士、伍志军博士参与了部分研究工作，研究生封煜亮、颜浩、王微子等参与了试验。另外，在本书写作过程中，王霜、邱云桥、刘爽等领导给予了宝贵协助；特别感谢中国农业科学院、中国农业大学、四川农业大学、西华大学、山东农业大学给予的支持。

马铃薯智能播种装备是个崭新、庞大且复杂的技术体系和研究领域，目前还处于不断探索的过程中。本书的内容只是多个单位交叉研究和探索工作的集成，仍有很多科学问题需要进行系统深入的探究。而且，马铃薯精量播种装备的许多理论方法、关键技术和核心装置都在快速迭代。鉴于作者的水平有限，书中的内容和观点难免存在不妥之处，恳请广大读者批评指正。

著　者

2024年4月7日于成都兴隆

目录

第一章

绪　论

第一节　研究背景

马铃薯是全球重要的粮食作物之一，在世界各国广泛种植，是仅次于小麦、水稻和玉米的第四大主要粮食作物，其种植和加工对于保障世界粮食安全具有重要意义。2019 年，世界马铃薯的收获面积为 1 734.098 6 万 hm^2，产量为 37 043.658 1 万 t。我国是世界上马铃薯种植面积最大的国家，马铃薯收获面积为 491.474 6 万 hm^2，总产量为 9 188.139 7 万 t。我国马铃薯种植面积和总产量均为世界第一。彩图 1-1 所示为全球马铃薯生产情况。

根据国家统计局统计，1999—2023 年，我国马铃薯每年的种植面积、年产量和单位面积产量的统计结果如图 1-1 所示。从统计数据看出，1999—2016 年，随着年份的增长，马铃薯的种植面积整体上呈现稳定增长的趋势（图 1-1a），1999 年其种植面积为 441.767 万 hm^2，到 2016 年，种植面积为 562.6 万 hm^2，相对增长率达到 27.4%。

马铃薯对于稳定粮食供应和全球粮食安全发挥了重要作用。除了作为粮食供应外，马铃薯淀粉也是饲料生产、制药等工业领域的重要来源。受气候条件、栽培水平的影响，我国马铃薯种植的单位面积产量长期低于世界平均水平。结合马铃薯的生产过程进行分析，影响我国马铃薯生产水平的因素在于种植、田间管理及收获等各个环节。

为保障国家粮食安全，近年来，我国政府推出政策支持马铃薯

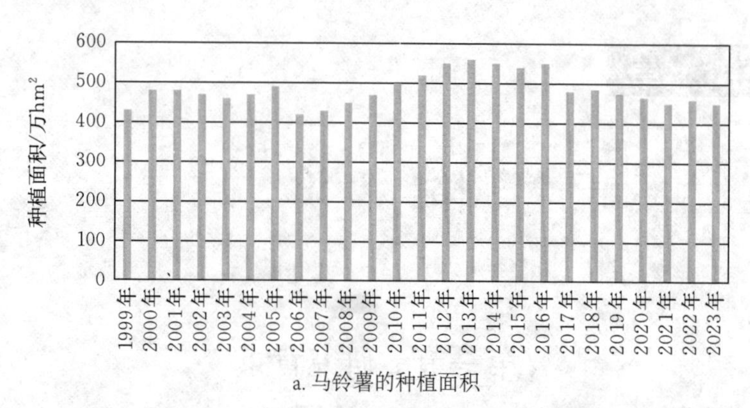

a. 马铃薯的种植面积

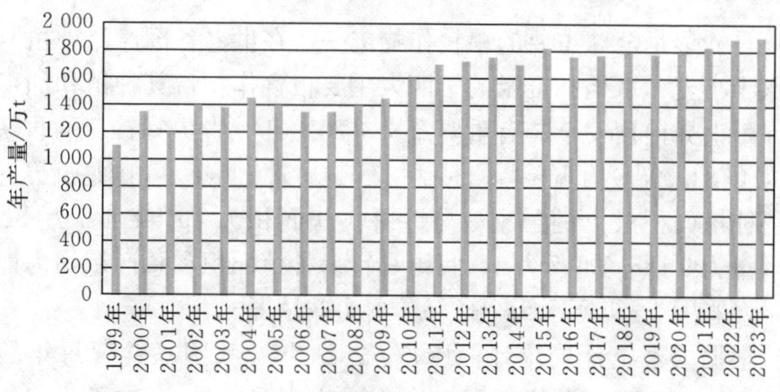

b. 马铃薯的年产量

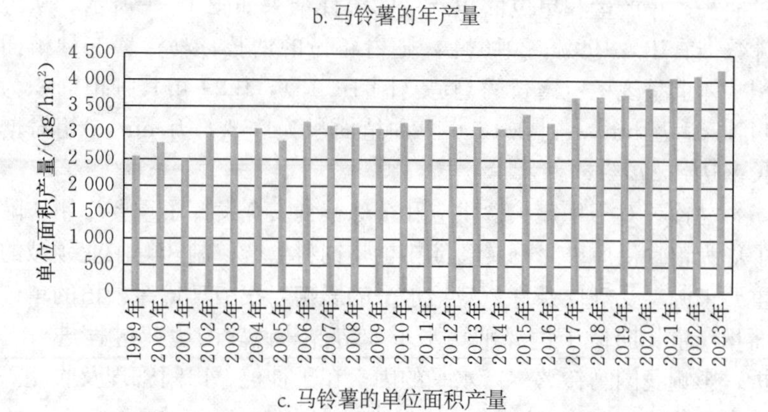

c. 马铃薯的单位面积产量

图 1-1　1999—2023 年我国马铃薯的种植面积、年产量和单位面积产量

主粮化在国内的发展，以期提高马铃薯的生产水平以及主粮化产品在马铃薯总消费量中的比重。为此，2012 年农业部印发《马铃薯机械化生产技术指导意见》，将马铃薯全程机械化列为重点内容。马铃薯的机械化生产近年来呈现快速发展的趋势，关键技术和装备不断进步，产业链条不断成熟。

在马铃薯机械化装备产业化方面，播种环节的种薯切块工序也逐渐由人工切块方式（图 1-2a）转变为机械化切块方式（图 1-2b）。欧美发达国家起步较早，图 1-2b 所示为美国 Mile Stone 公司所生产的马铃薯种薯机械切块设备，其所采用的机械切块方式相对人工切块提高了切块速度。播种环节的下种工序也多为大型作业机械。

a. 人工切块

b. 机械切块

图 1-2　现有的种薯切块方式

我国 2015 年宣布实行马铃薯主粮战略，马铃薯在我国粮食体系中扮演重要角色。但是长期以来，马铃薯生产机械化水平较低，如图 1-3 所示，长期依靠人工或半机械化作业，关键环节机械化技术薄弱。2017 年《农业部关于推进马铃薯产业开发的指导意见》提到“马铃薯作为主粮产品进行产业化开发”，加快发展马铃薯机械势在必行。随着信息化技术的普及，智能装备逐渐成为农业发展的主流，马铃薯机械化生产也朝着智能化、精准化和无人化的方向发展。

从国内外趋势看，发展马铃薯机械化生产装备势在必行。

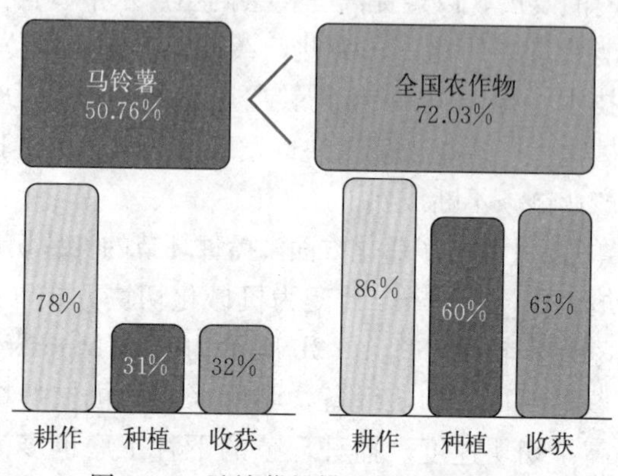

图 1-3　马铃薯的耕种机收机械化率

首先，从农业现代化的角度来看，农业的现代化进程需要不断引入新技术和新型装备，以实现农业生产的自动化、智能化和高效化。马铃薯作为一种重要的农作物，其生产过程需要大量的劳动力投入，尤其是挖掘和收获等环节。传统的切种播种、人工挖掘和粗放机械化收获的方式已经无法满足现代农业的需求，如图 1-4 所示，因此需要研究和开发新的农业装备和技术，以适应现代农业的需求。

图 1-4　粗放机械化收获

其次，从马铃薯产业发展的角度来看，马铃薯产业的发展需要不断提高生产效率和降低生产成本，并提高马铃薯的品质和产量，为农民带来更多的收益。而马铃薯机械化生产智能装备的研究和应用，可以通过自动化和智能化的方式提高马铃薯生产的效率和品质，降低生产成本，从而促进马铃薯产业的发展。

再次，从全球化的角度来看，随着全球化进程的加速，农业领域的竞争也越来越激烈。研究和开发马铃薯机械化生产智能装备，可以提高我国马铃薯生产的整体水平，增强我国马铃薯产业的竞争力，为我国农业的可持续发展作出贡献。

最后，从技术发展的角度来看，人工智能、机器视觉、物联网等技术的不断发展，为马铃薯机械化生产智能装备的研究和应用提供了更多的可能性。通过引入智能化技术，可以实现马铃薯生产的自动化和精准化，提高生产效率、降低生产成本。例如，通过机器视觉技术可以实现对马铃薯的自动识别和收获，通过物联网技术可以实现远程监控和管理等。

综上所述，马铃薯机械化生产智能装备的研究背景是多方面的，需要不断引入新技术和新型装备，以实现农业生产的自动化、智能化和高效化。通过研究和开发马铃薯机械化生产智能装备，可以提高马铃薯生产的效率和品质，降低生产成本，为农民带来更多的收益，为我国农业的可持续发展作出贡献。

第二节 发展现状

一、研究现状

马铃薯播种环节是国内外研究的热点。

（一）基于图像处理的马铃薯外部品质检测

马铃薯主要分为商品马铃薯和种薯两种。根据相关文献对鲜食马铃薯的等级分类规定，外部品质方面，商品马铃薯注重块茎大小均匀、形状规则、表皮光滑、芽眼浅小且数目少等特征，而表皮变绿、发芽、畸形、裂沟、机械损伤、虫眼、鼠咬、病斑、腐烂等均属于外部缺陷，易影响商品价值。由于用途不同，生产者对种薯的外观特征要求也不同，除不能存在影响种薯繁殖的病虫害、腐烂及严重机械损伤等外部缺陷以外，生产者对种薯的形状和大小没有严格要求，且注重块茎的芽眼深、数目多。另外，为促使种薯打破休眠，进入萌芽期，生产者多将种薯放置于常温不避光环境，因此种薯发芽和表皮发绿是正常现象。

随着机器视觉技术和图像处理技术的发展，国内外很多研究人员将其应用于对农产品的无接触品质检测和分级中，用以代替劳动密集型的人工分拣工作，减少主观判断所导致的误差影响。当前对马铃薯外部品质检测的研究主要针对商品马铃薯，应用机器视觉和图像处理技术检测马铃薯的外部品质，同时根据检测结果对马铃薯进行分级处理，有利于提高马铃薯二次加工的品质，进而提高马铃薯的商品价值。

Tao 等将表皮颜色作为马铃薯品质评价的参数。该研究将机器视觉系统采集的马铃薯彩色图像转换到 HSI（hue - saturation - intensity，色调-饱和度-亮度）颜色空间，分析 H 通道的亮度直方图并建立多元线性判别模型。建模时，构建协方差矩阵计算一组正常样本（或绿皮样本）的 H 通道直方图中每一点的数据与整个直方图数据平均值的距离，设定阈值实现马铃薯表皮颜色的识别，获得了较高的准确率。但由于图像中马铃薯表皮颜色易受光源强度变化的干扰，从而造成 H 通道图像的失真，影响判别结果，因此检测中对光源强度的稳定性具有较高的要求。

除颜色参数外，Tao 和 Heinemann 均研究了马铃薯形状的评价方法。Tao 等在研究中首先使用八邻域跟踪算法提取马铃薯轮廓，并将其表示为一维边界曲线。标准化处理以后，将曲线进行傅里叶展开。分析结果表明，利用前十次谐波即可较完整地表示马铃薯轮廓，并根据所得展开式提取马铃薯形状参数，实现形状分类，分类准确率达到 89%。

在此基础上，Heinemann 等研究了马铃薯形状和尺寸参数的在线检测技术。该研究基于八邻域跟踪算法提取马铃薯边缘，然后提取边缘上与同一单位向量的内积分别为最大值和最小值的点对，改变单位向量的方向从而遍历整个边缘，获得所有点对。计算每组点对中两点间的欧氏距离，取最大值作为马铃薯的纵向直径，用于评价马铃薯的尺寸，然后利用一组封闭的多边形曲线傅里叶算子描述马铃薯近圆形的形状。研究比较了在线环境与静态环境的马铃薯形状分级结果，表明静态环境的分级准确率更高，前者准确率低的原因主要是在线环境下马铃薯的姿态不稳定，因此需要针对动态环境的马铃薯图像建立更稳健的处理算法。

Zhou 等研发了实时计算机辅助的马铃薯外部品质参数视觉检测系统，针对马铃薯质量、截面直径、形状以及颜色 4 个特征开发图像处理算法。算法首先将马铃薯图像转换到 HSV（hue - saturation - value，色调-饱和度-明度）颜色空间，对 H 通道图像提取亮度阈值实现去背景处理；同时，在 H 通道图像中针对绿皮特征设定阈值，然后统计亮度值大于阈值的像素数，将该值基于马铃薯投影面积进行归一化处理，得到评价颜色的高色相比参数。预测马铃薯的质量时，不断改变相机相对马铃薯的采图视角，采集多方位的马铃薯图像，然后建立基于图像中马铃薯投影面积的马铃薯质量预测模型。评价马铃薯形状时，在图像中将马铃薯轮廓拟合为椭圆形，并计算真实轮廓与拟合椭圆的差值，将其相对马铃薯投影面积进行归一化处理以后，得到形状不匹配比率参数，用于描述马铃薯的形状。另外，提取马铃薯轮廓的拟合椭圆的短轴，用于建立线性换算模型，求得马铃薯截面直径。该研究根据美国农业部规定的马铃薯分级标准进行算法评价，质量及截面直径预测的准确率分别为 91.2%和 88.7%，形状和颜色识别的准确率分别为 85.5%和 78.0%，算法的总体检测准确率为 86.5%。该研究为马铃薯的外部品质检测提出了有价值的参数评价方法。

针对在线环境下实现马铃薯外部品质全方位快速检测的需求，Noordam 等研发了基于机器视觉的马铃薯在线式品质检测和分级系统，在输送带的图像采集位置安装 V 形平面镜（图 1-5），借助平面镜成像原理使相机可以同时捕获马铃薯全方位的彩色图像。处理所得马铃薯图像，分别提取背景区域、正常表皮、绿色表皮、机械损伤及疮痂等不同区域的颜色参数，经主成分分析进行数据降维以后，建立多层前馈神经网络模型和基于马氏距离的线性判别模型。研究通过比较5个不同品种马铃薯的判别结果，表明多层前馈神经网络模型的判别准确率更高。另外，该研究对颜色相似的不同区域基于区域形状的面积和离心率选取分类阈值，实现对外部损伤和疮痂等区域的进一步区分。在马铃薯形状的检测部分，该研究使用傅里叶算子描述马铃薯图像的边缘轮廓，然后对不同品种和形状的马铃薯建立基于马氏距离的线性判别模型，经比较分析，利用30层傅里叶算子所建立的判别模型对正常马铃薯和畸形马铃薯具有更好的分类效果。综上，该研究所提出的方法对马铃薯多方位图像采集以及多品质参数的在线判别分类具有不错的效果，分类准确率达到90.2%以上，检测速度达到12 t/h。

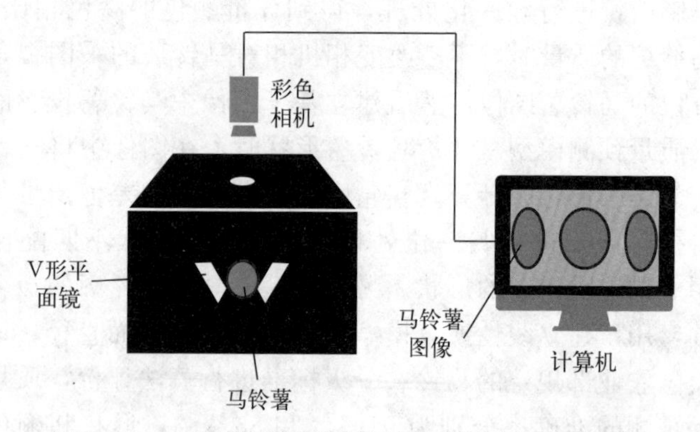

图1-5　基于V形平面镜的马铃薯彩色图像采集系统

Dacal-Nieto等针对批量马铃薯研究了品质分级方法，该研究在HSV颜色空间的H通道利用阈值初步提取马铃薯目标区域，并将图像转换到RGB（red-green-blue，红色-绿色-蓝色）颜色空间，分析R、G、B通道以及S通道图像的亮度值特征，进一步去除背景干扰。然后以不同角度旋转图像轮廓并分析其垂直投影，通过局部极值判断是否存在因多个马铃薯粘连而形成的轮廓，利用像素极值分割轮廓。对每个马铃薯在 RGB 和 HSV 颜色空间依次提取灰度直方图及基于灰度共生矩阵的纹理特征参数，得到 60 个参数用于最近邻分类器训练，结合遗传算法降低参数维度，所得分类器对马铃薯腐烂或绿皮缺陷的分类准确率达到 86.2%。

赫敏在基于机器视觉的马铃薯外部品质检测技术研究中，对马铃薯的形状、大小以及外部缺陷三类参数分别进行分析。研究首先提取俯视图像中马铃薯的面积以及侧视图像中的马铃薯的厚度参数用于构建质量预测模型，获得了较高的质量预测准确率；其次在形状检测研究中，通过提取马铃薯图像的多阶 Zernike 矩，结合基于概率神经网络的遗传算法进行特征参数选取，并建立基于支持向量机的形状判别模型，实现对畸形薯的准确判断；最后基于 RGB 和 HIS 两类颜色空间的特征，利用 SUSAN 算子设置面积阈值实现了对外部缺陷的检测。

郑冠楠等在马铃薯分级检测研究中，通过计算马铃薯单体区域任一点的 G 通道灰度值与 G 通道灰度平均值的差值，并设定判别阈值，进行芽体点检测。为排除图像中亮斑的干扰，该研究统计所识别出的芽体的个数，当大于临界值时，可基本判定马铃薯存在发芽体。

在基于机器视觉的马铃薯外部缺陷检测中，由于图像中马铃薯缺陷区域的位置、尺寸等的变化具有随机性，在灰度直方图中峰值不明显，难以提取实现缺陷分割的阈值。针对这一问题，Jin 等提出自适应强度截留和固定强度截留的缺陷分割算法，首先采用最大类间方差法和形态学处理实现背景和块茎正常区域的去除，得到疑似缺陷区域的图像，然后基于 HSV 颜色空间设计九色系统定义深色区域，并提取面积参数和黑色比参数，设定阈值条件识别缺陷。研究结果表明，在固定的图像采集环境下，固定强度截留算法的识别准确率较高，对发芽、虫害和机械损伤等缺陷的分类和识别准确率为 91.4%。

基于九色系统的定义，虞晓娟等在色度域进一步分析得到马铃薯绿皮缺陷的分割阈值。研究采用比色法提取特征参数，并对参数进行自相关分析，得到相关性较低的两个参数$\frac{B}{(R+G)}$和$\frac{R}{G}$。然后基于逐步线性回归方法和支持向量机方法分别建立判别模型，结果表明基于色度域的分割方法具有更好的分割效果。

李锦卫等在改进九色系统的基础上得到十色模型，用于检测图像中的马铃薯缺陷。该研究首先利用固定强度截留算法在亮度通道分割图像，提取深色亮度区域作为待识别缺陷目标，另外通过分割G通道图像并保留浅色灰度区域作为待识别发芽目标。进行缺陷或发芽识别时，利用十色模型分别定义不同外部缺陷或发芽的颜色特征，并统计相应区域所占的像素面积比例，实现缺陷或发芽判别。将该方法中发芽判断的方法与郑冠楠的发芽分割方法比较，前者对整体偏暗的图像的分割效果较好，而后者更适宜检测整体偏亮的图像，结合两种方法可进一步提高芽体识别的准确率。经验证分析，该研究充分利用图像的颜色信息特征，以准确判断马铃薯的缺陷或芽体，但是对因形态学滤波处理导致的正常和缺陷两种感兴趣区域联结时的识别效果不好。

由于马铃薯外部缺陷形态各异，难以人为提取到识别所有缺陷的特征参数。针对这一问题，Barnes等在马铃薯外部缺陷的视觉检测研究中，对马铃薯的正常区域与缺陷区域（黑斑、银皮病、表皮虫害、绿皮、粉痂病、褶皱、发芽和表皮裂缝等）提取大量特征参数，包括颜色特征、边缘特征、邻域的亮度值、全距特征等。利用所得参数建立基于自适应增强算法的判别模型，由模型自动提取不同缺陷所对应的特征参数。经试验验证，该模型提取出了10组特征参数，对白皮和红皮两种马铃薯进行缺陷检测的准确率分别达到89.6%和89.5%。经分析，识别结果中产生误差的原因主要在于训练模型时人工标记缺陷的主观倾向性以及模型识别单像素缺陷的失敏性。

Wang等在马铃薯的尺寸检测研究中，对H通道图像应用最大类间方差法进行阈值分割，经形态学处理以后，基于马铃薯的惯性主轴与图像横轴的夹角旋转图像，提取马铃薯区域的最小外接矩形，矩形的边长分别表示马铃薯的主轴长度和小轴长度，该方法相对基于马铃薯任意放置角度下的图像最小外接矩形原始提取方法提高了运算效率，且对马铃薯尺寸的测量结果具有较高的准确率。

马铃薯因病原体感染或储运中的机械损伤等导致块茎产生畸形、缺陷等不规则形状，不利于工厂化的马铃薯二次加工。El-Masry 等研发了基于机器视觉的马铃薯形状在线快速检测系统，预处理以后，提取图像中马铃薯的边缘轮廓，统计轮廓上的像素个数得到马铃薯的图像周长，统计轮廓内的像素个数得到马铃薯的图像面积，并根据图像轮廓计算马铃薯的质心坐标、惯性主轴的长度、惯性小轴的长度以及块茎相对传送带运动时惯性主轴的倾角，进一步推导得到马铃薯轮廓的伸长率、圆度、长度以及离心率 4 个几何参数。另外，该研究将马铃薯轮廓的质心到所有边缘点的欧氏距离展开为关于轮廓像素点的曲线函数，归一化处理以后，采用快速傅里叶描述符拟合马铃薯的边缘轮廓，提取前 10 次谐波并对轮廓进行傅里叶展开，计算得到 4 个相关的参数，结合 4 个几何参数构建评价马铃薯形状的逐步线性判别模型。经试验分析，该研究建立了基于马铃薯的圆度、长度及 4 个傅里叶描述参数的模型，对马铃薯形状的分类准确率达到 96.5%，对正常马铃薯和不规则马铃薯的判别准确率分别为 100%和 79%，为马铃薯形状的快速检测提供了新的思路。

Razmjooy 等从数学思维的角度梳理了基于图像处理的马铃薯品质检测过程，其流程如图 1-6 所示。研究对马铃薯彩色图像依次采用对比度增强，基于三个通道灰度平均值的灰度化，基于最大类间方差法的图像二值化，以及闭运算、区域填充和开运算等形态学方法进行处理，获得马铃薯目标区域的图像。基于目标图像的四向投影提取得到马铃薯的长宽比、最大长度和最小长度等尺寸参数。缺陷检测时，分别建立 K 近邻算法、多层感知器模型以及基于4种不同核函数的支持向量机分类器对马铃薯图像的每一个像素进行缺陷识别。研究结果表明，基于序列最小优化核函数的支持向量机分类器具有最好的缺陷检测效果，准确率达到95%，同时尺寸测量的精度达到96.86%。该研究算法将马铃薯尺寸测量与缺陷检测结合起来，获得较好的系统化品质分级效果。

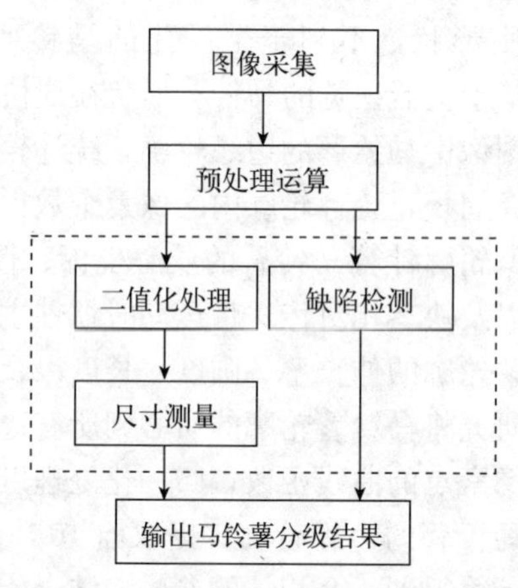

图1-6　马铃薯品质检测的图像处理流程

孔彦龙等提出一种基于图像综合特征参数的形状与质量分级方法。图像预处理以后，在二值图像中提取轮廓内的像素面积参数和轮廓的像素周长参数，建立质量预测模型，预测准确率为95.3%。同时在二值图中提取轮廓的一阶至三阶共6个不变矩作为形状评价参数，采用BP神经网络建立6×13×2的网络结构进行形状分类，分类准确率为96%。

李小昱等在研究中通过对马铃薯光反射图像和光透射图像的分析，实现内部缺陷和外部品质的同时检测。该研究对马铃薯图像采用上山法结合区域生长法分割缺陷区域，分别在RGB颜色空间和HIS颜色空间提取特征参数，然后建立偏最小二乘-支持向量机判别模型，选用径向基函数作为支持向量机的核函数。经验证分析，反射图像和透射图像对外部缺陷的识别准确率分别为89.86%和94.20%，其原因在于反射图像的亮度不均匀，因此在光源强度适宜的情况下，采用透射图像具有更好的缺陷识别效果。

在马铃薯外部缺陷检测的研究中，Brar等设计了照明系统以挡住直射到马铃薯表面的光，从而提高图像的亮度均匀性。缺陷检测中应用改进的模糊C均值聚类方法，结合图像任两点在RGB三通道的欧氏距离参数，实现对绿皮、腐烂、裂缝等外部缺陷的快速自动检测，该方法的缺陷检测准确率达到95%。

Xiong等提出了基于主成分分析和支持向量机的马铃薯外部品质检测算法，分别对马铃薯的正常个体、绿皮个体、发芽个体和缺陷个体进行分类检测。研究采用改进的多分类支持向量机模型，选用径向基函数的核函数训练分类器，整体的分类准确率达到96.6%以上。由于发芽马铃薯的芽易偏离相机视野，从而发生漏判，降低了发芽个体的识别准确率。

Yao等针对自然光环境下的马铃薯图像提出了新的背景分割算法和缺陷分割算法，实现对绿皮、发芽及病害等外部缺陷的检测。该研究通过分析RGB三通道的灰度特征以设定双阈值实现部分背景分割，然后在HIS颜色空间对S通道图像基于最大类间方差法进行二值化处理，得到完整的马铃薯区域图像。缺陷分割时，在图像的RGB、HSV和LAB三种颜色空间提取R－G分量、H分量和A分量，设定阈值实现绿皮缺陷识别；对灰度图像进行滤波去噪及拉普拉斯增强处理以后，计算局部区域相对整体的灰度方差比，经统计分析得到发芽及病害等缺陷的分割阈值。该研究所提出的算法为自然光环境下马铃薯的外部缺陷检测提供了解决办法，尤其对位于马铃薯中间区域的白色、黑色、紫色或绿色芽均有较好的识别效果，但对位于边缘区域的较小芽的识别效果较差。

Ming等在研究中提出一种基于集成分类器的马铃薯图像发芽识别与分类方法。该研究基于卷积神经网络算法（CNN）自动提取图像特征，另外由人工提取包括RGB颜色特征、基于灰度共生矩阵的纹理特征以及SURF（speeded up robust features，加速鲁棒特征）用于训练传统分类器。由于不同分类器均存在误分类情况，该研究将多种分类器进行集成训练，研究结果表明基于多列卷积神经网络算法（MC-CNN）的集成分类器对发芽的识别和分类准确率达到94.5%，相比支持向量机等传统分类器具有更好的分类效果，且对噪声有更好的抑制效果。当含噪声像素数提高时，其识别稳定性有待进一步提高。

国内外针对马铃薯种薯的外部品质检测研究主要有以下几方面：

郁志宏等在马铃薯发芽缺陷检测的研究中，提取B通道图像用于发芽识别，然后采用基于欧氏距离的判别方法结合形态学滤波处理实现对发芽区域的分割和标记，研究结果表明该方法识别芽眼的准确率较高。田海韬等在马铃薯芽眼自动识别研究中，首先应用基于彩色图像的欧氏距离算法判别芽眼，较郁志宏应用灰度图像计算欧氏距离特征的方法具有更高的可靠性，在此基础上结合灰度图像的局部动态阈值分割结果判断芽眼的位置，从而获得芽眼基于二维图像的位置信息，识别准确率高，且芽眼标记完整。这两组研究针对马铃薯表皮光滑且芽眼较深的情况具有较好的适应性，但是对图像本身的亮度均匀性和芽眼或芽的颜色形态有一定要求。

马铃薯育种及种植农艺的决策依赖于块茎的长宽比指数。Si等针对3种不同品种马铃薯长宽比的自动测量开展基于机器视觉系统的研究。该研究基于彩色图像的RGB三通道灰度分布特征提出图像灰度化的方法。经二值化及滤波处理以后，采用标记控制的分水岭分割算法分离图像中的不同马铃薯个体以及背景，并对每个马铃薯个体进行区域标记，基于此计算每个马铃薯的最小外接矩形，用于提取其长度和宽度参数。研究结果表明，自动检测不同品种马铃薯的长宽比指数时，长椭圆形马铃薯的测量准确率大于94%，而圆形马铃薯的测量准确率为84%，其原因在于人工测量近圆形马铃薯的尺寸时，测量点的选择具有主观倾向性，进一步表明基于图像处理的自动检测方法所具备的客观准确性。

更进一步，Si 等研究了动态环境下马铃薯图像的长宽比指数检测方法，基于筛选托盘的边界设定感兴趣区域限定马铃薯所在位置，经过灰度化和形态学处理，获得马铃薯的二值图像，计算最小外接矩形，用于提取长度和宽度参数。研究分别对 3 个不同品种的马铃薯进行检测，检测准确率均达到 95%以上。

李玉华等在研究马铃薯精量播种技术的课题中，采用机器视觉结合图像识别的方法自动识别马铃薯芽眼位置，为种薯自动切块提供参考。研究提取 HSV 空间的饱和度通道图像，基于图像的三维几何特征分析马铃薯轴向截面的灰度分布曲线及曲线一阶导数的特征，从而提取 4 个特征参数，初步判定芽眼位置；结合芽眼横向形状特点，完成芽眼识别。该方法识别芽眼的健壮性较好，准确率高。但是对马铃薯样本表面的光滑性要求较高，且对破皮损伤等干扰因素的适应能力有待提高。在此基础上，Xi 等提出了基于混沌优化 K 均值算法的马铃薯芽眼快速分割方法，研究中利用步进电机带动马铃薯进行 360°翻转，从而采集得到全方位的图像。图像处理时，将混沌变量映射到 K 均值算法的变量中，从而寻找全局最优值，克服了 K 均值算法易陷入局部最优的缺陷，能够快速准确地实现马铃薯的芽眼识别。

除上述研究以外，其他光学检测技术如多光谱图像检测技术、高光谱检测技术、基于马铃薯表皮生物特性的激光散斑图像检测技术均被应用于马铃薯外部品质的检测中。

总结现有的各类马铃薯外部品质无损检测的研究，检测参数主要包括尺寸测量、形状分类、质量预测以及对外部缺陷的识别等，其中尺寸测量和形状分类主要基于对马铃薯图像轮廓的参数分析，质量预测主要基于对图像中轮廓的尺寸和面积参数的分析，外部缺陷的识别主要基于对图像颜色特征和纹理特征的分析。所采用的研究方法除了传统的图像处理算法以外，模式识别和深度学习等基于大量数据统计规律的方法也被应用于缺陷识别中。检测方式可以分为静态检测和动态检测两类，静态检测所采集的图像中马铃薯的姿态稳定，相对更有利于获得准确的检测结果；动态检测是对静态检测技术的进一步推广应用，要求在保证检测效率的同时提高准确率。另外，由于马铃薯是物理空间中的三维实物，部分研究通过人工翻转或装置辅助实现了全方位图像采集，更加完善了对马铃薯整体外部品质的评价。

当前关于马铃薯种薯外部品质检测的研究主要包括与育种相关的长宽比指数测量和块茎的芽眼识别及定位。后者作为马铃薯种薯切块方法的研究基础，目前仅针对独立的单侧面二维图像进行芽眼识别，以得到芽眼在图像中的二维坐标；同时对种薯存在机械损伤等干扰芽眼识别的检测研究还较少。因此本研究在基于图像处理的芽眼识别中，对存在不影响种薯种用性的机械损伤等干扰进行特征分析，以实现更为准确的芽眼识别和定位，为种薯切块方法的研究奠定基础。

（二）点云模型重构方法及对马铃薯外部品质检测

相对二维的平面图像，马铃薯具有物理空间中物体所具备的立体结构信息，基于常规的图像处理方法难以恢复其三维结构，因此需要对其进行点云模型重构。物体的点云模型重构方法主要分为基于主动视觉的方法和基于被动视觉的方法，其中主动视觉法包括激光扫描技术、结构光成像技术、阴影法以及 ToF 法（time of flight，飞行时间）等，这类方法的原理是由设备自身发出探测信号，经被测物反射以后由设备的信号接收模块进行接收，其优点是所用信号为特殊的频率，不易被环境噪声所干扰，但由于所使用信号的能量有限制，因此所能检测的空间范围相应受限制，一般适合应用于对尺寸较小物体的近距离检测。被动视觉法主要包括单目视觉法、双目视觉法等，其原理是利用图像采集装置采集不同视角下物体所反射的环境光，通过对不同视角的相机进行参数标定，进而换算得出物体的三维尺寸，实现点云模型的重构。这类方法的优点是能对较大范围的空间进行数据采集，且创建的点云模型相对具有更高的精度；缺点是易受环境噪声的干扰，且数据量过大，容易降低运算效率。在农业生产中，点云模型重构技术被广泛应用于建立作物植株的数字模型以及农作物目标识别的研究中。当前国内外对马铃薯三维点云模型重构方法的研究主要有以下几种。

Runge在马铃薯厚度参数的检测研究中，基于单目视觉原理设计了马铃薯多视角图像采集方法，从而生成其点云模型，研究主要包括单目相机以及一张边缘带有标定方块图案的背景板。图像处理时，结合相机内部参数及背景板上的标定方块在图像中的像素坐标计算相机在当前方位的外部参数，从而换算得到马铃薯在不同视角下的物理尺寸参数，最终生成其点云模型，并提取得到马铃薯相对背景板平面的厚度参数。经试验验证，该方法检测马铃薯厚度的准确率达到91.2％。

蒙建国等利用非接触光栅式照相扫描技术结合转台采集马铃薯的三维立体轮廓数据，所生成的三维模型与真实个体的形状和大小一致，对研究不规则形状马铃薯的外部品质和运动特性均具有指导意义。

杨耀民在马铃薯三维表面重建研究中，采用中心轴旋转法采集马铃薯的多角度二维图像，利用图像的轮廓进行拼接，近似拟合马铃薯三维结构。经研究分析，由60个轮廓拼接所得三维点云模型具有更好的拟合效果，其拟合准确度达到94.5％，且轮廓点数只有三维扫描方式的1/200。经试验验证，该方法所得模型对正常马铃薯和畸形马铃薯进行表面积计算和形状分类均具有较高的准确率。

基于二维图像的马铃薯尺寸参数测量受限于图像的二维结构，难以获得马铃薯的三维结构信息。针对这一问题，Su等采用基于结构光的深度相机采集马铃薯的深度图像及环境无样本时背景的深度图像，根据深度图像像素点赋值的定义，提取马铃薯的长度、宽度、厚度、表面积以及体积参数，并分析建立马铃薯的质量预测模型。分析结果表明，基于深度图像所提取的马铃薯尺寸参数相对人工测量值的误差均小于4.4%，体积参数与质量的相关性最高，预测相对误差为6.1%，具有较高的可靠性。

上述研究分别从被动视觉和主动视觉的原理出发，采集马铃薯图像并构建三维点云模型，以计算其尺寸参数，评价其形状，研究结果相对二维图像处理的方法具有更高的可靠性。但上述研究在构建马铃薯点云模型方面均存在一定的不足，如未能构建全方位的点云模型、构建的模型不够稳定等。因此本研究提出基于多视角深度图像的马铃薯种薯点云模型重构方法，从而构建更为稳健完整的点云模型。

（三）马铃薯种薯切块技术

马铃薯种薯切块方法主要受块茎质量、芽眼总数及芽眼分布等几方面因素影响，研究合理的切块方法可以为种薯自动切块机构的设计奠定有效的理论基础。

张国强在马铃种薯自动切块机的研究工作中，首先对切块装置的结构和控制系统进行设计，并根据切块所用曲柄连杆机构的运动过程和受力分析结果设计切块机构。同时该研究建立了BP神经网络模型以自动识别二维图像中种薯的芽眼，为进一步改进所设计的装置奠定了基础。

邢作常等研究了基于机器视觉的种薯发芽部位的自动识别方法及切块机构，机构分别包括图像采集和检测工位以及自动切块工位。薯芽定位时，首先求出图像中马铃薯轮廓的质心，然后计算发芽位置与质心的连线相对图像坐标系的夹角，用于引导自动切块。检测结果表明薯芽识别和定位的准确率达到98.5%，该研究为马铃薯种薯自动切块机构的设计提供了理论支撑。

田海韬在研究中提出基于机器视觉的马铃薯种薯芽眼自动识别技术和种薯切块的方法。该研究首先从相互垂直的3个视角采集3张马铃薯图像，对图像的轮廓采用最小二乘法进行椭圆拟合，然后分别从3个视角的图像上提取拟合椭圆的长半轴和短半轴长度，作为马铃薯图像的尺寸参数。根据所得尺寸参数计算拟合偏离度作为形状评价参数，并设定参数阈值，剔除畸形马铃薯。对正常马铃薯，利用尺寸参数建立质量预测模型，作为种薯切块的依据之一。该研究最后根据种薯质量和芽眼识别结果设计切块方式，并设计相应的刀具模型，计算刀具在不同芽眼分布情况下的转角。仿真分析结果表明，该研究所提出的方法为马铃薯种薯自动切块机的设计提供了初步的理论思路。

综上，马铃薯种薯自动切块技术的研究主要包括基于机器视觉的芽眼识别和定位，以及根据种薯质量和芽眼位置制定切块方法两方面，存在的问题为所获得的芽眼坐标为基于彩色图像的二维坐标，不能体现芽眼相对种薯的空间位置关系，进而使得所研究的切块方法的实用性较差。因此，对种薯切块方法的研究须在获取芽眼三维空间坐标的基础上，根据种薯切块的技术要求进行芽块分割面的推导和求解。

（四）精量播种技术

19 世纪 80 年代，国内外开始对马铃薯播种机进行研究。1988 年 G. C. Misener 等人研发了一种杯带式排种器。其代表机型主要有美国 Crary 公司研发的 604、606、608 系列气吸式排种器。1992 年 C. D. Mcleod 等人设计了一种气吸式排种器。20 世纪初，Bohumil Jirotka 研发了薯夹式排种器。20 世纪末，发达国家主要使用针刺式马铃薯播种机，但后来薯块间容易感染病菌，且刺针易损伤。Buitenwerf H. 等人采用数学建模的方式探究勺式排种器的模型，探究勺碗、输送管、薯块形状等因素对排种指标的影响规律，结果表明输送管和勺碗对排种性能影响较大，而薯块形状对排种性能没有影响。国外先进的勺式排种器机型有美国 Crary 公司研发的 Pick 系列马铃薯播种机、Deutz - Fahr 公司研制的 Spudnik 8560 带式播种机，以及 Grimme 公司研制的 GL 系列马铃薯播种机，所有机型适用于大型马铃薯种植，作业效率高，能实现精量播种。Dewulf 公司研制的输送带式马铃薯播种机，其优点在于可包容薯块体积不一以及降低薯块损伤，缺点在于薯块间距的控制不够稳定。

华中农业大学杨丹等人研发了气力式水平圆盘马铃薯播种机。

西北农林科技大学李小昱等人研发了板阀式排种器。山东理工大学胡周勋等人设计了一台振动式马铃薯播种机。东北农业大学吕金庆设计了气力式精量播种机。石河子大学黄勇等人设计了一种可实现切块种薯精量播种的马铃薯排种器。东北农业大学工程学院王泽民等人研制了舀勺式排种器。华中农业大学工学院段宏兵等人研制三角链半杯勺式播种机。四川农业大学、西华大学等单位也开发了精量播种机，并进行技术推广。

二、产业现状

近年来，随着农业现代化的不断推进，马铃薯机械化生产智能装备产业规模不断扩大，增长不断加快。我国马铃薯机械化生产智能装备市场规模在全球已经居于重要地位。主要体现出以下 5 个特征。

(1) 产业规模不断增速。到 2019 年，我国马铃薯收获机械保有量 8.3 万台，马铃薯种植总面积超过 467 万 hm^2。种植面积和产量占到全球的 1/4。马铃薯产业不断完善，产业规模和农机化率逐年提升。

(2) 产业结构亟待完善。我国马铃薯机械化生产智能装备产业链主要包括设备制造商、技术服务商和农业合作社等环节。其中，设备制造商以中机美诺公司、青岛洪珠公司为代表，主要分布在北京、山东等地。技术服务商以河北天恩种薯生产企业为代表。农业合作社主要分布在河北、内蒙古和甘肃等地。

(3) 智能装备迅速普及。近年来，我国马铃薯机械化生产智能装备的技术水平不断提高，一些先进的装备已经达到了国际领先水平。例如，一些智能化的马铃薯挖掘机已经实现自动识别和减损挖掘，通过调节挖掘深度和挖掘速度等参数，提高挖掘效率和降低挖掘成本。此外，随着人工智能、机器视觉、物联网等技术的不断发展，马铃薯机械化生产智能装备的技术水平还将不断提高。

(4) 市场竞争不断加剧。我国马铃薯机械化生产智能装备市场大型设备制造商和技术服务商已经占据了主导地位。其中，青岛洪珠公司、西华大学、四川农业大学、中机美诺公司等是主要的设备制造商和科研攻关单位。同时，一些小型企业也在不断涌现，通过提供更加个性化、专业化的服务来获得市场份额。

(5) 产业发展面临挑战。尽管马铃薯机械化生产智能装备产业已经取得了一定的成果，但仍存在一些瓶颈和挑战。首先，一些地区的农业用户对于新技术和新装备的接受程度还比较低，需要加强宣传和推广工作。其次，一些装备的成本还比较高，需要进一步降低成本以适应更广泛的市场需求。最后，一些技术难题也需要继续研究和攻克，例如马铃薯的自动识别和收获等。

综上所述，马铃薯机械化生产智能装备产业已经取得了一定的成果和发展潜力。未来需要继续加强技术研发和创新，提高产业的整体竞争力和可持续发展的能力，以更好地满足现代农业的需求。同时，也需要加强宣传和推广工作，提高农业用户对于新技术和新装备的接受程度，促进马铃薯机械化生产智能装备的广泛应用。

第三节 存在问题

我国马铃薯机械化发展很快，但快速发展过程中也存在基础理论研究缺乏、关键技术创新不够和专业人才缺乏等问题。这些不足限制了产业的可持续发展，需要重点关注并投入相应的力量去解决问题。主要包括以下 6 个方面。

(1) 区域发展不平衡。南方和北方的马铃薯机械化发展存在显著差异，整体呈现北方发展比南方快的特点。北方地区地势平缓，如图 1-7 所示，马铃薯规模化和机械化作业起步较早，种植企业和合作社投资大、市场利润较好。南方由于是小块山地，如图 1-8 所示，多依靠人工作业或者简单机械辅助，多为散户种植，整体水平落后于北方。

(2) 关键技术不成熟。目前，我国生产中新加工工艺和新材料选用的理念远落后于国外，产品精度和性能与国外还存在较大差距。国家科技项目中的马铃薯机械化课题不聚焦，科研单位竞争不

图 1-7　北方马铃薯栽培需要机械化作业地块

图 1-8　南方马铃薯机械化播种试验示范现场

规范。精准切块、精量播种、收获减损等技术研究需要进一步突破和优化。智能装备的信息处理技术也需要进一步提高，以满足现代农业的智能化和精准化需求。图 1-9 为国内人工处理马铃薯种子。

图 1-9 国内人工处理马铃薯种子

(3) 装备售价不合理。一些先进的马铃薯机械化生产智能装备的成本仍然较高，使得一些农业用户难以承受。同时，由于技术门槛较高，也限制了部分设备制造商的技术水平和生产能力，进一步推高了设备成本。国家科研经费的投入产出比低，一些产品或单位被多个渠道的资金做低端重复性资助，技术研发和创新水平较低，需要进一步优化。图 1-10 为国内生产的马铃薯播种机械。

(4) 用户认知不达标。尽管马铃薯机械化生产智能装备在提高生产效率和降低生产成本方面具有显著的优势，但一些农户对于新技术和新装备的认知度还比较低。对于智能装备的操作和维护也存在一定的困难，需要加强宣传和推广工作，提高农业用户对于新技术和新装备的接受程度。图 1-11 为马铃薯机械化种植专业合作社。

(5) 理论实际相脱节。在马铃薯机械化生产智能装备的研究和应用方面，一些技术与实际应用存在脱节的现象。例如，一些设备在实际应用中存在适应性不足的问题，难以适应不同地区、不同品种的马铃薯生产需求。此外，一些技术在实际应用中存在操作烦琐、维护成本高等问题，也需要进一步改进和完善。图 1-12 为马铃薯种植技术要点。

图1-10　国内生产的马铃薯播种机械

图1-11　马铃薯机械化种植专业合作社

图 1-12 马铃薯种植技术要点

(6) 交叉人才不够用。马铃薯机械化生产智能装备的研究和应用需要具备综合性的人才。这些人才不仅需要具备机械设计、电子控制、信息技术等方面的专业知识，还需要了解农业生产的实际需求和应用场景。目前，这类综合性人才较少，需要加强人才培养和引进工作。图 1-13 为马铃薯机械化种植基层技术人员观摩和培训。

图 1-13 马铃薯机械化种植基层技术人员观摩和培训

综上所述，马铃薯机械化生产智能装备的研究存在诸多问题需要解决。需要加强技术创新和研发工作，提高设备的技术水平和适应性，降低设备成本以适应更广泛的市场需求。同时，也需要加强宣传和推广工作以提高农业用户对于新技术和新装备的认知度和接受程度。此外，还需要加强人才培养和引进工作为产业发展提供强有力的人才支持。

第二章

马铃薯切种技术及装备

马铃薯是世界第四大粮食作物，在世界各国均有广阔的种植面积。随着马铃薯产业规模化种植和机械化栽培的发展，每一个生产环节都存在较高的要求。其中播种环节尤为重要。马铃薯播种质量直接决定最终的产量。马铃薯播种前的种薯切块处理也开始由传统的人工切块方式向机械化切块方式转变。

播种前的准备有着严格的农艺要求。种薯切块的技术要求是所切得的每个芽块至少含有 2 个芽眼，质量为 25～45 g。但现有的人工切块和机械化切块方式均缺少对芽眼位置的识别，切块过程中产生了大量无芽眼或芽眼遭损坏的芽块，这种落后的切种生产方法造成了种薯的浪费，影响了发芽率，降低了生产效率，最终也导致减产。

马铃薯高质量切种存在着技术瓶颈和难题。主要存在的问题是种薯切块不均与伤芽，切种环节机械化程度低。精准切种技术门槛高，国外研究起步较早，如美国 MILESTONE 公司和 ALL Star Manufacturing 公司生产的马铃薯种薯自动切种机；国内研究开始起步，如中国农业大学、山东农业大学等针对国内栽培特点研制的机械式切种机。

另一个精准切种技术难题是种薯芽眼视觉标记识别及切割姿态优化。这个关键技术研究还未得到系统解决。种薯精准处理方式是影响马铃薯生产质量的重要因素，要完成这一环节，就需要信息化和智能化技术的辅助。其中机器视觉是低成本、可靠的技术手段。通过机器视觉能控制种薯块茎的质量适宜（小于 50 g），能在控制用种量的同时保障和提高马铃薯产量。

基于图像处理的马铃薯种薯芽眼识别及定位方法可有效解决上述问题。通过对未发芽芽眼、已发芽芽眼、机械损伤、斑点等4种主要特征的精准识别，能够有效预测种薯的质量，可控制种薯切块质量，节约用种量，且能够充分利用块茎上的芽眼，促进种薯提早发芽出苗，使苗齐苗壮。

第一节　图像识别及定位

对马铃薯种薯实施切块操作时，重要依据之一为种薯表面所分布芽眼的数量和位置。数字图像处理是通过对数字图像中的像素点及灰度值进行数学运算从而滤除噪声、提取特征参数并识别目标对象的过程。应用图像处理技术对马铃薯种薯的彩色图像进行处理，可将种薯图像划分为不同的特征区域并进行分析，通过滤波去噪、区域分割和参数提取，实现芽眼的识别和二维坐标定位。

一、图像采集处理

要完成图像采集，需要获取种薯样本。马铃薯品种繁多，块茎形状为椭球形，外皮颜色主要为白色或淡黄色等浅色。本研究选择品种为荷兰马铃薯的马铃薯种薯作为试验样本，这种马铃薯的外皮为淡黄色，用于芽眼识别的图像处理算法研究具有一定的代表性。对所选样本进行清理，去除粘连在表皮上的明显泥块等异物，筛选获得120个马铃薯种薯样本。根据GB 18133—2012《马铃薯种薯》对种薯的最低质量要求，为防止病害传播，影响种植产量，马铃薯种薯中允许存在各类病害的比例极低，因此本研究所选用的样本基本不存在人眼可分辨的病害症状，为品质合格、可用于播种的健康马铃薯种薯。部分样本表面存在因机械碰撞等造成的局部破皮、挫伤等不影响种薯繁殖能力的轻微机械损伤。

马铃薯种薯切块种植时，一般需在催芽前进行切块处理，以控制块茎芽生长的顶端优势，但切块时种薯可能已存在少量的已萌芽芽眼。由于种薯发芽以后，芽眼的颜色形状等特征与未发芽芽眼不同，为充分考虑这两种情况，本研究根据种薯萌芽的条件将样本置于气温适宜（18～20 ℃）的室内环境进行存储，约过半个月，待其打破休眠，有部分芽眼开始萌芽以后，再进行图像采集。同时对每个样本所含有的芽眼数目进行人工计数，120 个样本所含有芽眼数目的人工统计结果如表 2-1 所示（芽眼数为整数）。从表中可以看出，所有马铃薯种薯样本共含芽眼 1 440 个，其中主要为未发芽芽眼，占总芽眼个数的 75%。

表 2-1　120 个马铃薯种薯样本的芽眼数目统计结果

指标	平均值	极大值	极小值
未发芽芽眼/个	9	16	6
已发芽芽眼/个	3	8	0
芽眼总数/个	12	17	6

图像采集装置的搭建是开展分析的重要支撑。马铃薯种薯样本的彩色图像采集装置主要包括工业相机、LED 光源、图像采集暗箱以及控制图像采集和存储图像数据的计算机 4 个部分。装置的具体结构如图 2-1 所示。

图 2-1　图像采集系统

凭人眼观察，马铃薯种薯的表皮呈棕黄色或绿色，芽眼向内凹陷，颜色较表皮更深，不同芽眼的形状和颜色存在细微差异，因此装置采用彩色工业相机作为图像采集设备，可同时获取马铃薯种薯样本的表面颜色信息和形状纹理信息。工业相机的实物如图 2-2 所示，主要包括一个型号为 MER-231-41U3M/C 的 CMOS 彩色相机（中国大恒集团有限公司北京图像视觉技术分公司）和一个型号为 M0814-MP2 的镜头（computar），相机与镜头的基本参数如表 2-2 所示，由生产厂家所提供的光谱响应曲线如图 2-3 所示，表明该相机的图像传感器在可见光的全波段范围均具有良好的信号响应。

图 2-2 工业相机

表 2-2 装置所用相机和镜头的基本设备参数

设备名称	设备参数	参数值
相机	CMOS 传感器	1.2 英寸*
	分辨率	1 920 像素×1 200 像素
	像素尺寸	5.86 μm×5.86 μm
	帧率	41 fps
	接口	USB 3.0

* 1 英寸=2.54 cm。——编者注

（续）

设备名称	设备参数	参数值
镜头	焦距	8 mm
	光圈	F 1.4

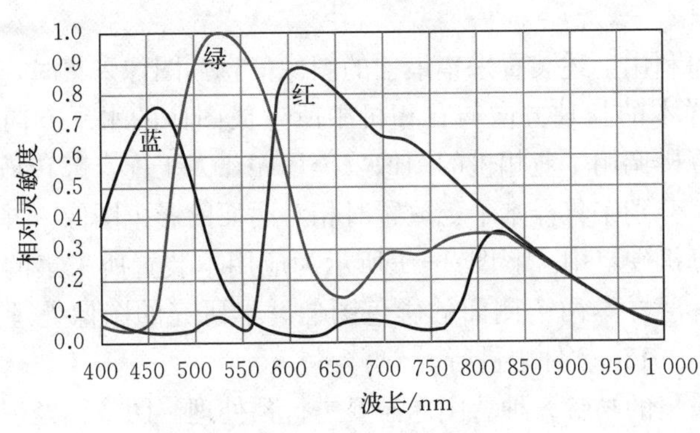

图 2-3　相机的光谱响应曲线

装置所用光源是由 4 个相同的 LED 条形光源组装而成的方框形光源，总功率为 60 W，为图像采集提供充足且较为均匀的照明。在机器视觉系统中，光源的重要参数除了功率以外，还有光谱特性这一参数。为配合装置所使用的彩色相机，本文采用白色 LED 光源，其光谱特性曲线如图 2-4 所示，在 400～700 nm 的可见光波长范围具有稳定的发光特性，可以满足装置采集马铃薯种薯样本彩色图像的需要。

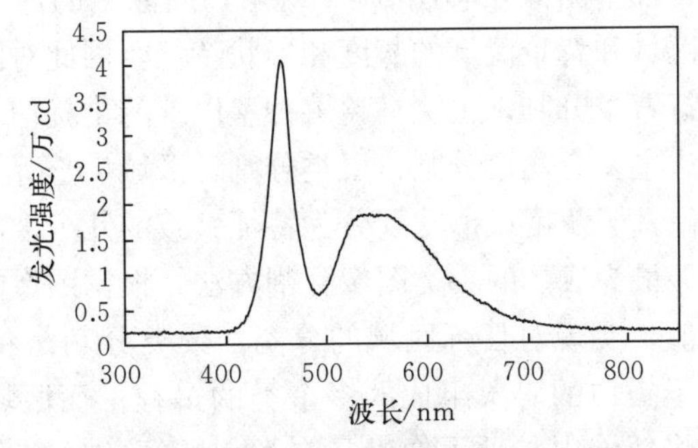

图 2-4　白色 LED 光源的光谱特性曲线

图像采集暗箱内包含安装工业相机和 LED 光源的支架，以及放置马铃薯种薯样本的黑色底板。综合考虑采集马铃薯种薯的图像时相机的视野面积以及镜头的焦距，将镜头前端与底板之间的距离设置为 160 mm，使马铃薯样本成像于像平面的中间区域，保证镜头捕获到由马铃薯种薯表面所反射的充足的光线，使成像清晰真实。

如何利用上述装置采集最佳的图像信息？图像采集时，将马铃薯种薯样本的长轴方向与在相机中所生成图像的水平方向设为一致。计算机调用工业相机的图像采集程序，人工配合翻转马铃薯种薯样本，分别采集样本平稳放置时相对两面的彩色图像，并自动保存于计算机硬盘中，彩图 2-1 所示为应用本装置所采集的同一个马铃薯种薯样本两个侧面的彩色图像。本研究的图像处理过程在 Matlab R2017a 软件中进行。

所采集的马铃薯种薯图像需要进行预处理。图像预处理是进行特征分析和提取的基础工作，包括背景分割、平滑去噪、图像增强等步骤，其目的是滤除由采集设备带来的随机噪声、背景噪声以及样本本身存在的固有噪声等，从而突出待分析目标的特征。在马铃薯种薯的芽眼识别研究中，黑色背景、种薯表皮的斑点和机械损伤等均为干扰信息，为了实现芽眼识别，需要对干扰信息进行滤除，并增强芽眼特征。

图像背景分割是第一步需要解决的。由图像采集系统所采集到的马铃薯种薯样本图像如彩图 2-1 所示，图像中的像素信息包括马铃薯目标区域和背景区域的灰度和形状特征，因此对图像的分析首先需要进行背景分割，去除马铃薯种薯以外的干扰信息。常用的图像分割方法主要有阈值分割、聚类分割、区域生长等方法，其原理均是将图像基于灰度或形状划分为特征一致的几个区域。其中阈值分割是发展最为成熟的一类图像分割方法，根据图像的灰度统计规律设定阈值，实现对目标区域的分割；聚类分割是将对象的集合分成由若干类似的对象组成的多个类的过程；而区域生长是根据生长准则将邻域内与种子像素具有类似特征的像素合并起来组成区域的过程。在确定图像分割的方法前，需要对图像的特征进行分析。

从彩图 2－2a 中可以看出，马铃薯种薯目标区域与背景区域的颜色具有明显的差异，因此可以考虑通过分析图像的颜色特征，设定阈值来实现背景分割。彩色图像具有 RGB 3 个通道，而阈值分割通常是对灰度图像进行处理，故根据式（2－1）所示的加权平均算法将马铃薯种薯的彩色图像转换为灰度图像，结果如彩图 2－2b 所示。

$$G = 0.299R + 0.578G + 0.114B \tag{2-1}$$

在灰度图像中任取一条过马铃薯种薯图像区域的直线（彩图2－2b中的蓝色线段所示），彩图 2－2c 为图像在该线段位置的灰度分布曲线。从图中可以看出，灰度分布曲线在（520，1 400）像素区间的灰度值范围为（150，224），相对区间两侧的灰度值具有明显的差别，这个像素区间对应着图像中的种薯样本区域，因此可以在4～150 范围选择适当的灰度值作为阈值实现背景分割。

另外，根据种薯的选用标准，本文所采用的样本均为表面轮廓趋于完整、曲线过渡自然平滑的种薯，表明马铃薯种薯在边缘轮廓上的像素颜色和纹理特征的变化规律均具有一致性。因此，在对所有样本进行背景分割时可以采用统一的阈值分割方法，从而实现对马铃薯目标区域的提取。

经过对马铃薯种薯样本图像的灰度分布特征的分析，可对由式（2－1)转换得到的灰度图像进行阈值分割，提取马铃薯目标图像。阈值分割主要有基于灰度直方图的阈值分割法、最大类间方差法等方法，其中基于灰度直方图的阈值分割法是最为简单的一种方法，对灰度直方图具有明显波峰或波谷的图像具有较好的分割效果。分析马铃薯种薯灰度图像的灰度直方图，表明可以应用基于灰度直方图的阈值分割法进行马铃薯种薯区域和背景区域的分割，其处理过程如彩图 2－3 所示，其中彩图 2－3a 为种薯的灰度图像。

直方图阈值分割法的实现过程如下：

统计灰度图像的灰度分布范围，并划分为 L 个区间，分别记录 $1\sim L$ 中每个灰度级 i 所含有的像素个数 n_i，则图像总像素个数为

$$N=\sum_{i=1}^{L}n_i \tag{2-2}$$

将相应的灰度级分布规律表示为概率分布函数

$$p_i=\frac{n_i}{N},\quad p_i\geqslant 0\text{ 且}\sum_{i=1}^{L}p_i=1 \tag{2-3}$$

得到灰度直方图如彩图 2-3b 所示，图中虚线由灰度图像的原灰度数据统计所得。原曲线的平滑度较差，具有较多的毛刺，分析原因可能是图像在这段灰度区间具有较多的噪声。为了更准确地提取到阈值，利用移动平均法对原概率曲线进行平滑处理，为减少失真，取平滑邻域为 10，得到图中实线，可以看到处理后的曲线更加平滑，便于阈值的提取。样本灰度图像的灰度直方图具有典型的“双峰一谷”特征，这也进一步验证了样本分析时灰度图像的灰度分布曲线所体现的特征，最终提取灰度直方图的波谷值（图中所示 TH）即可作为图像分割的阈值。设图像的像素坐标为 $(x,\ y)$，原图像像素的灰度值为 $B(x,\ y)$，分割后所得图像的像素灰度值为 $I(x,\ y)$，阈值分割时，根据式（2-4）处理可获得样本的二值图像。

$$\begin{cases}I(x,\ y)=255, & B(x,\ y)\geqslant TH\\ I(x,\ y)=0, & B(x,\ y)<TH\end{cases} \tag{2-4}$$

对马铃薯种薯的灰度图像进行阈值分割所得二值图像如彩图 2-3c 所示，图中黑色区域对应着处于低灰度值范围的背景区域，白色区域对应着处于高灰度值范围的马铃薯种薯区域。但是图像中仍然存在一些因尘土等因素造成的噪声像素，对这类噪声常用形态学滤波方法如膨胀、腐蚀、开运算、闭运算等，通过设定邻域大小，根据特定的算子遍历图中所有像素实现噪声滤除。分析本二值图像，马铃薯目标区域的边缘轮廓十分完整，几乎没有毛刺缺

陷，因此可以通过连通域标记和提取最大连通域实现去噪处理，过程如下：

统计二值图像 $I(x, y)$ 所含连通域数 M 并依次标记为 $c(c=1, 2, 3, \cdots, M)$。遍历 $I(x, y)$，统计当 $I(x, y)=0$ 时，每个连通域 c 所含像素数 D_c。对 D_c 组成的数组由大到小进行排序，其最大值所对应的连通域即为最大连通域。

接下来对所得图像进行孔洞填充处理，生成掩膜，如彩图 2-3e 所示。将马铃薯种薯的样本图像（彩图 2-3d）与掩膜图像按式（2-5）进行逐像素的乘法运算，即可完成背景分割，得到马铃薯目标区域的图像（彩图 2-3f）。

$$T(x, y)=S(x, y)\cdot M(x, y) \qquad (2-5)$$

式中 T 表示结果图像，S 表示马铃薯样本图像，M 表示掩膜图像。另外，在原始分辨率大小（1 920 像素×1 200 像素）的图像中，背景区域占据较大的面积比例，而马铃薯目标区域所占比例随马铃薯样本大小变化而不同。在后续算法中，过多的背景像素容易耗费运算时间，因此本文在样本的最小正外接矩形的基础上设置感兴趣区域（彩图 2-3f 中的方框内即为感兴趣区域），从而获得最终的马铃薯种薯目标图像（彩图 2-3g）。

观察马铃薯种薯样本可知，样本的表面主要包括表皮、芽眼、机械损伤等特征。马铃薯种薯样本的表皮多为棕黄色，部分样本由于受光照影响而变为绿色；芽眼在表皮上属于向内凹陷的独立区域，其侧面通常带有一段弧形的芽眉，整个芽眼区域与周围表皮的颜色具有一定的区别；轻微的机械损伤如破皮、挫伤等区域的形状不规则，有较为明显的边界，与周围表皮的颜色同样具有一定的不同；另外，在表皮上散布着一些斑点，这种斑点属于马铃薯固有的表皮特征，其颜色多为深褐色或黑色。上述几类主要的特征中，除芽眼之外，机械损伤和斑点等均属于噪声信息，其特点为分布不规律、外形不规则，容易引起对芽眼的误识别。而芽眼又可分为已萌芽型和未萌芽型，已萌芽的芽眼上有嫩芽凸起，刚萌发的新芽主要为白色；未萌芽的芽眼含有多个深色的芽孢。

根据上述分析，提取马铃薯种薯样本的未发芽芽眼、已发芽芽眼、机械损伤以及斑点区域的图像，如彩图 2-4 所示。

从彩图 2-4 中可以看出，在棕黄色表皮区域，特征图像中每一个像素点的 R、G、B 3 个分量的灰度值的关系为 R>G>B，其中 G 分量的值更接近 R 分量值。马铃薯种薯的表皮由于本身较为粗糙，且存在灰尘等异物干扰，导致灰度分布曲线上存在很强的噪声。针对每一种特征图像的灰度分布曲线进行分析可知，未发芽芽眼在芽眼内部的灰度值相对外侧具有较大的变化幅值，且 3 个通道的最大幅值相对灰度平均值的方向均为负方向；已发芽芽眼在芽眼内部的灰度值相对外侧同样变化幅值更大，其中 B 分量的值相对灰度平均值最大幅值方向为正；机械损伤图像在损伤内部的灰度值均小于灰度平均值，在损伤的边界处灰度值变化最大；在不考虑曲线噪声的前提下，斑点图像的灰度分布曲线的形状基本与灰度平均值一致，灰度值的变化趋于平稳。

综上所述，马铃薯种薯表面存在芽眼、机械损伤和斑点等多种特征区域，要在样本的彩色图像中准确识别出芽眼，需要对图像应用合适的平滑去噪算法滤除芽眼之外的干扰信息，并增强芽眼特征。

图像采集时，光源光照射到马铃薯表面，产生的反射光经相机镜头传递到图像传感器，从而生成马铃薯的彩色图像。由于马铃薯种薯的形状不规则，表皮粗糙且凹凸不平，导致所生成的图像存在亮度不均匀且亮度变化没有规律的现象，影响芽眼特征的识别，因此需要对所采集的样本图像进行亮度校正处理。

对于类球形物体的图像，通常基于朗伯模型进行亮度校正，这一方法在柑橘、苹果等被测物的图像亮度校正处理中得到了较好的应用。除此之外，照度-反射模型、小波变换、同态滤波等方法也被应用于图像的亮度校正研究中。

马铃薯种薯可被拟合为椭球形的物体，因此对样本图像借鉴朗伯模型的原理进行亮度校正。示意图如图 2-5 所示，将样本图像的种薯拟合为椭圆，若种薯图像的亮度分布均匀，则其内部任一个同心且轴长等比例增长的椭圆环 A 上的像素点灰度是均匀的。亮度校正的具体方法如下：

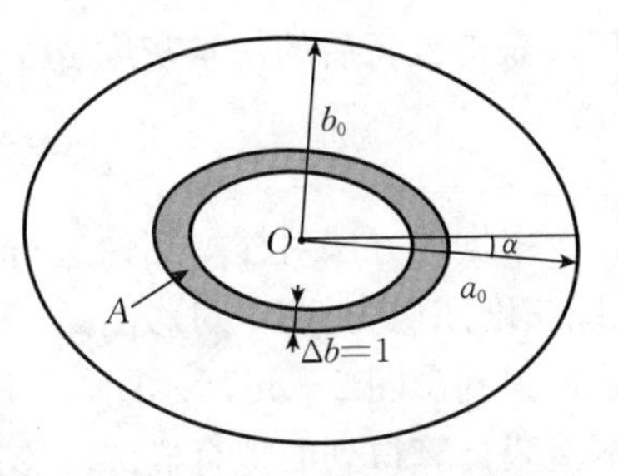

图 2-5 图像亮度校正原理

首先提取样本掩膜图像的质心坐标（x_0，y_0），并计算掩膜轮廓上过质心的任两点连线的长度，取最大长度作为拟合椭圆的长轴，相应两点为长轴的端点，然后计算过质心点的长轴的垂线与椭圆轮廓的交点，两交点的距离作为拟合椭圆的短轴。由此得到图 2-5 中椭圆的中心点 O 的坐标以及长半轴 a_0 和短半轴 b_0 的值。图像采集时，由于马铃薯种薯样本的长轴相对相机成像平面不是绝对水平，因此利用质心与长轴端点组成的向量与水平单位向量求内积，从而计算得到掩膜的长轴与图像水平轴的夹角 α，将拟合椭圆旋转 α 即可与图像的掩膜轮廓基本重合。

进一步，对拟合椭圆的短半轴取长度增量为单位像素长度，即 $\Delta b=1$，得到椭圆环 A 内环的短半轴长度 b_i 和外环的短半轴长度 b_{i+1}，根据式（2-6）计算两椭圆环长半轴的值 a_i 和 a_{i+1}，其中 $0 \leqslant b_i \leqslant b_0 - 1$。

$$a_i = \frac{b_i}{b_0} \cdot a_0 \tag{2-6}$$

然后计算与椭圆环 A 对应的样本图像中的像素点的灰度平均值，如式（2-7）所示，式中 g_{ai} 为椭圆环 A 内的像素灰度平均值，g_i 为椭圆环 A 对应原图像区域的像素灰度值，n_i 为椭圆环 A 内的像素总数。随着短半轴长度的增加，椭圆环 A 内部可能存在背景区域的像素，此时像素总数 n_i 需要减去背景区域的像素数。

$$g_{ai} = \frac{\sum_{i \in A} g_i}{n_i} \tag{2-7}$$

利用所得灰度平均值 g_{ai} 对椭圆环 A 内的原像素灰度进行处理，获得校正后的像素灰度 g_{ci}，如式（2－8）所示。

$$g_{ci}=255\cdot\frac{g_i}{g_{ai}} \tag{2-8}$$

根据该方法对样本图像进行亮度校正的结果如彩图 2－5 所示（以灰度图像为例），对彩图 2－5a 所示的灰度图像进行亮度校正以后，得到彩图 2－5c 所示图像。彩图 2－5b 中的红色椭圆为基于样本掩膜计算得到的拟合椭圆。彩图 2－5d 的两条灰度分布曲线分别对应彩图 2－5a 和彩图 2－5c 中蓝色线段所在位置的像素灰度值，根据曲线可以看出，校正后图像的边缘亮度得到了增强，图像整体的灰度更为均衡。

从彩图 2－5b 可以看出，拟合椭圆与样本的掩膜轮廓存在不重合的部分，原因在于椭圆环短半轴长度的最大值为基于掩膜轮廓计算得到的值 b_0，而马铃薯边缘轮廓不规则，故二者存在不重合部分。其带来的影响是图像经亮度校正处理以后，部分边缘区域被"削去"，可能损失芽眼信息，但一方面由于削去的区域较小，其所含芽眼数目十分少；另一方面，由于本研究最终会从多个视角采集马铃薯种薯的图像，故处于某一张图像的边缘芽眼会出现在相邻图像的边缘内侧，可不计入当前图像。

从彩图 2－5d 可以看出，经亮度校正处理后的马铃薯种薯样本图像上存在很多因表皮斑点等引起的噪声信号，因此需对其进行进一步的滤波处理。中值滤波是一种基于图像灰度值排序的非线性信号平滑处理方法，对灰度图像中存在的随机噪声和脉冲噪声等具有比较好的滤除效果，同时具有较好的边缘保持特性。

标准的中值滤波算法，其实现原理如下：在图像中取大小为 $M\times N$ 的滤波窗口，对窗口内的所有像素灰度值按大小进行排序，然后取其中值代替滤波窗口内中心像素的灰度值。滤波窗口在图像中按一定步长进行平移时，相应的中心像素灰度值得到替换，从而获得经滤波处理的灰度图像。这一方法对图像中存在的单像素的噪声点处理效果较好，但本文中马铃薯种薯图像（以灰度图像为例，如图 2-6a 所示）上所存在的噪声大部分为连续占据多个像素情况，经标准的中值滤波方法（窗口大小分别为 5 像素×5 像素和 7 像素×7 像素）处理以后，图像中依然存在较为明显的噪声像素（图 2-6b、c），且随着滤波窗口的增大，芽眼信息也会被明显抑制，对后续处理造成了干扰。

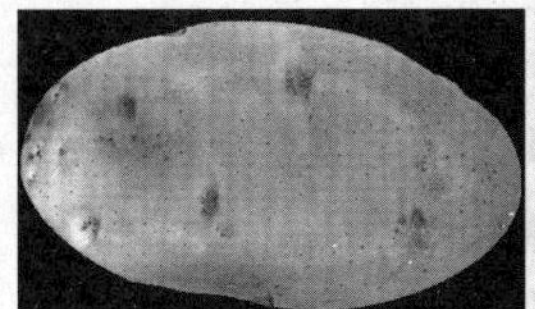

a. 灰度图像

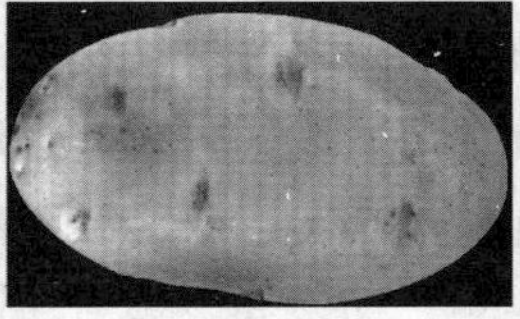

b. 5像素×5像素的窗口

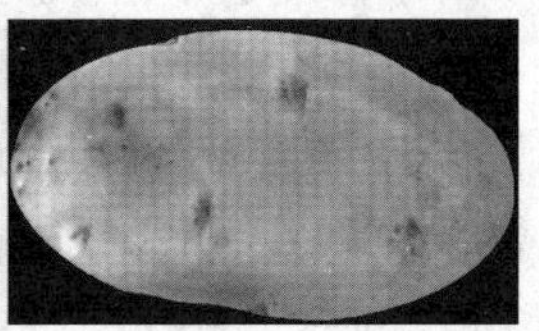

c. 7像素×7像素的窗口

图 2-6　标准中值滤波的结果（以灰度图像为例）

针对这一现象，本文提出了一种改进的中值滤波方法，其实现原理如下：对面积为 $M\times N$ 个像素的图像，取大小为 $m\times n$ 的滤波窗口 A，窗口（以 3 像素×3 像素为例）内的元素如式（2-9）所示：

$$A=\begin{bmatrix} r_1 & r_2 & r_3 \\ r_4 & r_5 & r_6 \\ r_7 & r_8 & r_9 \end{bmatrix} \tag{2-9}$$

式中 $r_1 \sim r_9$ 表示元素的灰度值，设值的大小从 r_1 至 r_9 依次增加。将 9 个元素按从小到大的顺序进行排序，得到

$$B=(r_1 \quad r_2 \quad r_3 \quad r_4 \quad r_5 \quad r_6 \quad r_7 \quad r_8 \quad r_9) \tag{2-10}$$

然后取 B 中位于中间的 3 个元素（所取元素个数按照窗体矩阵的大小而定，若为 5×5 窗体，则取位于中间的 5 个元素）的值，并求平均值

$$\text{Avr\_med}=(r_4+r_5+r_6)/3 \tag{2-11}$$

用所得平均值 Avr_med 取代窗口中心像素 r_5 的值，从而完成对当前窗体的滤波处理。当前窗口的灰度值更新以后，窗口在图

像上将分别以水平方向1像素和垂直方向1像素的步长进行平移，直至完成对整张图像的滤波处理。

利用上述改进的中值滤波方法，对马铃薯种薯的灰度图像（图2-7a）进行去噪处理，结果如图2-7b（滤波窗口为5像素×5像素）和图2-7c（滤波窗口为7像素×7像素）所示。与图2-6所示标准的中值滤波处理结果比较，可以看出改进的方法对去除马铃薯种薯图像上的斑点噪声，并保持芽眼信息具有更好的效果。为了验证这一结果，分别根据式（2-12）和式（2-13）计算图像的均方误差（mean-square error，MSE）和峰值信噪比（peak signal-to-noise ratio，PSNR），结果如表2-3所示。

$$\mathrm{MSE}=\frac{1}{MN}\sum_{x=0}^{M-1}\sum_{y=0}^{N-1}\left[R'(x,\ y)-R(x,\ y)\right]^{2} \tag{2-12}$$

$$\mathrm{PSNR}=10\cdot\lg\left[\frac{(2^{8}-1)^{2}}{MSE}\right] \tag{2-13}$$

式中R表示原图像，R'表示经滤波处理后的图像。根据公式原理可知，当图像中被滤除的信息越多，所得图像相对原图像的均方误差越大，峰值信噪比越小。根据表2-3的数据分析可知，在相同的窗口尺寸下，利用改进的中值滤波方法相对标准滤波方法滤除图像噪声并保留有效信息的效果更好。而对于改进的中值滤波方法，结合图2-7进行分析，当滤波窗口选取7像素×7像素时，算法对原图像的噪声滤除效果更好，且保留了芽眼信息，因此本文选择尺寸为7像素×7像素的窗口用于图像去噪处理。

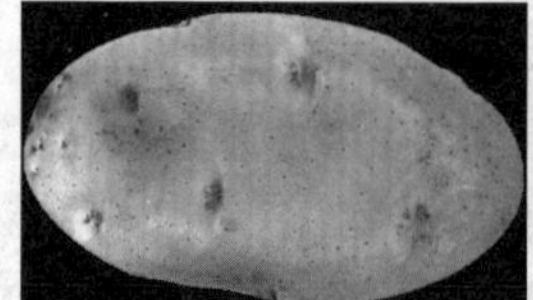
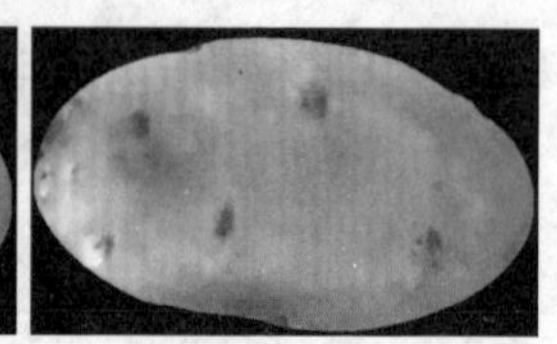

a. 灰度图像　b. 5像素×5像素的窗口　c. 7像素×7像素的窗口

图2-7　改进的中值滤波方法的图像处理结果（以灰度图像为例）

表 2-3　两种滤波算法对马铃薯灰度图像进行处理后的性能指标比较

算法	标准的中值滤波		改进的中值滤波	
窗口尺寸（像素×像素）	5×5	7×7	5×5	7×7
MSE	53.079 6	71.608 5	48.920 7	61.283 1
PSNR	30.881 5	29.581 2	31.235 9	30.257 4

分析结果表明，对于噪声像素为斑点或椒盐噪声，且连续占据多个像素的情况，本文所提出的改进的中值滤波方法较标准的中值滤波方法具有更好的去噪效果。经改进的中值滤波方法处理以后，马铃薯种薯的未发芽芽眼、已发芽芽眼、机械损伤和斑点 4 种特征的图像及灰度分布曲线如彩图 2-6 所示（与彩图 2-4 所示特征图像相对应）。从图中看出，4 组特征中，本文方法对面积较小的特征如斑点等干扰信息的滤除效果最好，而芽眼和面积较大的机械损伤等特征被保留下来。另外，通过比较每组特征的 R、G、B 3 个分量的灰度分布曲线可以看出，B 分量的曲线相对具有最好的去噪效果，表明可将 B 通道图像的数据作为识别芽眼的主要依据。

经改进的中值滤波方法处理后的马铃薯种薯目标图像中，小面积的斑点噪声等得到了较好的抑制，面积较大的机械损伤等噪声依然较为明显，同时芽眼信息遭到了一定的削弱。为了更进一步抑制干扰，增强芽眼信息，本研究采用了引导滤波处理方法。

马铃薯种薯图像中主要包括梯度较小、灰度值过渡平缓的区域型特征和梯度较大、过渡尖锐的边缘或纹理细节等特征，其中噪声信号多表现为面积小且边缘梯度较大的特征。传统的高斯滤波等处理方法所用的核函数相对待处理的图像是独立无关的，在滤除噪声的同时，图像中存在的边缘、纹理等信息也有损失，这种各向同性的滤波方法在处理马铃薯种薯图像时容易削弱芽眼信号。引导滤波是一种基于局部线性模型的边缘保持算法，在处理图像时，引入了一张引导图像，这张图像可以是待处理图像本身，也可以是另一幅相关图像。

引导图像的特点是含有待增强的边缘或纹理特征，同时图像上的噪声信号已被有效抑制。结合前文分析和表 2-4 所示两组图像相对原图像的均方误差和峰值信噪比计算结果可知，经改进的中值滤波方法处理以后，样本的 B 通道图像较 R 和 G 通道图像（彩图 2-7b）相对原图像（彩图 2-7a）的峰值信噪比更高，噪声滤除效果更好，且芽眼特征得到了较好的保持。因此，采用引导滤波方法处理马铃薯图像时，取经改进的中值滤波方法处理以后的马铃薯种薯 B 通道图像作为引导图像。

引导滤波的待处理图像可以是彩色图像或灰度图像，图像中包含待增强的特征信号和待抑制的噪声信号。根据前文分析可知，马铃薯种薯样本图像 B 通道分量的灰度分布曲线相对 R 通道和 G 通道的灰度分布曲线更具代表性，所以本研究取亮度校正后的马铃薯种薯 B 分量图像作为待处理图像，引导图像和待处理图像如彩图2-7 的B 分量图像所示。对图像做引导滤波处理的过程如下：

设输入图像为 I，引导图像为 B，输出图像为 s。取边长 $r=5$、$\varepsilon=25.5$ 的方形滤波窗口 w_k，在这一局部窗口内有

$$s_i=a_kB_i+b_k \tag{2-14}$$

式中 i 为局部窗口 w_k 中的任一像素，k 为 w_k 的中心像素，s_i 为局部窗口 w_k 对应的输出数据，B_i 为引导图像上位于 w_k 内的像素灰度，a_k 和 b_k 为系数向量。式（2-14）两边取倒数，得到

$$\nabla s=a\cdot(\nabla B) \tag{2-15}$$

从式（2-15）可以看出，输出图像与引导图像的梯度具有相同的变化趋势，证实了引导滤波方法的边缘保持特性。

进一步采用线性回归分析方法，求出系数 a_k 和 b_k，使输出图像与输入图像的差距最小，即求使式（2-16）最小的系数值。

$$E(a_k, b_k)=\sum_{i\in w_k}[(a_kB_i+b_k-I_i)+\varepsilon a_k^2] \tag{2-16}$$

式中，ε 是平滑因子，用于限制 a_k 的取值，T_i 是输入图像 I 在 w_k 中的值。通过最小二乘拟合，计算得到

$$a_k=\frac{\frac{1}{|\omega|}\sum_{i\in w_k}B_iI_i-\mu_k\overline{T_k}}{\sigma_k^2+\varepsilon} \tag{2-17}$$

$$b_k=\overline{T_k}-a_k\mu_k \tag{2-18}$$

式中，$\overline{T_k}$为输入图像 I 在局部窗口 w_k 中的灰度均值，μ_k 为引导图像 B 在 w_k 中像素的均值，σ_k 为引导图像 B 在 w_k 中的方差，ω 为 w_k 中的像素个数。

使用引导滤波方法处理马铃薯种薯样本的图像，当滤波窗口的半径 r 增大或平滑因子 ε 增大，输出图像均随之出现纹理越平滑细节信息越模糊的现象。如图 2-8 所示，平滑因子 $\varepsilon=25.5$，滤波半径 $r=20$ 时，算法对马铃薯种薯图像具有较好的平滑去噪效果，同时芽眼信息得到了保持；当 $r=5$ 时，图像表面更为粗糙，噪声信号未能得到抑制；当 $r=35$ 时，图像在抑制噪声的同时，芽眼区域的信息也被明显削弱了。图 2-9 中，滤波半径 $r=20$，平滑因子$\varepsilon=2.55$ 时，输出图像表面的噪声信号依然比较明显；平滑因子$\varepsilon=65.03$ 时，输出图像被过度平滑，以致芽眼信息也被显著削弱。综上，取平滑因子 $\varepsilon=25.5$、滤波半径 $r=20$ 时，使用引导滤波算法对马铃薯种薯 B 分量图像的去噪和芽眼保持效果最好。

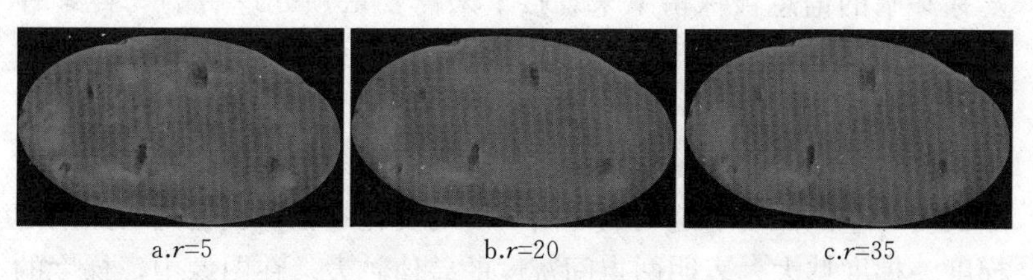

a.r=5　　b.r=20　　c.r=35

图 2-8　不同滤波半径对滤波效果的影响（平滑因子 $\varepsilon=25.5$）

彩图 2-8 所示为引导滤波处理以后马铃薯种薯样本的未发芽芽眼、已发芽芽眼、机械损伤和斑点 4 种特征的 B 分量图像及灰

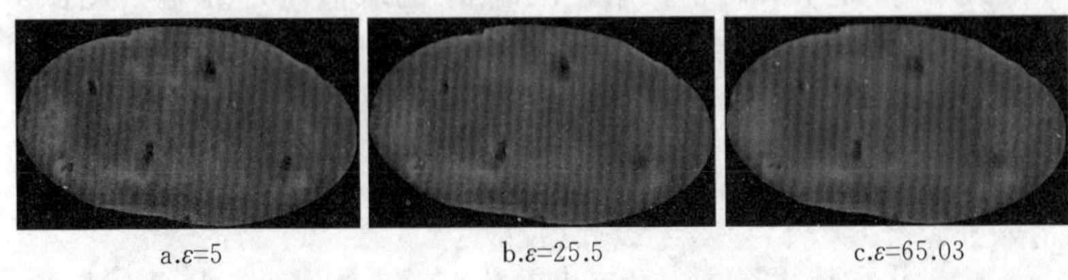

图 2-9 不同平滑因子对滤波效果的影响（滤波半径 $r=20$）

度分布曲线。从彩图 2-8 中可以看出，未发芽芽眼特征在芽眼内侧的灰度有多个波峰和波谷，灰度变化频率较高且不均匀，芽眼外侧的灰度与灰度平均值趋于重合；已发芽芽眼在发芽处具有区域内最大的灰度，两侧各有一个大的波谷，芽眼外侧的灰度与灰度平均值趋于重合；机械损伤图像在特征内部的灰度存在一个波谷，波谷较宽，灰度值变化平缓，在特征边界处存在两个较大的梯度，特征外侧的灰度变化平缓且较内侧灰度更大，灰度的极小值和极大值分布于灰度平均值的两侧；斑点特征的灰度值曲线与灰度平均值趋于重合，表明在图像中基本被滤除。

二、芽眼识别方法

对马铃薯种薯样本的图像进行亮度校正、中值滤波和引导滤波等步骤的预处理以后，B 分量图像中的斑点等面积较小的噪声信号被显著抑制，图像中面积较大的机械损伤、未发芽芽眼和已发芽芽眼的信息被保留下来。接下来需要从预处理后的马铃薯种薯 B 分量图像中分割上述区域，便于进一步的特征分析和芽眼识别。

首先是图像的区域分割。对于一幅二维图像，任意相邻两像素点灰度的差值体现了这两点之间灰度的变化趋势，也就是两点间的梯度。梯度越大，表明两点间灰度的差值越大。在图像中，梯度的计算公式如式（2-19）所示。

$$\begin{cases} gx(x, y)=T(x+1, y)-T(x, y) \\ gy(x, y)=T(x, y+1)-T(x, y) \end{cases} \quad (2-19)$$

式中，T 为灰度图像，(x, y)为像素坐标，gx 和 gy 分别为图像在水平方向和垂直方向的梯度，体现了图像灰度值的变化率。因此梯度是一个向量，$\sqrt{gx^2+gy^2}$ 表示梯度的模，$\arctan(gy/gx)$为向量(gx, gy)与图像水平轴的夹角。

根据式（2－19）对预处理后的马铃薯种薯 B 分量图像求梯度，彩图 2－9a 至彩图 2－9c 所示为种薯的未发芽芽眼、已发芽芽眼和机械损伤区域的梯度矢量图及线段标记位置的梯度分布曲线。为便于对比，取不含有上述 3 种特征的普通表皮区域分析梯度（彩图2－9d）。

从彩图 2－9 中可以看出，未发芽芽眼在芽眼区域内部的水平梯度与垂直梯度的变化频率较高，且幅值较大；已发芽芽眼在发芽处的水平梯度存在一个较大的波谷，波谷两侧各有一个较高的波峰，而垂直梯度在发芽处有一个较大的波谷，波谷两侧各有一个较为明显的波谷；机械损伤的水平梯度在左右两边界处分别存在一个较大的波谷和波峰，其垂直梯度在两个边界处各存在一个明显的波峰，而在特征内部和外部的梯度均趋于平缓；与前 3 种区域的梯度相比，普通表皮的水平梯度和垂直梯度的值均很小。

根据彩图 2－9 可总结得出 4 种特征区域在标记位置的水平梯度和垂直梯度的范围，如表 2－4 所示。已发芽芽眼的梯度范围最大，其次为未发芽芽眼和机械损伤，二者的梯度范围基本重合，普通表皮的梯度范围最小。另外，结合彩图 2－9 和表 2－4 可以看出，水平梯度与垂直梯度均能体现相应区域的特征。

表 2－4　马铃薯种薯样本特征区域的梯度范围

指标	未发芽芽眼	已发芽芽眼	机械损伤	普通表皮
gx	(−4，2)	(−13，5)	(−5，4)	(−1，1)
gy	(−4，2)	(−6，1)	(2，3)	(−1，0)

基于上述分析结果，可利用不同区域的梯度值设定条件实现对马铃薯种薯 B 分量图像的区域分割。马铃薯种薯图像上面积最大

的特征区域为普通表皮，相对表皮来说，未发芽芽眼、已发芽芽眼和机械损伤等区域的面积均很小；这些区域均随机散布在表皮上。因此，本研究根据普通表皮与其他 3 种特征梯度值的不同设定分割条件，并应用区域生长算法完成普通表皮与其他特征区域的分割。具体实现过程如下：

首先根据图像梯度值的分析结果，分别对图像的水平梯度和垂直梯度设定阈值，即$|T_{gx}|=1$、$|T_{gy}|=1$，然后应用区域生长算法进行图像的分割。算法执行时，需要在图像中选择一个像素作为生长种子点，由于芽眼等特征随机分布在图像各处，且这些特征内部也可能存在梯度值属于阈值范围内的点。为避免误选，本研究对待处理图像的像素进行遍历，当出现连续 100 个像素的梯度绝对值小于阈值的情况时，取其中点作为生长种子点。

根据式（2-20）对所取生长种子点的八邻域像素依次进行梯度值的判断，式中 $T(x, y)$为经预处理后 B 分量图像上的像素灰度值。若梯度的绝对值大于等于 1，则像素的灰度值被置为 255，表明该点不属于普通表皮；若梯度的绝对值小于 1，则像素的灰度值被置为 0，且所得像素被置为新的种子点。如此循环执行，直到遍历完图像中可到达的所有像素。

$$\begin{cases} T(x,\ y)=0, & |gx(x,\ y)|\leqslant 1)\&(|gy(x,\ y)|\leqslant 1 \\ T(x,\ y)=255, & |gx(x,\ y)|>1)|(|gy(x,\ y)|>1 \end{cases} \tag{2-20}$$

彩图 2-10 所示为马铃薯种薯样本的亮度校正图像和对应的区域分割图像，对比两组图像可以看出，应用区域生长法结合 B 分量图像梯度的阈值进行马铃薯种薯的图像分割，芽眼区域被较好地分割出来，同时机械损伤区域也被分割在图像上。由此体现了区域生长算法相对直方图阈值分割算法的优点，即前者根据区域特征的相似性进行分割，可获得更为完整的分割图像。

由于本研究根据图像的梯度进行区域分割，而样本图像在边缘处的梯度绝对值大于 1，故分割的结果图像中存在样本的边缘轮廓。观察图像可以发现，部分芽眼区域与样本的边缘轮廓有连接，不利于对芽眼区域的进一步提取和识别，因此对分割图像进行开运算的形态学处理。开运算为一类对图像进行先腐蚀处理后膨胀处理的运算，通过开运算处理可以在保留特征本身形状和位置的前提下切断其与其他特征间的联系。经开运算处理后的分割图像如图 2-10 所示，开运算所选用的结构元素为 3 像素×3 像素的方形元素。观察图像可以发现样本的边缘轮廓被有效去除。

图 2-10 开运算处理后的样本分割图像

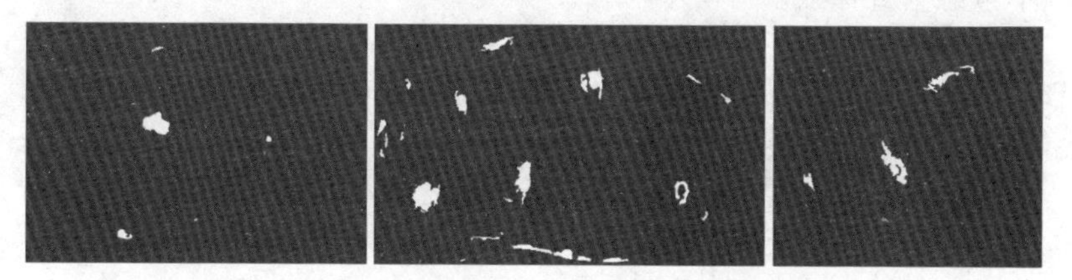

图 2-11 去噪处理后的样本分割图像

由于处理后的马铃薯芽眼分割图像中存在很多小面积的噪声点，因此需对图像进行去噪处理，保留像素面积在（100，2 500）范围的区域。处理结果如图 2-11 所示，图中保留了面积较大的区域，经分析可知，这些区域主要为芽眼以及像素面积与之相当的机械损伤等，因此该分割图像中的连通域可被当作待识别区域，用于芽眼识别。

然后是芽眼识别方法的研究。根据马铃薯种薯样本图像的区域分割及处理结果，进一步进行芽眼识别。本研究依次提取分割图像中每一个连通域的质心坐标以及连通域边缘到质心的最大距离 d，建立以质心为中心、$2d$ 为边长的方形窗口，当 $d<50$ 时，令窗口

边长为 100，从而获得待识别区域的窗口掩膜，进一步在经引导滤波处理的样本 B 分量图像中提取待识别区域的局部图像。

经统计，所提取的局部图像主要包括未发芽芽眼、已发芽芽眼、机械损伤等，与前文所总结的样本的特征区域相对应。由于不同区域的灰度分布曲线的形状具有差异，且梯度变化也各有不同，因此本研究首先通过分析局部图像在水平方向的灰度分布曲线和梯度分布曲线特征以提取判别参数。根据式（2-21）对灰度分布曲线进行处理，便于在同一亮度区间进行分析。式中 $t(x)$ 为相对灰度值，$T(x)$ 为原灰度分布曲线上点的灰度值，A_T 为灰度平均值（去除黑色背景区域）。以 100 像素×100 像素的待识别区域图像为例，灰度分布曲线的处理结果如图 2-12a 所示，图 2-12b 为与灰度分布曲线相对应的水平梯度分布曲线。由于图像的垂直梯度是由图像垂直方向上相邻两点计算而得，因此在分析水平方向的像素时不考虑垂直梯度。

$$t(x)=T(x)-A_T \tag{2-21}$$

通过图 2-12 可以看出，在水平相对灰度分布曲线中，未发芽芽眼与机械损伤的相对灰度区间含有较大的重合区域，未发芽芽眼

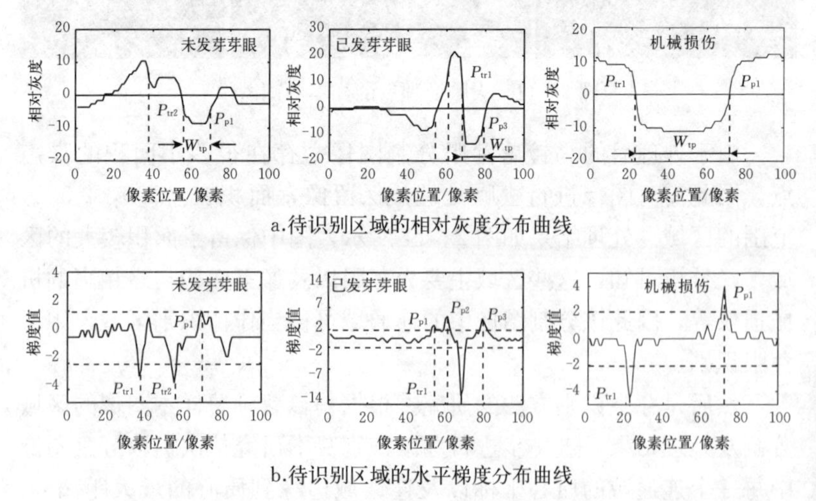

a.待识别区域的相对灰度分布曲线

b.待识别区域的水平梯度分布曲线

图 2-12 马铃薯种薯芽眼待识别区域的相对灰度分布曲线和水平梯度分布曲线

内部的灰度值变化频率较高，而机械损伤内部的灰度曲线较为平缓；相对前两者来说，已发芽芽眼的相对灰度区间更大，其内部的灰度值变化频率同样比较高。

相应地，在水平梯度分布曲线中，所有马铃薯种薯样本中，未发芽芽眼在芽眼内部区域的梯度值存在多个较大的波谷值，波峰值较为矮小；由于已发芽芽眼在嫩芽处的灰度值较大，同时芽的右侧（芽眉在芽的左侧）灰度值变得很小，此时在水平梯度分布曲线上产生一个很大的波谷，波谷两侧各存在一个较矮的波峰；由于机械损伤内部区域的灰度值小于外部普通表皮的灰度值，因此图像自左侧进入机械损伤区域的位置存在一个较大的波谷，右侧离开机械损伤区域的位置存在一个较大的波峰。上述波峰和波谷的共同点是梯度$|gx|\geqslant 2$。

基于上述分析，结合图像的水平相对灰度分布曲线和水平梯度分布曲线值，本研究对分割图像的待识别区域按以下方法提取参数：

（1）提取水平梯度分布曲线上梯度$gx\leqslant -2$时第i个波谷的像素位置$P_{\mathrm{tr}i}$（图2-12b）。

（2）提取水平梯度分布曲线上梯度$gx\leqslant -2$时的最小波谷值$gx_{\min}$。

（3）提取水平梯度分布曲线上梯度$gx\geqslant 2$时第j个波峰的像素位置$P_{\mathrm{p}j}$（图2-12b）。

（4）提取水平梯度分布曲线上梯度$gx\geqslant 2$时的最大波峰值$gx_{\max}$。

（5）提取水平相对灰度分布曲线的最大相对灰度值$G_{\max}$。

（6）提取水平梯度分布曲线上梯度$|gx|\geqslant 2$时每对邻近的波谷和波峰（先波谷后波峰）的横坐标（即相邻的$P_{\mathrm{tr}i}$和$P_{\mathrm{p}j}$），计算两坐标间的宽度W_{tp}（图2-12a），并计算水平相对灰度分布曲线上对应横坐标区域的曲线面积S_g；统计该区域的最小相对灰度值$G_{\min}$，从而根据式（2-22）计算得到相对像素宽度W_{r}。提取满足$W_{\mathrm{r}}<W_{\mathrm{tp}}$条件的最大相对像素宽度$W_{\mathrm{rmax}}$作为芽眼识别的特征参数。

$$W_r = \frac{S_g}{G_{min}} \tag{2-22}$$

基于上述5项参数，对待识别局部图像区域进行未发芽芽眼、已发芽芽眼和机械损伤等3种特征的判别，判别方法如下：

（1）当区域内存在至少连续20组水平梯度分布曲线和水平相对灰度分布曲线满足最小波谷值 $gx_{min} < -10$、最大相对灰度值 $G_{max} > 16$，且最大相对像素宽度 $W_{rmax} < 18$ 的条件时，该局部图像所在连通域被判断为已发芽芽眼。

（2）当区域内存在至少连续20组水平梯度分布曲线和水平相对灰度分布曲线满足最小波谷值 $-10 < gx_{min} < -2$、最大波峰值 $gx_{max} \leqslant 3$，最大相对灰度值 $G_{max} > 7$，且最大相对像素宽度 $W_{rmax} < 25$ 的条件时，该局部图像所在连通域被判断为未发芽芽眼。

（3）当区域内的水平梯度分布曲线和水平相对灰度分布曲线参数不满足上述（1）和（2）的条件时，该特征区域被判断为机械损伤区域。

（4）当特征区域内的水平相对灰度分布曲线的梯度 $|gx| < 2$ 时，该特征区域被判断为非芽眼区域。

三、识别验证定位

对120个马铃薯种薯样本的图像进行预处理及区域分割处理以后，对每个样本的特征区域依次提取上述6组参数值，并根据判别条件进行芽眼识别，然后将判别为未发芽芽眼和已发芽芽眼的连通域所对应的原彩色图像区域提取出来。彩图2-11所示为马铃薯种薯样本的芽眼识别结果。

在本研究中，取图像中所识别出的芽眼所在连通域的质心坐标为芽眼的坐标。从彩图2-11中可以看出，部分芽眼区域的距离很近，通过与原图像对比可知，这些距离很近的区域属于同一个芽眼。为避免在图像中对同一个芽眼多次计数，首先根据式（2-23）计算相邻两芽眼质心的欧氏距离 d_{bi}，式中（x_{i1}，y_{i1}）和（x_{i2}，y_{i2}）分别表示两个连通域质心点的坐标。当 $d_{bi} < 50$ 像

素时，取二者质心点的中点坐标作为该芽眼在彩色图像中的坐标。由于图像预处理时对种薯目标图像基于最小外接矩形提取了感兴趣区域，因此需将感兴趣区域恢复为原分辨率图像，从而获得最终的芽眼坐标，实现对马铃薯种薯样本图像中所识别出的所有芽眼的识别和定位。彩图 2-12 所示为在马铃薯种薯样本原分辨率图像中所识别出的芽眼区域二维坐标点的定位标记（用红色圆点标记）。

$$d_{bi}=\sqrt{(x_{i1}-x_{i2})^2+(y_{i1}-y_{i2})^2} \qquad (2-23)$$

所处理的马铃薯种薯样本共含有人眼可识别的芽眼 1 440 个，包括未发芽芽眼 1 080 个、已发芽芽眼 360 个。按照本研究所提出的方法识别得到芽眼 1 355 个，其中包括未发芽芽眼 1 004 个、已发芽芽眼 351 个。通过与原图像对比，在识别得到的未发芽芽眼中，正确识别的个数为 974 个，相对人工统计值的正确率为 90.19%；识别得到的已发芽芽眼中，正确识别的个数为 332 个，正确率为 92.22%；在识别得到的所有芽眼中，正确识别的个数为 1 332 个，其中包括正确识别的两类芽眼 1 306 个以及互相误识别的芽眼 26 个，正确率为 92.50%。非芽眼区域被误识别为芽眼区域的总个数为 23 个，占所识别出的芽眼总数的比值为 1.70%。识别得到机械损伤等非芽眼区域为 204 个，其中包括误识别的已发芽芽眼和未发芽芽眼 76 个，造成芽眼误识别率为 5.28%。另外，样本图像在预处理和待识别区域提取环节，部分芽眼由于面积较小或芽眼较浅而被误分割为普通表皮区域，造成漏识别的芽眼 32 个，漏识别率为 2.22%，在漏识别芽眼中，主要为未发芽芽眼。

综合上述分析结果，根据本研究所设定样本图像的芽眼识别条件，存在未发芽芽眼与已发芽芽眼互相误识别的情况，总误识别率为 1.81%，但其对种薯切块环节的芽块和芽眼分配没有影响。结果中存在芽眼漏识别和芽眼被误识别为非芽眼的情况，二者所占比例分别为 2.22%和 5.28%，在进一步的种薯切块环节中，这两种情况对芽块和芽眼分配存在的影响为可能在某个芽块上多出几个芽眼，对芽块的繁殖能力没有影响。另外，结果中存在非芽眼被误识别为芽眼的情况，占图像识别得到的总芽眼数的比例为1.70%。这类干扰区域的存在会导致所分芽块中芽眼数不足要求的情况，但由于所占比例很小，且本研究要求每个芽块至少含有两个芽眼，故芽块不含芽眼和只含一个芽眼的概率很小，且只含一个芽眼的芽块依然具备繁殖能力。

经过对样本图像的分析，将其归纳为未发芽芽眼、已发芽芽眼、机械损伤及斑点4种特征。对图像依次采用灰度直方图阈值分割方法去除背景，提出椭圆拟合的灰度平均值方法进行图像亮度校正，提出改进的中值滤波方法结合引导滤波方法实现图像去噪及芽眼特征增强。对预处理得到的B通道图像进行分析并确定梯度阈值，结合区域生长法将马铃薯种薯图像分割为不同的特征区域。对特征区域所在局部图像，提出基于灰度分布特征和梯度特征的参数提取方法，并针对不同特征区域提出判别条件，实现了芽眼区域的识别。经验证分析，对120个样本的1 440个芽眼的识别正确率为92.50%，其中对未发芽芽眼的识别正确率为90.19%，已发芽芽眼的识别正确率为92.22%，非芽眼被误识别为芽眼的比例为1.7%。芽眼识别的结果表明本研究所提出的图像处理及芽眼识别方法能够实现种薯的芽眼识别，识别结果中因误识别存在的非芽眼区域数量极少，对切块的影响可忽略不计。本研究提取判别为芽眼的局部图像所在连通域的质心坐标作为芽眼在彩色图像中的二维坐标，实现了芽眼的二维坐标定位。

第二节　点云重构及预测

马铃薯种薯作为物理空间中的实物，具有三维物理结构。芽眼作为种薯的一部分，也具有三维空间信息。基于图像处理在马铃薯种薯的彩色图像中所识别和定位的芽眼坐标为二维平面坐标，由于缺少了一维信息，图像上的芽眼难以体现其在种薯上的真实位置。构建马铃薯种薯的点云模型，就是将种薯的三维结构用数字形式进行模拟，能够近乎真实地体现种薯的空间结构，进而可以获得芽眼在点云模型上的三维坐标，为种薯切块方法的研究奠定基础。

另外，种薯质量是决定种薯拟分割芽块数的重要参数之一。当前已有研究表明马铃薯的质量与其尺寸参数存在相关性，本研究在获得马铃薯种薯点云模型的基础上，能够更准确地提取到马铃薯种薯的空间尺寸参数，从而建立模型实现种薯质量的准确预测。

一、图像系统搭建

同时采集马铃薯种薯彩色图像和深度图像的系统平台如图 2-13 所示，主要包括 SR300 相机、LED 光源、旋转平台、图像采集暗箱，以及控制转台旋转、相机采集图像和存储图像数据的计算机 5 个部分。

图 2-13　图像采集装置

基于马铃薯的尺寸范围和芽眼识别定位的分辨率要求，本研究选用型号为 Intel Realsense Camera SR300 的嵌入式结构光 3D 相机，如图 2-14 所示。SR300 相机主要包括近红外结构光光源模块、RGB 彩色摄像头模块和近红外摄像头模块 3 个部分，其中彩色摄像头用于采集马铃薯的彩色图像，投影仪与近红外摄像头二者组合用于采集马铃薯的深度图像，因此该相机又被称作 RGB-D 相机。深度摄像头的有效物距范围为 200～1 500 mm，深度图像中每单位像素值表示物理空间的 1 mm。表 2-5 所列为 SR300 相机的基本参数。

a. SR300相机实物

b. SR300相机布局

图 2-14 SR300 相机

表 2-5 SR300 结构光相机的基本设备参数

参数	彩色摄像头	近红外摄像头	结构光投影仪
分辨率/像素	1 920×1 080	640×480	
水平视场角/(°)	68±2	71.5±2	75.2±2
垂直视场角/(°)	41.5±2	55±2	60±4
对角线视场角/(°)	75.2±4	88±3	
光源波长/mm			860

系统根据试验测试结果和经验选用白色 LED 光源，辅助 SR300 的彩色摄像头以采集马铃薯的彩色图像。旋转平台（简称转台）的型号为 MT200RUL10H（深圳康信技术有限公司），实物如图 2-15 所示，圆柱形圆面直径为 200 mm，高为 50 mm，外观颜色为白色，其转速在 20～68 r/s 范围内可调。

上述 SR300 相机、光源和转台均被安装在图像采集暗箱内部，其中转台被固定在图像采集暗箱底面中心位置，相机被安装在图像采集暗箱侧面。转台表面被黑色绒布盖住，使所采集的彩色图像中背景为黑色。调整相机平面相对转台上表面的夹角略小于 90°，使相机能够采集到马铃薯种薯顶部的图像；同时调整相机离转台中心轴的距离为 250 mm，保证种薯样本上的点离相机的最短距离大于 200 mm。

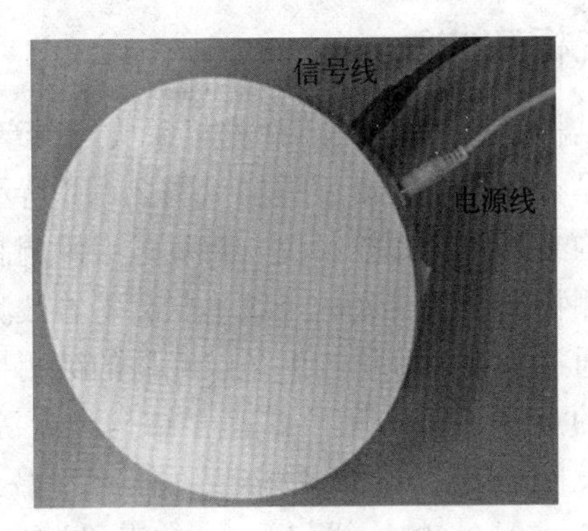

图 2-15　旋转平台

系统根据 SR300 相机的配置需求选用 8 GB 内存，搭载 Windows 10/64 位操作系统的笔记本电脑，处理器为 Intel(R) Core(TM)i5-7200U。采用 USB 3.0 接口的线缆连接 SR300 相机和计算机，计算机中安装了 Intel Realsense SDK 的相机驱动程序以控制 SR300 相机采集彩色图像和深度图像，并存储图像数据。同时本研究采用 USB 2.0 接口的线缆连接转台和计算机，利用控制软件控制转台的启停和调速。

根据本章第一节所述要求准备马铃薯种薯样本，经筛选共得到样本 73 个，品种为荷兰马铃薯。图像采集时，将种薯正立放置在转台表面的样本托上，通过转台的匀速旋转可将种薯的所有侧面先后展示在相机视野内，转台旋转的角速度为 11.46 (°)/s。转台每旋转 90°时，SR300 相机保存一组马铃薯种薯的图像，包括一张彩色图像和一张深度图像；对每个种薯样本共采集 4 组图像。

系统基于 VC＋＋2015 结合 OpenCV 3.4 开源图像处理库和 PCL 1.8 开源点云处理库开发深度图像处理算法，主要包括将马铃薯种薯的深度图像转换为点云、点云去噪、坐标系转换、生成点云模型等步骤，进一步将芽眼在彩色图像中的二维坐标转换为点云模型中的三维坐标。其中所涉及的数据处理工作在 Matlab R2017a 软件中进行。

二、系统标定方法

选用基于结构光原理的 SR300 相机采集马铃薯种薯的深度图像，从而实现马铃薯的点云模型重构。图 2－16 所示为结构光成像的原理图，结构光光源（如投影仪）将经过编码调制的光（如条纹光）投射在被测物上，条纹光的条纹形状会随着被测物表面的形状变化而变化，通过采集和分析投射条纹光后的被测物图像可以计算得到被测物上的点到相机的距离。已知结构光光源 O_1 和相机 O_2 的相对位置，设投射条纹光后的物体表面任一点 P 到 O_1 的连线与 O_1O_2 的夹角为 α，到 O_2 的连线与 O_1O_2 的夹角为 β，则可以根据三角形的正弦公式得出

$$\frac{PO_2}{\sin\alpha}=\frac{O_1O_2}{\sin[\pi-(\alpha+\beta)]} \tag{2-24}$$

即被测物上的任一点 P 到相机 O_2 的距离 PO_2 为

$$PO_2=O_1O_2\frac{\sin\alpha}{\sin(\alpha+\beta)} \tag{2-25}$$

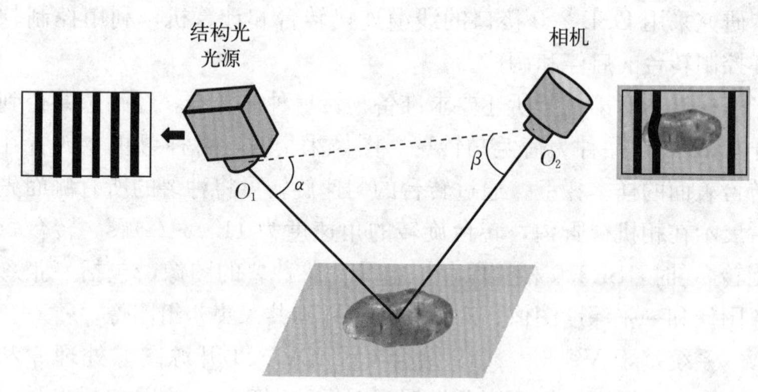

图 2－16　结构光成像原理

式中 O_1 和 O_2 的相对位置以及夹角 α 和 β 可分别通过结构光光源和相机间的参数标定、投射光的编码和解码参数以及相机的焦距和分辨率等固有参数换算得来。

基于结构光的成像原理采集得到马铃薯种薯的深度图像以后，需要对4组不同视角的图像进行坐标转换，从而生成点云模型。要实现这一目标，需要对图像采集系统的相机和转台分别进行参数标定。

在很多研究中，通常使用基于小孔成像原理的摄像机模型分析成像过程。三维空间中的物体通过镜头投影在相机的传感器平面上生成二维图像，转换的过程主要用4种坐标系，即图像坐标系、像平面坐标系、相机坐标系和世界坐标系，图2-17所示为这四类坐标系之间的空间关系，其具体说明如下。

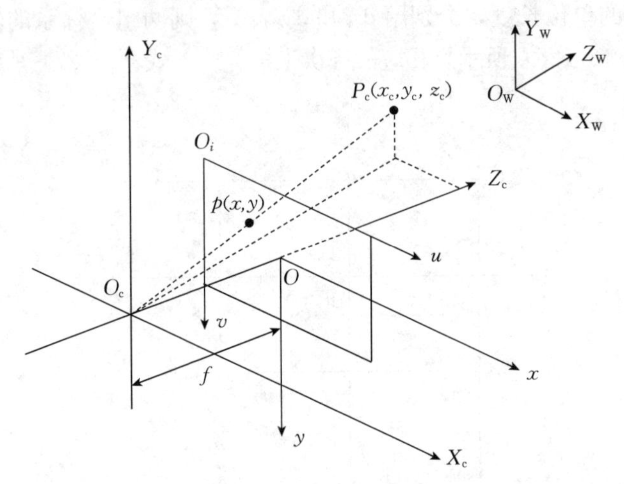

图2-17　摄像机成像模型

以数字图像形式存储在计算机中的数据，其数学单位用像素来表示。取一幅尺寸大小为M像素×N像素的数字图像，其实质为M行N列的数学矩阵。令图像左上角顶点为原点O_i，从O_i出发，水平向右的方向表示水平轴正方向，垂直向下的方向表示垂直轴正方向，即得到图像坐标系。图像坐标系上的点用（u，v）表示，则图像中任一点（u，v）的坐标值表示位于图像矩阵v行u列的像素点处的亮度值。

相机的成像平面，即与光轴垂直，位于镜头后方的平面，在数字相机中与图像传感器所在平面重合。像平面坐标系位于相机的成像平面上，其原点 O 位于像平面与相机光轴相交的主点上，即图像传感器的中心处，平行于图像传感器长度方向的轴为 x 轴，平行于宽度方向的轴为 y 轴，两轴的正方向与图像坐标系 uv 的两轴正方向一致，其数学单位为 mm。

数字相机采集图像时，图像坐标系与像平面坐标系的关系如图 2-18所示，两组坐标系的水平轴和垂直轴分别相互平行，正方向相同，像平面坐标系的原点 O_p 对应于图像坐标系的点坐标（u_0，v_0），即图像矩阵的中心点。设图像坐标系的单位像素对应像平面坐标系的单位长度，分别用 $\mathrm{d}x$ 和 $\mathrm{d}y$ 表示，则两组坐标系的转换关系如式（2-26）所示，相应的齐次坐标等式如式（2-27）所示。

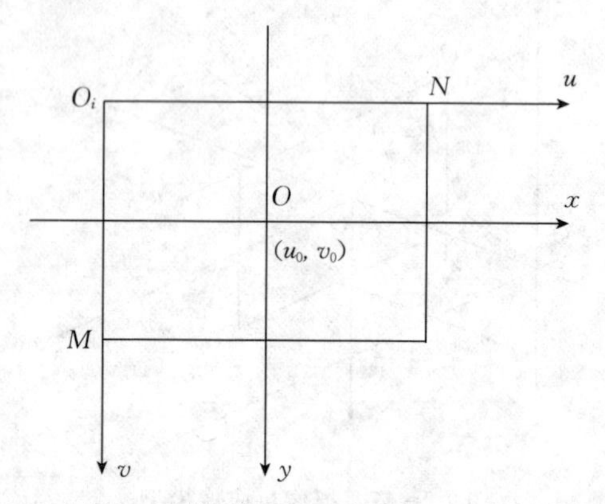

图 2-18　图像坐标系与像平面坐标系

$$\begin{cases} u=u_0+\dfrac{x}{\mathrm{d}x} \\ v=v_0+\dfrac{y}{\mathrm{d}y} \end{cases} \tag{2-26}$$

$$\begin{bmatrix} u \\ v \\ 1 \end{bmatrix}=\begin{bmatrix} \dfrac{1}{\mathrm{d}x} & \dfrac{\tan\alpha}{\mathrm{d}y} & u_0 \\ 0 & \dfrac{1}{\mathrm{d}y} & v_0 \\ 0 & 0 & 1 \end{bmatrix}\begin{bmatrix} x \\ y \\ 1 \end{bmatrix} \tag{2-27}$$

齐次坐标式中，元素 $\tan\alpha/dy$ 中的 α 角度为面阵图像传感器因生产工艺等原因造成的长边和宽边实际夹角与理想 90°夹角的差值。

相机作为物理空间中的三维物体，其所决定的坐标系具有三个维度。令相机光学系统的光心为原点 O_c，其主光轴为 Z_c 轴，正方向指向被测物方向，在过原点 O_c 与 Z_c 轴垂直的平面上，X_c 轴与像平面坐标系的 x 轴平行，Y_c 轴与像平面坐标系的 y 轴平行，两轴的正方向基于 Z_c 轴遵守左手坐标系原则而定，其数学单位为 mm。由于相机成像时物距远大于焦距，故像距近似等于焦距，因此像平面坐标系原点 O 与相机坐标系原点 O_c 的距离为焦距 f，如图 2－17 中所标示。

物体点在相机坐标系到像平面坐标系的成像投影关系如图 2－17 中点 $P_c(x_c, y_c, z_c)$ 与点 $p(x, y)$ 所示，根据相似三角形原理推导可得式（2－28），进一步表示为齐次坐标式，如式（2－29）所示。

$$\begin{cases} x = f\dfrac{x_c}{z_c} \\ y = f\dfrac{y_c}{z_c} \end{cases} \tag{2-28}$$

$$z_c\begin{bmatrix} x \\ y \\ 1 \end{bmatrix} = \begin{bmatrix} f & 0 & 0 & 0 \\ 0 & f & 0 & 0 \\ 0 & 0 & 1 & 0 \end{bmatrix}\begin{bmatrix} x_c \\ y_c \\ z_c \\ 1 \end{bmatrix} \tag{2-29}$$

相机、被测物以及图像采集系统中的其他物体均处于同一三维物理空间中，世界坐标系被定义用来统一这些物体上各点的物理坐标。取物理空间中任一点为世界坐标系的原点 O_w，则其三轴 X_w、Y_w 和 Z_w 两两相交于原点 O_w，且两两相互垂直，正方向遵守左手坐标系原则而定，数学单位为 mm。

世界坐标系中的物体经相机成像，转换为数字图像，当相机与物体间的相对位置发生变化时，所得数字图像相应发生改变，此相对位置的变化可被归纳为旋转变换和平移变换两类。设世界坐标系中任一点坐标为（x_w，y_w，z_w），对应相机坐标系中的点为（x_c，y_c，z_c），则二者之间的转换关系如式（2-30）所示。

$$\begin{bmatrix} x_c \\ y_c \\ z_c \\ 1 \end{bmatrix} = \begin{bmatrix} R & T \\ \vec{0} & 1 \end{bmatrix} \begin{bmatrix} x_w \\ y_w \\ z_w \\ 1 \end{bmatrix}$$

$$= \begin{bmatrix} \cos\varphi\cos\theta & \cos\varphi\sin\theta & -\sin\varphi & t_x \\ \sin\varphi\sin\varphi\cos\theta - \cos\varphi\sin\theta & \sin\varphi\sin\varphi\sin\theta + \cos\varphi\cos\theta & \sin\varphi\cos\varphi & t_y \\ \cos\varphi\sin\varphi\cos\theta + \sin\varphi\sin\theta & \cos\varphi\sin\varphi\sin\theta - \sin\varphi\cos\theta & \cos\varphi\cos\varphi & t_z \\ 0 & 0 & 0 & 1 \end{bmatrix} \begin{bmatrix} x_w \\ y_w \\ z_w \\ 1 \end{bmatrix} \tag{2-30}$$

式（2-30）中 R 为旋转变换矩阵，对应公式右侧与角度 φ、θ 和 φ 有关的 3×3 矩阵，φ、θ 与 φ 为将点（x_w，y_w，z_w）分别绕世界坐标系的 X_w 轴、Y_w 轴和 Z_w 轴进行旋转得到相机坐标系的点（x_c，y_c，z_c）所通过的角度。式中 T 为平移变换矩阵，对应公式右侧与 t 有关的 3×1 矩阵，表示将点（x_w，y_w，z_w）从世界坐标系按照 T 向量平移，从而得到相机坐标系的点（x_c，y_c，z_c）。因此，基于式（2-30），可将世界坐标系 $X_wY_wZ_w$ 变换至与相机坐标系 $X_cY_cZ_c$ 重合的位置。

综上所述，世界坐标系中任一点 P_w（x_w，y_w，z_w）经相机成像，从而生成图像坐标系上的点 p_i（u，v），经过了式（2-31）的转换过程，进一步换算得式（2-32）。

$$z_c \begin{bmatrix} u \\ v \\ 1 \end{bmatrix} = \begin{bmatrix} \frac{1}{dx} & \frac{\tan\alpha}{dy} & u_0 \\ 0 & \frac{1}{dy} & v_0 \\ 0 & 0 & 1 \end{bmatrix} \begin{bmatrix} f & 0 & 0 & 0 \\ 0 & f & 0 & 0 \\ 0 & 0 & 1 & 0 \end{bmatrix} \begin{bmatrix} R & T \\ \vec{0} & 1 \end{bmatrix} \begin{bmatrix} x_w \\ y_w \\ z_w \\ 1 \end{bmatrix} \tag{2-31}$$

$$z_c\begin{bmatrix}u\\v\\1\end{bmatrix}=\begin{bmatrix}f_x&\eta&u_0&0\\0&f_y&v_0&0\\0&0&1&0\end{bmatrix}\begin{bmatrix}R&T\\\vec{0}&1\end{bmatrix}\begin{bmatrix}x_w\\y_w\\z_w\\1\end{bmatrix}=AM\begin{bmatrix}x_w\\y_w\\z_w\\1\end{bmatrix}=H\begin{bmatrix}x_w\\y_w\\z_w\\1\end{bmatrix}\tag{2-32}$$

式（2-32）中的矩阵可分为两部分来理解。矩阵 A 所表示的 4×4 矩阵与图像坐标系、像平面坐标系和相机坐标系之间的转换关系有关，其中 f_x 和 f_y 为物体通过相机成像时水平方向和垂直方向各自的成像焦距，与相机的焦距和图像传感器成像单元的长宽尺寸有关，一般 $f_x=f_y$；u_0 和 v_0 为像平面坐标系的原点 O 在图像坐标系上的横纵坐标，该点也被称作像主点；η 为图像传感器侧边夹角的倾斜因子。这 5 个参数被统一称作相机内部参数，为相机的固有参数。基于对式（2-30）的说明，矩阵 M 所表示的矩阵与相机坐标系和世界坐标系之间的转换关系有关，反映了相机与被测物等之间的空间坐标关系，矩阵 M 所包含的 3×3 的旋转矩阵和 3×1 的平移向量被称作相机的外部参数。矩阵 A 左乘矩阵 M 所得矩阵 H 被称作单应矩阵。

上述是基于理想的摄像机模型完成的推导分析，实际应用中，由于生产工艺等原因，相机的镜头存在畸变，导致所生成的图像相对原三维物体产生位置误差，因此需要对镜头的畸变系数进行校正。设世界坐标系的任一点 $P_w(x_w, y_w, z_w)$ 经相机成像得到的点的实际位置为 $P(x, y)$，令其理想成像的位置为 $P_0(x_0, y_0)$，经推导可得到二者之间偏差，如式（2-33）所示，该式被称作非线性畸变模型。

$$\begin{cases}x_0=x+\delta_x(x, y)\\y_0=y+\delta_y(x, y)\end{cases}\tag{2-33}$$

式中，$\delta_x(x, y)$和$\delta_y(x, y)$分别为成像点的实际坐标相对理想坐标在坐标系水平方向和垂直方向的非线性畸变。镜头的非线性畸变主要包括径向畸变、偏心畸变和薄棱镜畸变 3 种，其中径向畸变导致成像的径向失真，偏心畸变和薄棱镜畸变会同时导致径向失真和切向失真。由于切向失真对大多数机器视觉系统的影响相对径向失真可以忽略，因此本研究仅考虑低阶（二阶及以下）的径向畸变对成像的影响。

理论上通过试验需要能够获取理想成像的图像（图 2－19a），径向畸变主要表现为枕形（图 2－19b）和桶形（图 2－19c）两种。从图中可以看出，图像点离中心像素越远，畸变越明显，径向畸变模型如式（2－34）所示。

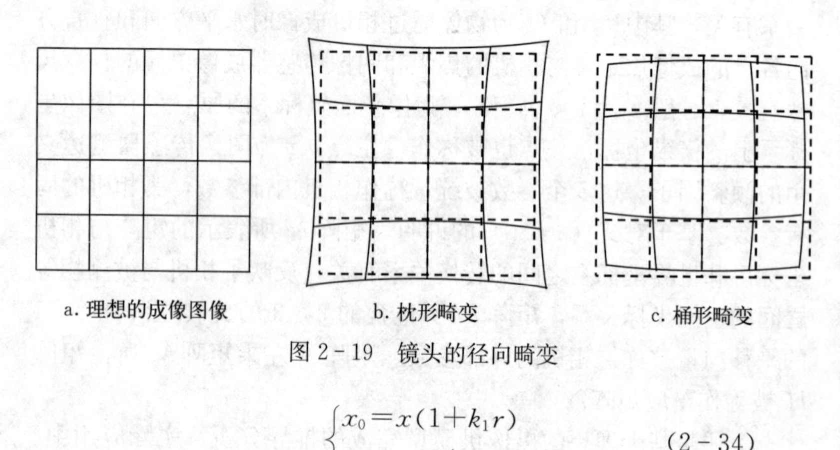

图 2－19　镜头的径向畸变

$$\begin{cases} x_0 = x(1+k_1 r) \\ y_0 = y(1+k_2 r) \end{cases} \tag{2-34}$$

式中，$r^2 = x^2 + y^2$，k_1 和 k_2 分别为坐标系水平方向和垂直方向的径向畸变系数，当 $k_1 = k_2 = k$ 时，有

$$\begin{cases} x_0 = x(1+kr) \\ y_0 = y(1+kr) \end{cases} \tag{2-35}$$

结合理想的摄像机模型和畸变模型的分析，物理空间中的三维物体投影到相机的图像传感器上，进而获得数字图像，主要经历图 2－20 所示的四步转换过程。

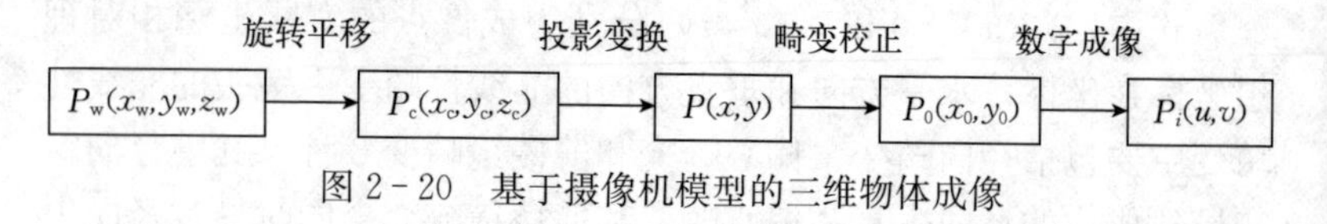

图 2－20　基于摄像机模型的三维物体成像

要实现从马铃薯样本图像到马铃薯点云模型的重建，即由图像坐标系中点的坐标反推世界坐标系中点的坐标，需要已知相机的参数和畸变系数，接下来根据式（2-32）和式（2-35）求解相机的5个内部参数和2个畸变系数。

相机标定的过程是相对图2-20的一个逆变换。根据采用的参照物的类别，可将相机标定分为传统标定、主动视觉标定和自标定三类。传统相机标定方法采用标定块或标定板等作为参照物，利用标定物上已知的形状和结构信息去计算相机参数，代表性的方法主要有直接线性变换标定法和基于径向校正约束的标定法。传统标定方法精度高，但由于其复杂的标定过程而不适宜常规视觉系统的操作。主动视觉标定法是针对运动状态的相机进行参数标定，要求的已知参数为相机的运动速度和方向等参数。相机自标定方法在标定时假设已知所采集图像中各点之间的相互位置关系，然后建立求解内参数矩阵的约束方程。相机自标定方法操作简便，可应用于各种标定场合，但对标定图像的精度要求较高。

张正友标定法是一种结合传统相机标定和相机自标定方法优点的创新标定方法，其根据待标定相机的焦距和视场参数，采用已知形状和结构特征的棋盘格标定板作为参照物，如图2-21所示。标定求解时，设标定板平面在世界坐标系的$X_wO_wY_w$平面上，此时$Z_w=0$，然后根据相机模型建立求解内部参数的齐次方程，通过改变相机与标定板之间的相对位置，至少采集3幅标定板图像，即可求出全部5个内部参数。

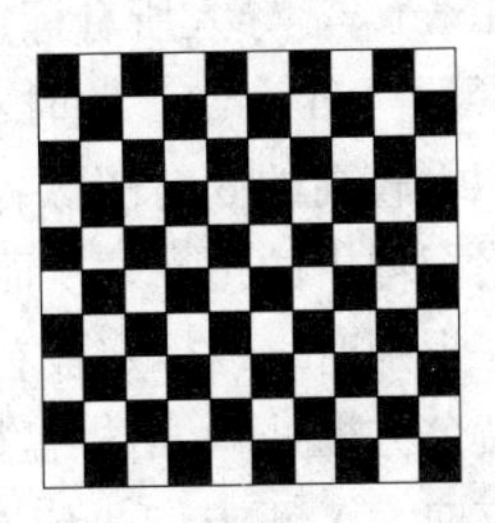

图2-21　张正友标定法的棋盘格标定板示意

图像采集系统所使用的SR300相机包括彩色摄像头和深度摄像头两部分，需对二者分别进行标定以求解其内部参数。

根据张正友标定法的操作步骤，对SR300相机的彩色摄像头采用棋盘格标定板进行内部参数标定。将彩色摄像头的分辨率设定为 1 920 像素×1 080 像素，标定板为 12×9 个格子的黑白棋盘格，每个格子的大小为 25 mm×25 mm，棋盘格用 A3 白色硬板纸进行打印，并粘贴在平板上，使棋盘格位于硬板纸和平板的中心区域，且粘贴面光滑平整，无明显弯曲凸起。

由于标定板的尺寸较大，不适于放入图像采集暗箱中进行图像采集，且相机内参数的标定仅与相机和标定板之间的相对位置有关，因此，试验将标定板和相机的视场置于图像采集暗箱外部光照明亮均匀的环境中。图像采集时，利用 SR300 相机所带的图像采集程序采集标定板的图像，在保证所采集图像的清晰度和棋盘格的完整度的前提下，不断调整二者之间的相对位置，并依次保存图像，每次位置调整尽量与之前的相对位置不重复，最终一共采集得到 15 张标定板图像，如彩图 2-13 所示。

研究采用 Matlab R2017a 自带的摄像机标定应用程序（Camera Calibrator）进行彩色摄像头标定，如彩图 2-14 所示。

将所采集的标定板的图像存入同一个文件夹下，打开 Camera Calibrator，导入所有标定板图片，同时输入单个棋盘格的物理边长参数（25 mm），此时 Camera Calibrator 会评估所有图像，并将相似性较高的 3 对图像各剔除一张，然后依次自动识别剩余 12 张合格图像中的角点，从而确定每个点在图像坐标系上的像素坐标。

识别时，以标定板右下角的完整十字角点为起点（彩图 2-14 中黄色方框处），沿棋盘格水平向左的方向为 X 正方向，垂直向上的方向为 Y 正方向，依次识别图中的所有十字角点（图中绿色圆圈处），然后根据单个棋盘格的物理边长换算相应角点在世界坐标系中的坐标。在界面上选中标定系数为 2 系数的径向畸变（radial distortion）和图像传感器的倾斜因子（skew），开始标定计算。根据式（2-32），已知点在图像坐标系中的坐标（u，v）和世界坐标系中的坐标（x_w，y_w，z_w），可求得相机参数的单应矩阵 H，得到摄像头的内部参数以及每一张图像相对摄像头的旋转和平移矩阵。内部参数如表 2-6 所示，表中所示平均投影误差为 0.47，表明所得标定结果在误差允许范围内，可用于下一步的运算。

表 2-6　SR300 相机的彩色摄像头内部参数标定结果

参数	标定值
归一化焦距	[1 361.945 9，1 359.112 0] ± [2.631 7，2.626 2]
主点坐标	[960.300 1，537.333 0] ± [1.248 0，1.014 9]
倾斜因子	[0.000 0] ± [0.000 0]
径向畸变	[0.080 9，−0.166 6] ± [0.002 9，0.004 4]
平均投影误差	0.47

根据表 2-6 可知，SR300 相机的近红外摄像头分辨率为 640 像素×480 像素，水平视场角为 71.5°±2°，垂直视场角为 55°±2°，其采集近红外图像的物距参考采集深度图像的有效距离，为 200～1 500 mm，因此其视野大小最大可达到 2 160 mm×1 560 mm 的面积。若在实验室环境下对该摄像头进行人工标定，对标定板的参数要求较高，因此本研究通过读取其出厂标定的相机内部参数用于进一步的分析，如表 2-7 所示。由于两摄像头的视野面积较大，在满足深度相机的物距要求前提下，马铃薯样本位于两个摄像头的视野居中的位置，占整张图像的面积较小，故在坐标系转换时将两摄像头的畸变系数忽略不计。

表 2-7　SR300 相机的近红外摄像头内部参数

参数	标定值
归一化焦距	[474.652 0，474.652 0]
主点坐标	[313.180 0，244.848 0]
畸变系数	[0.136 875，0.128 946，0.003 169 83，0.005 406 76，−0.042 612 9]

分别标定得到 SR300 相机两个摄像头的内部参数以后，为获得彩色图像中的点在深度图像上对应的坐标和深度值，需要联合二者进一步标定得到其外部参数，即深度图像映射到彩色图像的旋转矩阵和平移矩阵。彩色图像和深度图像的坐标系及二者所在的世界坐标系如图 2-22所示，设彩色图像坐标系 $u_{color}v_{color}$ 与深度图像坐

标系 $u_{depth}v_{depth}$ 具有共同的世界坐标系 $X_wY_wZ_w$，点 p_{color} 和 p_{depth} 为物体上同一点 P_w 分别在两个图像坐标系中投影成像的点，根据摄像机模型得到转换关系如式（2-36）所示。

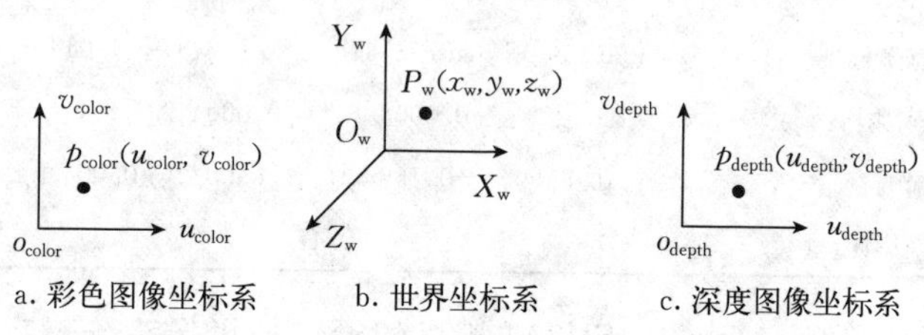

图 2-22　SR300 相机的世界坐标系及图像坐标系

$$\begin{cases} p_{color}=A_{color}(R_{color}P_w+T_{color}) \\ p_{depth}=A_{depth}(R_{depth}P_w+T_{depth}) \end{cases} \tag{2-36}$$

式中，A_{color} 和 A_{depth} 分别为 SR300 相机两摄像头的内参矩阵，R_{color}、T_{color}、R_{depth} 和 T_{depth} 分别为坐标系 $X_wY_wZ_w$ 转换到坐标系 $u_{color}v_{color}$ 和 $u_{depth}v_{depth}$ 的旋转矩阵和平移向量，则坐标系 $u_{depth}v_{depth}$ 中的点 p_{depth} 映射到坐标系 $u_{color}v_{color}$ 的转换关系如式（2-37），由此推出相应的旋转矩阵 $R_{depth2color}$ 和平移向量 $T_{depth2color}$［式（2-38）］。

$$p_{color}=A_{color}R_{color}R_{depth}^{-1}A_{depth}^{-1}p_{depth}+A_{color}T_{color}-A_{color}R_{color}R_{depth}^{-1}T_{depth} \tag{2-37}$$

$$\begin{cases} R_{depth2color}=A_{color}R_{color}R_{depth}^{-1}A_{depth}^{-1} \\ T_{depth2color}=A_{color}T_{color}-A_{color}R_{color}R_{depth}^{-1}T_{depth} \end{cases} \tag{2-38}$$

式（2-36）至式（2-38）中的矩阵参数均为齐次坐标式。根据公式分析可知，基于张正友标定法使用棋盘格标定 SR300 相机的单个摄像头时，可以获得内参矩阵和棋盘格相对摄像头的外参矩阵 R_{color} 和 T_{color}（或 R_{depth} 和 T_{depth}）。为获得 $R_{depth2color}$ 和 $T_{depth2color}$ 参数，需固定两摄像头的相对位置用于标定。按照单摄像头标定的步骤调整标定板与两摄像头之间的相对位置，使成像清晰，保存多组不同位置下标定板的彩色图像和深度图像。对所得标定板图像分别按单摄像头标定的步骤进行处理，获得摄像头内部参数以及标定图像相对摄像头的旋转矩阵 R_{color} 和平移向量 T_{color}（或 R_{depth} 和 T_{depth}），然后根据式（2－38）换算得到深度图像映射到彩色图像的转换参数。

SR300 相机为硬件集成的整体，两摄像头的相对位置已经固定。根据近红外摄像头标定部分的说明，本研究中，通过读取 SR300 相机的出厂标定数据并进行换算以获得将深度图像映射到彩色图像的摄像头外部参数，如表 2－8 所示。

表 2－8　SR300 相机的外部参数

参数	标定值
平移向量	[39.484 80，2.181 65，0.004 12]^T
旋转矩阵	[2.924 83，0.000 89，12.161 00； −0.008 56，2.917 87，−177.615 00； 2.097 26e^{-6}，−9.447 55e^{-6}，1.001 65]

注：表中 T 表示矩阵转置，e^{-6}表示$\times 10^{-6}$。

转台标定方面，由于在图像采集系统中，转台与 SR300 相机是在三维物理空间中相互独立的两个个体，本研究需要基于转台所在坐标系、相机坐标系和世界坐标系三者的转换关系实现对转台旋转轴的标定。

转台坐标系 $X_rY_rZ_r$、世界坐标系 $X_wY_wZ_w$ 和相机坐标系 $X_cY_cZ_c$ 三者的位置关系如图 2－23 所示，转台以 ω 的角速度绕旋转轴旋转，转台坐标系的原点 O_r 位于旋转轴与转台平面的交点处，Y_r 轴与旋转轴重合，正方向朝上，$X_rO_rZ_r$ 平面位于转台平面，两轴互相垂直，正方向如图 2－23 所示；令转台上的物体所在坐标系为世界坐标系，物体随转台旋转而转动，原点 O_w 位于物体的质心处，$X_wO_wZ_w$ 平面与转台平面平行，Y_w 轴与转台的 Y_r 轴平行；本研究中相机坐标系与转台坐标系的相对位置固定不变。

经分析，世界坐标系中任一点 $P_w(x_w, y_w, z_w)$ 随转台旋转一个角度，其坐标变换到相机坐标系，主要经过图 2－24 所示的

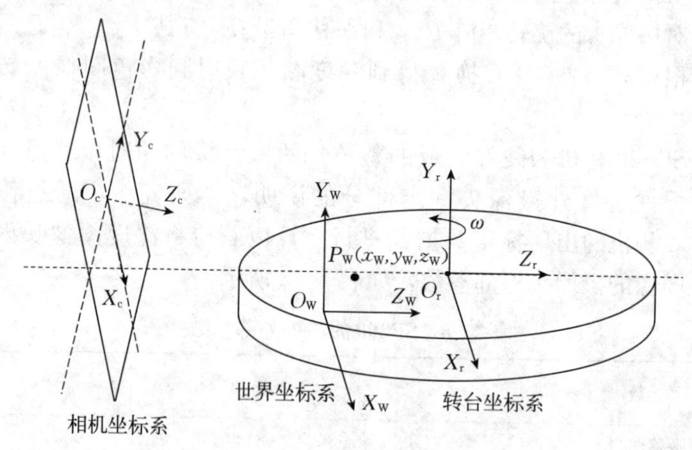

图 2-23　转台坐标系相对相机坐标系及世界坐标系的位置关系

两个步骤。

首先分析世界坐标系到转台坐标系的变换。根据图 2-23 所示，世界坐标系 $X_wY_wZ_w$ 相对转台坐标系 $X_rY_rZ_r$ 在三个坐标轴方向上均存在线性偏移，另外在 $X_rO_rZ_r$ 平面上存在绕 Y_r 轴的旋转偏移。令转台旋转角度为 τ（相对相机坐标系顺时针旋转为正，逆时针旋转为负），顺着 Y_r 轴的反方向俯视转台平面，如图 2-25 所示，世界坐标系的任一点（x_w，y_w，z_w）到转台坐标系（x_r，y_r，z_r）的变换关系如式（2-39）所示，式中$[t_1 \quad t_2 \quad t_3]^T$ 为平移向量，转角 τ 相关的 3×3 矩阵为旋转矩阵。

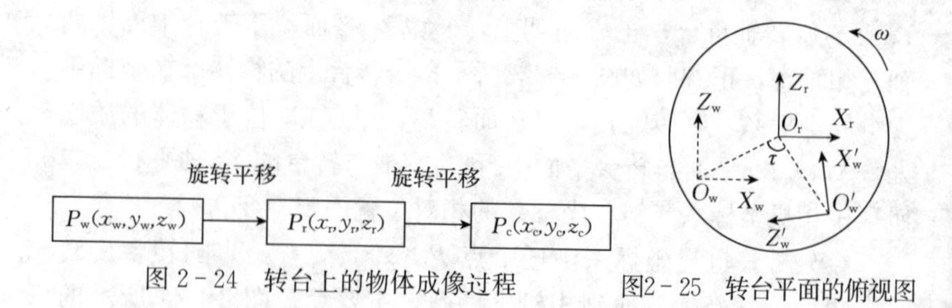

图 2-24　转台上的物体成像过程

图2-25　转台平面的俯视图

$$\begin{bmatrix} x_r \\ y_r \\ z_r \\ 1 \end{bmatrix} = \begin{bmatrix} \cos\tau & 0 & -\sin\tau & t_1 \\ 0 & 1 & 0 & t_2 \\ \sin\tau & 0 & \cos\tau & t_3 \\ 0 & 0 & 0 & 1 \end{bmatrix} \begin{bmatrix} x_w \\ y_w \\ z_w \\ 1 \end{bmatrix} \tag{2-39}$$

获得转台坐标系的点 $P_r(x_r, y_r, z_r)$ 之后，再将其转换到相机坐标系的点 $P_c(x_c, y_c, z_c)$。综上，本节中世界坐标系到相机坐标系的转换关系如式（2－40）所示，可被简化为式（2－41）描述。

$$\begin{bmatrix} x_c \\ y_c \\ z_c \\ 1 \end{bmatrix} = \begin{bmatrix} \cos\varphi\cos\theta & \cos\varphi\sin\theta & -\sin\varphi & t_x \\ \sin\varphi\sin\varphi\cos\theta-\cos\varphi\sin\theta & \sin\varphi\sin\varphi\sin\theta+\cos\varphi\cos\theta & \sin\varphi\cos\varphi & t_y \\ \cos\varphi\sin\varphi\cos\theta+\sin\varphi\sin\theta & \cos\varphi\sin\varphi\sin\theta-\sin\varphi\cos\theta & \cos\varphi\cos\varphi & t_z \\ 0 & 0 & 0 & 1 \end{bmatrix} \begin{bmatrix} \cos\tau & 0 & -\sin\tau & t_1 \\ 0 & 1 & 0 & t_2 \\ \sin\tau & 0 & \cos\tau & t_3 \\ 0 & 0 & 0 & 1 \end{bmatrix} \begin{bmatrix} x_w \\ y_w \\ z_w \\ 1 \end{bmatrix} \tag{2-40}$$

$$\begin{bmatrix} x_c \\ y_c \\ z_c \\ 1 \end{bmatrix} = \begin{bmatrix} R & T \\ \vec{0} & 1 \end{bmatrix} \begin{bmatrix} R_r & T_r \\ \vec{0} & 1 \end{bmatrix} \begin{bmatrix} x_w \\ y_w \\ z_w \\ 1 \end{bmatrix} = MM_r \begin{bmatrix} x_w \\ y_w \\ z_w \\ 1 \end{bmatrix} \tag{2-41}$$

等式右侧 M 矩阵与转台旋转轴相对相机坐标系的平移量和旋转角度有关，为相机的外部参数，M_r 矩阵与世界坐标系相对转台坐标系的平移量和旋转角度有关，对图像采集系统中转台旋转轴的标定即是求解矩阵 M 和 M_r 参数。

转台标定是相对图 2－24 所示的逆过程。计算机视觉系统中，转台的标定常借助标定物，比如标定球、标准圆柱或设置任意标记点。根据三点确定一个平面的原理，分别采集同一个标定物随转台旋转到任三个不同位置时的图像，提取标定物在图像坐标系的像素坐标和世界坐标系的三维坐标，即可进一步求解标定参数。

我们采用设置任意标记点的方法对转台旋转轴进行标定，所用 SR300 相机的彩色摄像头分辨率为 1 920 像素×1 080 像素，近红外摄像头的分辨率为 640 像素×480 像素。标定试验按照图 2-13 所示固定相机和转台的位置，在转台表面由转台中心向边缘依次粘贴 5 个标记物，并按次序编号。然后接上电源，使转台以 11.46(°)/s 的角速度逆时针匀速旋转。图像采集时，利用 SR300 相机自带的图像采集程序采集转台及标记物的图像，包括彩色图像和深度图像。转台每旋转 30°时，计算机保存一组图像，如彩图 2-15a、b 所示，最终转台旋转一周，共采集得到 12 组图像。

在 Visual C++程序中，依次读入每组彩色图像和深度图像，根据表 2-8 所列 SR300 相机的外部参数及式（2-42）将深度图像的点映射到彩色图像中，获得二者的配准图像（彩图 2-15c），式（2-42）中 d 为深度图像的像素坐标对应的深度值。然后，在配准图像上人工读取 5 个标记物的中心点像素坐标，并根据式（2-43）将像素坐标和相应的深度值 d 转换为物理空间的三维坐标，公式的单位为 mm，式中 c_{dx}、c_{dy}、f_{dx} 和 f_{dy} 依次为表 2-7 中深度摄像头的主点坐标和归一化焦距值。由此得到标记点在图像坐标系的坐标（u_{depth}，v_{depth}）和相机坐标系的坐标（x_c，y_c，z_c）。

$$p_{\text{color}}=d\cdot R_{\text{depth2color}}\cdot p_{\text{depth}}+10^3\cdot T_{\text{depth2color}} \quad (2-42)$$

$$\begin{cases} z_c=d \\ x_c=(u_{\text{depth}}-c_{dx})\cdot z_c\big/ f_{dx} \\ y_c=(v_{\text{depth}}-c_{dy})\cdot z_c\big/ f_{dy} \end{cases} \quad (2-43)$$

在 Matlab R2017a 中进行数据处理。所得 5 组标记物的中心点在相机坐标系中的三维坐标如彩图 2-16 所示，从图中可以看出，每个标记点随转台旋转一周，其坐标组成的轮廓类似圆形，由此可使用 fminsearch 无约束非线性优化函数迭代计算得到标记点坐标的最佳拟合圆心和半径，并基于圆心坐标和原数据坐标进一步求出拟合圆的法向量。在理想情况下，所述圆心即为转台旋转轴与转台表面的交点，而过圆心的法向量即为旋转轴。根据彩图 2-16 所示，L_1～L_5 5 组标记物的中心点坐标经过圆拟合之后，L_1、L_2、L_4 和 L_5 的圆平面均与原数据所在位置趋于平行，而 L_3 的拟合圆所在平面与原数据的点所在平面明显不平行，其原因主要为拟合圆心与原数据间距离过远，结合二者计算所得法向量与理想值差距过大，故将 L_3 标记物的数据剔除。将剩余 4 组数据的圆心坐标和法向量分别取平均值，并对法向量作归一化处理，作为转台旋转轴在相机坐标系的位置和方向，结果如表 2-9 所示。因此，在相机坐标系中，转台旋转轴经过点 R_c(−5.78，55.16，290.84) 垂直于转台平面，且方向指向相机所在侧面，单位方向向量为 $\boldsymbol{v}_c$=(0.001 5，−0.991 3，−0.131 4)。

表 2-9 标记物坐标的拟合圆参数

编号	拟合圆心的坐标	法向量
L_1	(−5.77，68.12，293.13)	(−0.005 3，−0.991 9，−0.126 8)
L_2	(−5.81，44.82，291.26)	(0.008 7，−0.989 9，−0.141 5)
L_3^*	(−5.53，132.10，300.43)	(1.00，0.005 2，−0.004 1)
L_4	(−6.39，58.31，290.53)	(0.005 2，−0.991 5，−0.130 2)
L_5	(−5.17，49.41，288.45)	(−0.005 6，0.990 7，0.135 6)
平均值	(−5.78，55.16，290.84)	(0.001 5，−0.991 3，−0.131 4)

注：表中“*”表示所指标记物的数据被剔除。

图像采集系统中相机与转台的相对位置固定不变。在转台坐标系中，转台旋转轴与 Y_r 轴重合，令旋转轴与转台的交点为原点，即 R_r(0，0，0)，单位方向向量为 $\boldsymbol{v}_r$=(0，1，0)，则旋转轴从转台坐标系到相机坐标系的转换被转化为将点 R_r 平移至点 R_c，然后将单位向量 $\boldsymbol{v}_r$ 旋转至与单位向量 $\boldsymbol{v}_c$ 重合的过程。求解该过程的旋转矩阵时，采用了四元数的方法，通过求外积 $\boldsymbol{v}_r \times \boldsymbol{v}_c$ 获得由单位向量$\boldsymbol{v}_r$向单位向量$\boldsymbol{v}_c$旋转的旋转轴向量$\boldsymbol{r}=(r_x, r_y, r_z)$，求内积$\boldsymbol{v}_r \cdot \boldsymbol{v}_c$并转换得到单位向量$\boldsymbol{v}_r$与单位向量$\boldsymbol{v}_c$之间的夹角$\beta$，从而得到四元数$q$的表达式，如式（2-45）所示，其中向量$\boldsymbol{r}$为单位向量。根据四元数与旋转矩阵之间的关系，得到旋转矩阵R_{r2c}如式（2-45）所示，式中q_0、q_1、q_2和q_3依次代表四元数q的4个元素。

$$q=[\cos(\beta/2), r_x \cdot \sin(\beta/2), r_y \cdot \sin(\beta/2), r_z \cdot \sin(\beta/2)] \tag{2-44}$$

$$R_{r2c}=\begin{bmatrix} 1-2q_2^2-2q_3^2 & 2q_1q_2-2q_0q_3 & 2q_1q_3+2q_0q_2 \\ 2q_1q_2+2q_0q_3 & 1-2q_1^2-2q_3^2 & 2q_2q_3-2q_0q_1 \\ 2q_1q_3-2q_0q_2 & 2q_2q_3+2q_0q_1 & 1-2q_1^2-2q_2^2 \end{bmatrix} \tag{2-45}$$

相机坐标系到转台坐标系的变换为上述过程的逆变换，由此得到相机坐标系到转台坐标系的旋转矩阵和平移向量，如表2-10所示。

表2-10 相机坐标系到转台坐标系的变换参数

参数	标定值
平移向量	[−0.663 4, 92.913 6, 281.124 2]^T
旋转矩阵	[0.999 7, −0.001 5, 0.022 4; 0.001 5, −0.991 3, −0.131 4; 0.022 4, 0.131 4, −0.991 1]

注：表中T表示矩阵转置。

基于所得到的变换矩阵将L_1、L_2、L_4和L_5 4组标记物的坐标从相机坐标系转换到转台坐标系，如图2-26所示，从图中可以看出，所有标记物在Y_r方向的值的范围为−7.43～−0.95 mm，其绝对误差小于4.47 mm，且相对$X_rO_rZ_r$平面的距离小于8 mm，由于经人工提取的标记物中心点坐标本身存在误差，转换后的误差在允许范围内，验证了所得转换矩阵的准确性。

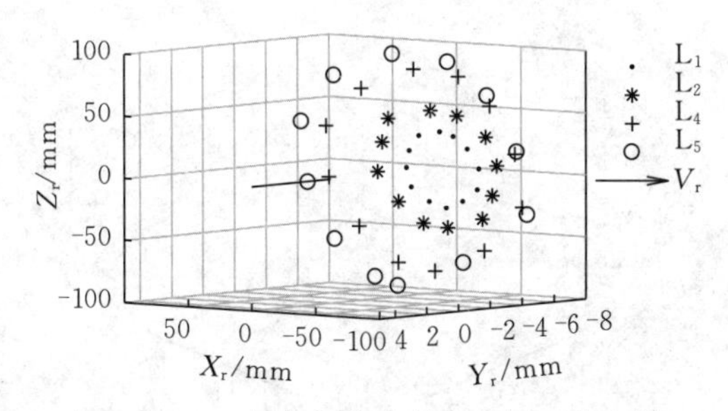

图 2-26　4 组标记物在转台坐标系的坐标

根据式（2-39）可知，世界坐标系到转台坐标系的转换主要包括原点 O_w 到 O_r 的平移以及 $X_wO_wZ_w$ 平面绕 Y_r 轴的坐标旋转。令世界坐标系的原点 $O_w(0, 0, 0)$ 在转台坐标系的坐标为 P_{r0}（x_{r0}，y_{r0}，z_{r0}），则式（2-39）中的平移向量的取值如式（2-46）所示。

$$\begin{cases} t_1 = x_{r0} \\ t_2 = y_{r0} \\ t_3 = z_{r0} \end{cases} \tag{2-46}$$

转台坐标系到世界坐标系的变换为上述过程的逆变换，则当转台旋转角度为 τ（$0° \leqslant \tau < 360°$）时，对世界坐标系的求解过程如式（2-47）所示，式中 R_{w2r} 和 T_{w2r} 分别表示世界坐标系到转台坐标系的旋转矩阵和平移向量。进一步换算得到转台坐标系到世界坐标系的旋转矩阵 R_{r2w} 和平移向量 T_{r2w}，如式（2-48）所示。图 2-27 所示为 L_1、L_2、L_4 和 L_5 4 组标记物的坐标从转台坐标系转换到世界坐标系的转换结果，令转台旋转角度为 0°时标记物的中心点坐标为相应标记物在世界坐标系的原点。从图中可以看出，4 组标记物的中心点经基于不同旋转角度的旋转矩阵和各自的平移向量转换之后，坐标均汇集到原点 $O_w(0, 0, 0)$ 处，实现了点由彩色图像结合深度图像到图像采集系统的世界坐标系的坐标转换。

$$P_w = R_{w2r}^{-1} \cdot P_r - R_{w2r}^{-1} \cdot T_{w2r} \tag{2-47}$$

$$\begin{cases} R_{r2w} = R_{w2r}^{-1} \\ T_{r2w} = -R_{w2r}^{-1} \cdot T_{w2r} \end{cases} \tag{2-48}$$

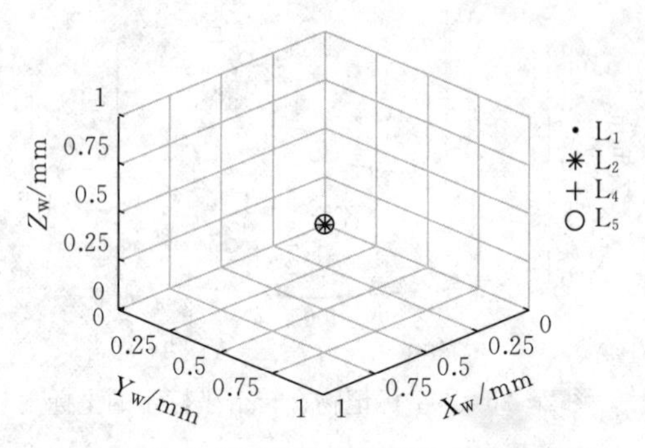

图 2-27　4 组标记物在世界坐标系的坐标

三、点云模型重构及预测

由图像采集系统所采集的马铃薯种薯样本图像如彩图 2-17 所示，包括转台旋转角度为 0°、90°、180°和 270°时的 4 组彩色图像与深度图像。深度图像为十六位无符号整型数据（0～65 535），显示在计算机屏幕上为黑色，这是因为计算机屏幕能显示的颜色为八位无符号整型数据（0～255），因此本研究在示意图中将深度图像的像素数据转换到 0～255 范围。彩色图像的分辨率为 1 920 像素×1 080像素，深度图像的分辨率为 640 像素×480 像素。深度图中，颜色越深表示空间点相对相机的距离越近，黑色区域则因为距离不在有效物距范围内或边缘曲线过渡等导致像素数据为零。

在深度图像中，除了存在马铃薯种薯的深度数据以外，转台以及图像采集暗箱内其他进入深度（近红外）摄像头视野的空间物体也存在深度数据。在马铃薯种薯区域的水平方向和垂直方向各取一段像素，分析其深度值分布曲线（图 2-28 所示）。在水平方向上，种薯与背景在深度值上具有明显的界线，背景区域离摄像头的深度值较种薯更大，可以令种薯区域的最大深度值 d_1 作为阈值分割背景；在垂直方向上，转台与种薯在深度值上有部分重叠的现象，且种薯样本托在二者的深度值过渡区域有干扰，此时若选用深度值作为阈值，分割结果中转台和样本托均会形成干扰，且不易去除。因此，需要对深度图像中种薯目标区域的分割。

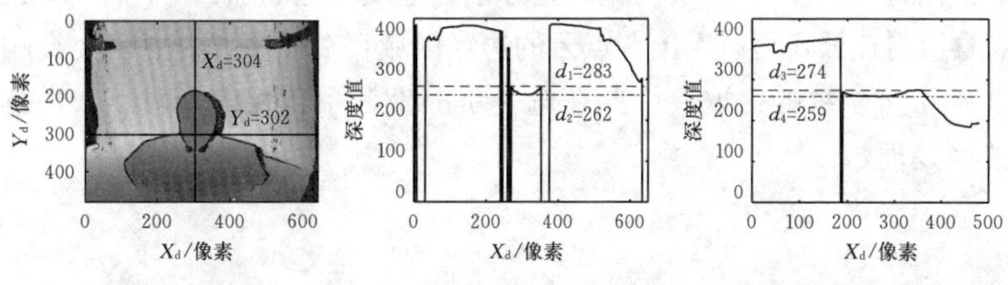

a. 深度图像(0°)　　b. 水平深度值分布(Y_d=302)　　c. 垂直深度值分布(X_d=304)

图 2-28　马铃薯种薯深度图像的深度值分布曲线

对于 SR300 相机所采集的一组彩色图像和深度图像，彩色图像与深度图像可基于两摄像头的外部参数和式（2-42）实现配准，同理，可以对彩色图像的种薯掩膜图像和深度图像运用上述配准过程，从而获得深度图像的种薯掩膜图像，进一步得到深度图像中马铃薯种薯的目标图像，如图 2-29 所示。其中彩色图像的掩膜图像（图 2-29a）是对原彩色图像进行去背景处理的过程中得到的。

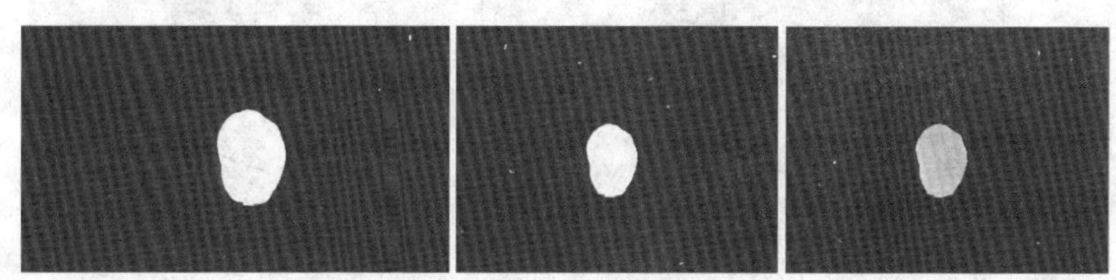

a. 彩色图像的掩膜图像　　b. 深度图像的掩膜图像　　c. 深度图像的目标图像

图 2-29　深度图像的马铃薯种薯目标提取（0°旋转角）

由于彩色摄像头与深度摄像头的视角有不重合的部分，故对二者进行配准所得深度图像的掩膜图像较原深度图像有边缘损失的情况，但本研究对同一个样本分别从 4 个侧面方向采集样本图像，可以弥补单方向所采集的彩色图像与深度图像在不重合区域的数据损失。

深度图像的像素点值表示被测物上的点到深度摄像头的垂直距离，为图像坐标系中的数据。本研究首先将马铃薯种薯样本的深度图像根据式（2－45）转换到相机坐标系，生成对应的点云（图 2－30）。观察所得点云，可以看出，点云的边缘区域存在一些离群点，会影响点云几何参数的提取，因此在进一步的坐标系转换前需对点云进行去噪处理。

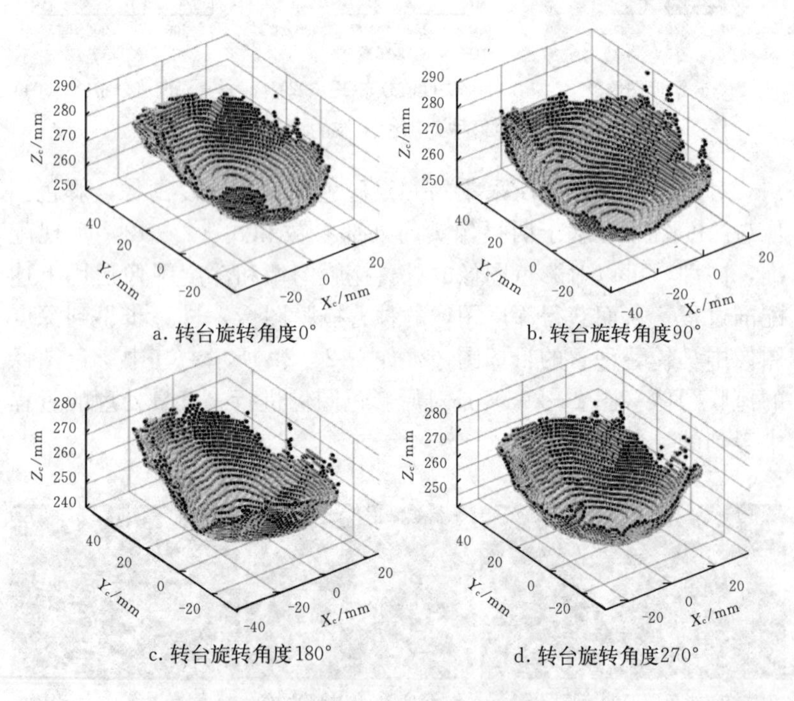

a. 转台旋转角度0°　　b. 转台旋转角度90°

c. 转台旋转角度180°　　d. 转台旋转角度270°

图 2－30　马铃薯种薯样本在相机坐标系的点云

点云去噪方法依据点云本身的分布特性可分为适用于呈正态分布的点云数据去噪的统计滤波方法、适用于呈偏态分布的点云数据的分箱去噪方法、适用于密度较大的点云数据的体素滤波方法及设定滤波半径的半径滤波方法等。本研究所采用的摄像头分辨率较低，视野较大，所采集的一幅图像中马铃薯区域的有效点云个数最多在 18 000 个左右，密度较小，另外，除了边缘处有部分离群点以外，点云内部的点分布距离较为均匀，因此本研究采用统计滤波器进行点云去噪处理。经分析，当分割阈值 $T_r=2.5$ 时，对离群点的剔除效果较好，且避免了对点云边缘的过度腐蚀。

完成点云去噪处理以后，将所得点云根据表 2-10 的旋转矩阵和平移向量转换到转台坐标系，结果如图 2-31 所示。

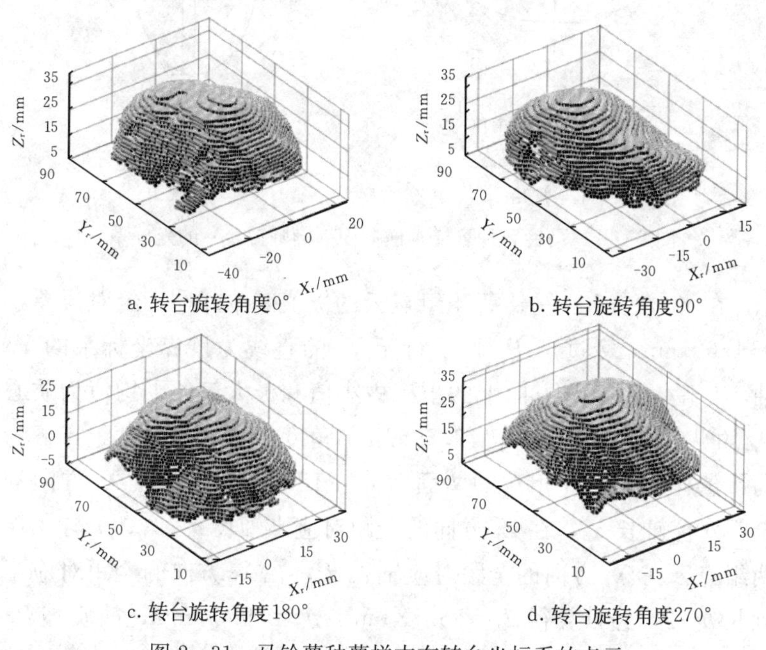

a. 转台旋转角度0°　　b. 转台旋转角度90°

c. 转台旋转角度180°　　d. 转台旋转角度270°

图 2-31　马铃薯种薯样本在转台坐标系的点云

接下来，本研究基于所得 4 组点云确立马铃薯种薯样本的质心点 O_w 在转台坐标系的坐标 P_{r0}（x_{r0}，y_{r0}，z_{r0}）。根据马铃薯种薯的形状特征将垂直于 Y_w 轴的截面拟合为椭圆形，令旋转角度为 0°(样本初始位置）时两坐标系在 XOZ 平面的两轴分别平行，且方向相同，则转台绕 Y_r 轴每旋转 90°时，世界坐标系的 $X_wO_wZ_w$ 平面绕 Y_r 轴旋转 90°，如图 2-32 所示（以深度摄像头为参照物）。

同一个样本 4 组点云在 X_r、Y_r 和 Z_r 3 个方向的极值如表 2-11 所

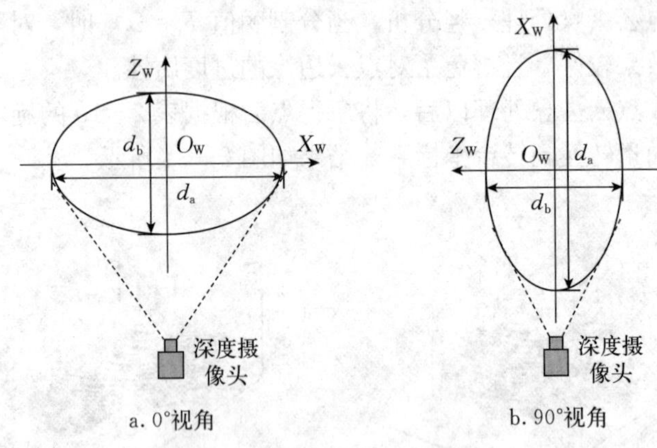

图 2-32　马铃薯种薯样本横截面（椭圆拟合）的坐标系

示，在 Y_r 方向上，马铃薯 4 组点云的极值基本相同，绝对误差小于 1.62 mm，令过点 P_{r0} 且平行于 Y_r 的直线为世界坐标系的 Y_w 轴，4 组点云在 Y_r 方向上的坐标极小值和极大值的平均值为质心 P_{r0} 的纵坐标，即 y_{r0} 等于 47.79 mm。角度差为 180°的两组点云为马铃薯样本上正好相对的两面，0°与 180°两组点云在 X_r 方向的全距对应轴长 d_a，在 Z_r 方向的全距对应半轴长 $d_b/2$；90°与 270°两组点云在 X_r 方向的全距对应轴长 d_b，在 Z_r 方向的全距对应半轴长 $d_a/2$，经计算得 d_a=56.73 mm，d_b=59.50 mm，故质心 P_{r0} 在不同旋转角度下的三坐标值如表 2-12 所示，其中 x_{r0} 值为 X_r 的极小值与半轴长的和，z_{r0} 值为 Z_r 的极大值与半轴长的差，从表 2-12 中可以看出，4 个旋转角度处的质心坐标分别基于坐标轴近似对称。

表 2-11　马铃薯种薯样本 4 组点云在转台坐标系三轴的坐标范围

角度 τ /(°)	X_r/mm	X_r 全距/mm	Y_r/mm	Y_r 全距/mm	Z_r/mm	Z_r 全距/mm
0	[−35.34, 22.51]	57.84	[6.14, 88.90]	82.77	[6.81, 36.89]	30.08

（续）

角度 τ/(°)	X_r/mm	X_r 全距/mm	Y_r/mm	Y_r 全距/mm	Z_r/mm	Z_r 全距/mm
90	[−35.76，22.14]	57.90	[6.75，88.92]	82.17	[−2.66，21.52]	24.18
180	[−19.99，36.29]	56.29	[6.09，88.92]	82.83	[−6.23，24.50]	30.73
270	[−23.50，34.97]	58.47	[7.71，88.92]	81.21	[4.59，36.81]	32.22

注：表中“全距”为对应区间中最大值与最小值的差。

表 2-12　马铃薯种薯样本在转台 4 个旋转角度下的质心坐标

角度 τ/(°)	x_{r0}/mm	y_{r0}/mm	z_{r0}/mm
0	−6.96	47.79	7.14
90	−6.01	47.79	−6.86
180	8.38	47.79	−5.25
270	6.24	47.79	8.44

已知马铃薯种薯的质心在转台坐标系的质心坐标和旋转角度 τ，根据式（2-47），分别计算每个旋转角度处的旋转矩阵和平移向量，从而将 4 组点云依次转换到世界坐标系，如彩图 2-18a 所示。由于本研究仅使用一个相机在相对转台固定的位置采集马铃薯的侧面图像，未能获取基部被样本托遮挡区域的数据，因此在 Y_w 轴方向上，点云的下端存在小的空洞。

从马铃薯种薯样本的点云图中可以看出，由于每隔 90°旋转角采集一组图像，导致相邻的两组点云上存在相互重叠的部分，而相机不同视角下，所采集的种薯同一位置的图像存在误差，因此相邻两组点云在重叠面有不重合的部分。针对这一情况，本研究对两组点云中坐标值最为接近的点取坐标的平均值，用新的坐标点取代原来的两个点，从而完成对点云模型的平滑处理，结果如彩图 2-18b 所示。

点云模型马铃薯种薯几何参数提取是重要环节。在所得点云模型上依次提取长度、宽度和厚度参数，作为相应的评价指标。另外提取最大横截面积、表面积和体积参数，结合 6 个几何参数进行马铃薯种薯质量预测分析。

参数提取时，根据马铃薯种薯的形状特征将其拟合为椭圆柱形，如图 2 - 33 所示，则图中马铃薯种薯的长轴长 L 表示种薯样本的长度；在与长轴互相垂直的最大横截面椭圆中，d_a 表示种薯的宽度，d_b 表示种薯的厚度。

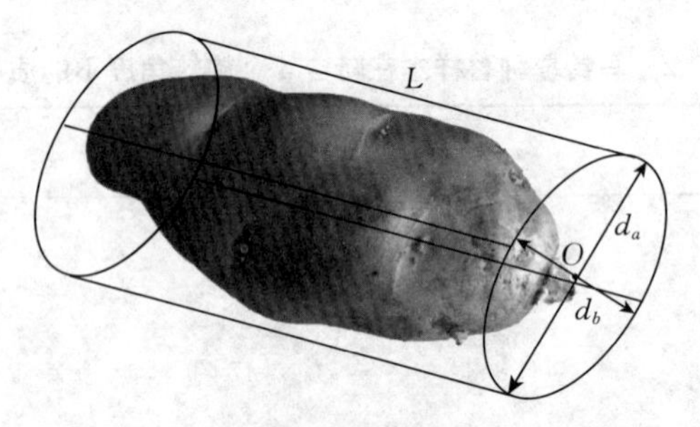

图 2 - 33　马铃薯种薯的椭圆柱拟合模型

接下来在点云模型中提取马铃薯种薯的几何参数，包括上述 3 种尺寸参数以及最大横截面积、表面积和体积等参数。

马铃薯种薯样本的长度测量点位于样本长轴位置。图像采集时，种薯样本相对转台的放置方式为顶部朝上，基部接触样本托，因此样本的中心轴与 Y_w 轴基本平行。将种薯的点云模型投影到 $X_wO_wY_w$ 平面（$Z_w=0$）上，如图 2 - 34a 所示，在投影所得二维图像中提取其掩膜图像，如图 2 - 34b 所示。计算掩膜图像的最小外接矩形，然后将矩形的长按掩膜图像的像素与毫米值的比例换算回世界坐标系，即为基于点云模型的马铃薯种薯样本长度 L，单位为 mm。

马铃薯种薯样本的宽度测点和厚度测点均位于与长轴垂直的平面上。将点云模型投影到 $X_wO_wZ_w$ 平面（$Y_w=0$）上，如图 2 - 34c 所示，在投影得到的二维图像中提取其掩膜图像，如图 2 - 34d 所示。然后将掩膜图像的轮廓拟合为椭圆，经单位换算以后，椭圆的

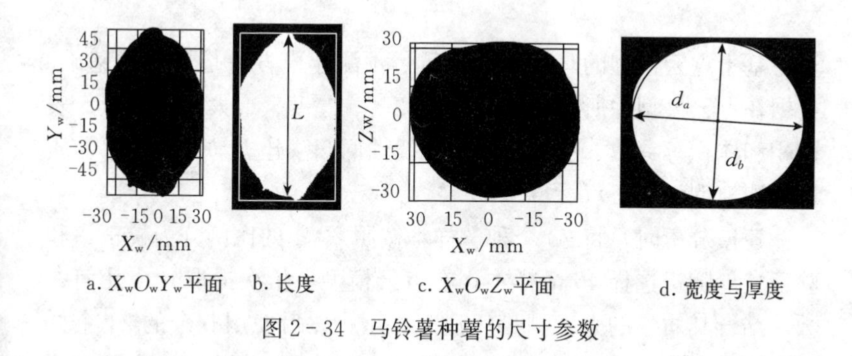

a. $X_wO_wY_w$平面 b. 长度 c. $X_wO_wZ_w$平面 d. 宽度与厚度

图 2-34 马铃薯种薯的尺寸参数

长轴长 d_a 和短轴长 d_b 分别对应马铃薯在点云模型中的宽度和厚度，单位是 mm。

马铃薯种薯样本的横截面与中轴线垂直。根据图 2-34c 所示，令马铃薯种薯点云模型在 $X_wO_wZ_w$ 平面的投影为最大横截面。在图 2-34d 所示的掩膜图像中，掩膜轮廓内所含像素点的总数表示其面积，经单位换算以后，得到最大横截面的面积 S_{mcr}，单位为 mm^2。

马铃薯种薯的表面积即种薯表皮的面积。在点云模型中，每一个点对应物理空间中种薯表面上的一个点。一个完整的点云模型含有点的个数的数量级在 10^4 以上，点云中点的分布较为均匀，且种薯越大，点的个数越多，因此本研究令点云模型上的一个点代表单位面积的表皮，则可采用模型所含点的总个数 N 近似表示马铃薯种薯样本的表面积 S_a。

马铃薯种薯样本的体积为由种薯表皮包围而成的空间的体积大小。在点云模型的世界坐标系中，以 $Y_wO_wZ_w$ 平面（$X_w=0$）为基准面，种薯样本的体积 V_p 可近似表示为点云模型上的点 p_w 到 $Y_wO_wZ_w$ 平面的距离值之和（点云中的点均匀分布，且令每一个点表示单位面积的表皮），如式（2-49）所示，式中 x_i 为第 i 点的横坐标值，N 表示点云含点的总个数。

$$V_p = \sum_{i=1}^{N} |x_i| \tag{2-49}$$

基于点云模型的马铃薯种薯质量预测建模方法是切分的基础。根据在点云模型中所提取的长度、宽度、厚度、最大横截面积、表面积和体积等参数，选择逐步多元线性回归法建立马铃薯种薯的质量预测模型。

建模分析时，将73个种薯样本按照2∶1的比例分为校正集和验证集，随机选择49个样本，在点云模型上依次提取6个几何参数，结合其质量的人工测量值建立模型；然后使用剩余的24个样本进行模型验证。对所得模型分别用相关系数、标准偏差和预测平均相对误差进行评价。首先根据式（2-50）计算单个样本的预测相对误差 e_i，进一步可得到式（2-51），即所求预测平均相对误差 E，式中 M_i 和 M_{pi} 分别表示第 i 个样本的质量人工测量值和模型预测值，n 表示样本的总个数。

$$e_i = \frac{|M_i - M_{pi}|}{M_i} \times 100\% \tag{2-50}$$

$$E = \frac{1}{n} \sum_{i=1}^{n} e_i \tag{2-51}$$

为评价此方法所构建的点云模型相对马铃薯种薯实物的三维物理结构的相似性，提取点云模型中马铃薯种薯的长度、宽度和厚度等参数，并人工测量相应马铃薯种薯样本的上述3种尺寸参数，通过分析二者间的相关性来实现对马铃薯种薯样本的点云模型的评价。

利用游标卡尺对样本的长度、宽度和厚度进行人工测量，游标卡尺的精度为0.02 mm。经人工测量所得73个马铃薯种薯样本的尺寸参数被统计在表2-13中。为进一步统计马铃薯种薯的物理参数，本研究使用精度为1 g的电子秤称量种薯样本的质量，结果与尺寸参数一起记录于表2-13中。

表 2-13　马铃薯种薯样本的尺寸和质量参数统计结果

参数	全距	极小值	极大值	均值	标准差
L/mm	76.35	54.90	131.25	93.81	17.26
d_a/mm	23.48	50.98	74.46	59.25	4.94
d_b/mm	36.71	36.20	72.91	49.29	7.68
质量/g	228	93	321	166.11	52.71

注：表中“全距”为极大值与极小值的差值。

对 73 个马铃薯种薯样本，根据所提出的马铃薯种薯几何参数提取方法在所构建的点云模型上提取长度、宽度和厚度等参数值。图 2-35 所示为种薯样本的 3 个尺寸参数在点云模型上的提取值与人工测量值的相关关系。

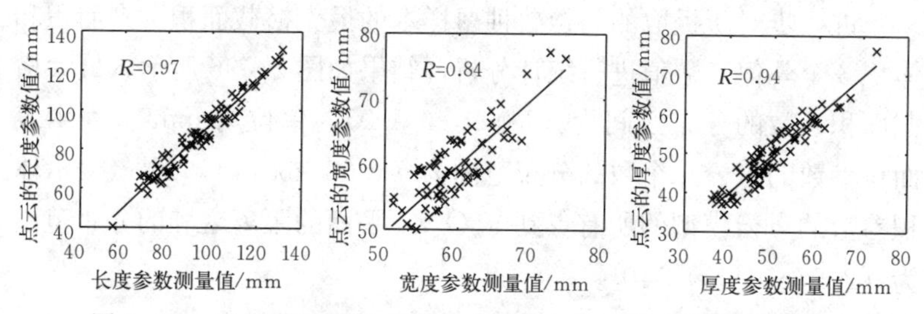

图 2-35　马铃薯种薯样本的尺寸参数在点云模型中的提取值与人工测量值的相关关系

从图 2-35 中可以看出，长度参数的相关性最高，相关系数 $R=0.97$，但在点云模型中所提取的值相对人工测量值普遍偏小，其原因在于图像采集时，样本的基部部分区域被样本托遮挡，故在所构建的点云模型中基部有少量长度值缺失，且不同样本缺失的长度值因基部的凸起程度而不同；另外，虽然样本的中心轴与 Y_w 轴趋于平行，但由于马铃薯种薯的实际形状不一，其中心轴与 Y_w 轴之间依然存在一定夹角，此为导致所提取的长度值较实际值稍短的另一因素。由于夹角较小，故对长度参数的影响可忽略不计。宽度参数的点云模型提取值与人工测量值的相关系数 $R=0.84$，较小，两组值的区间范围基本相同。由于在点云模型中提取宽度参数所用图像为在 $X_wO_wZ_w$ 平面的投影图像，而样本不全为凸面体，部分样本的表面轮廓存在凹凸变化，对宽度参数的提取造成了干扰，从而影响点云模型的宽度提取值与人工测量值之间的相关性。厚度参数的点云模型提取值与人工测量值的相关性较高，相关系数 $R=0.94$，两组值的区间范围也基本相同，提取厚度值的两端点的连线与提取宽度值的两端点的连线相互垂直，因此所提取的结果也相应受到影响，但从回归分析的结果来看可忽略不计。

综合上述分析，本研究所构建的马铃薯种薯点云模型在尺寸参数上与人工对种薯实物的测量值具有较高的相关性，表明所构建的点云模型与马铃薯种薯实物具有较高的相似性，可以作为种薯的数字三维模型。

进一步对所提取的马铃薯种薯样本的最大横截面积、表面积和体积 3 个几何参数值进行统计分析，结果如图 2-36 所示，最大横截面积参数的分布区间为（1 000，4 500），单位为 mm^2；表示表面积参数的点云总个数的分布范围为（1.62～3.71）$\times10^4$；表示体积参数的点云模型的所有点到 $Y_wO_wZ_w$ 平面的距离之和的分布范围为（2.27～6.44）$\times10^5$。

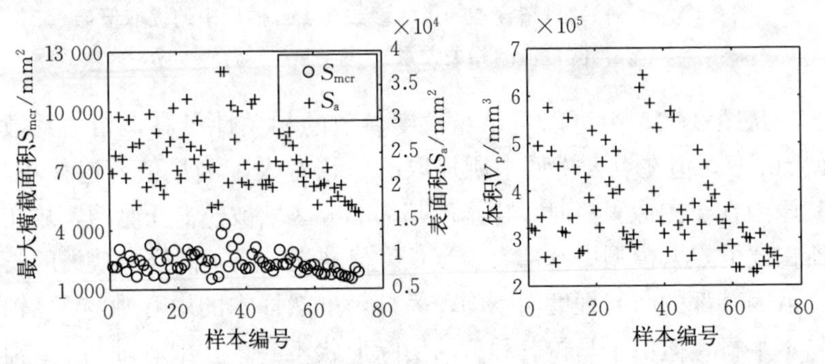

图 2-36　马铃薯种薯样本的最大横截面积、表面积和体积等参数的结果统计

分析马铃薯种薯样本的长度、宽度、厚度、最大横截面积、表面积、体积6个几何参数间的相关关系，同时分析种薯质量与6个几何参数间的相关性，结果如表2-14所示。

表2-14　马铃薯种薯样本6个几何参数及质量参数之间的相关关系

参数	长度	宽度	厚度	最大横截面积	表面积	体积	质量
长度	1						
宽度	0.57	1					
厚度	0.62	0.57	1				
最大横截面积	0.70	0.75	0.91	1			
表面积	0.69	0.71	0.78	0.90	1		
体积	0.69	0.68	0.75	0.86	0.94	1	
质量	0.72	0.74	0.78	0.92	0.989	0.95	1

从表2-14中可以看出，6个参数中，长度参数与其他5个参数间的相关系数最大为0.70，表明长度与它们的相关性均比较低；宽度参数与其他5个参数的相关系数最大为0.75，对应最大横截面积，相关性偏低；厚度参数与最大横截面积具有较高的相关性，相关系数为0.91，进一步验证了厚度参数的提取值的可靠性；最大横截面积、表面积和体积3个参数间均具有较高的相关性（相关系数大于0.84），表明点云模型中的点分布较为均匀，3个参数间可相互转换。

另外，表2-14的结果表明，利用6个几何参数分别预测种薯质量时，质量与长度、宽度和厚度参数的相关性均比较低，相关系数小于0.78；质量与最大横截面积、表面积和体积参数的相关性较高，相关系数不小于0.92，尤其与表面积参数具有很高的相关系数，为0.989，这也侧面体现了所构建的点云模型相对种薯实物具有较好的相似性。

利用校正集中49个样本的点云模型几何参数建立种薯质量的

预测模型。建模方法采用逐步多元线性回归方法，当采用不同的几何参数作为自变量时，对所得模型依次分析其校正相关系数 R_c (Adjusted - R)、标准偏差 SEC 和预测平均相对误差 E，结果如表 2-15 所示。

表 2-15 马铃薯种薯质量预测模型

自变量参数	预测模型	相关系数 R_c	标准偏差 SEC/g	平均相对误差 E/%
最大横截面积	$M=-37.85+0.09S_{mcr}$	0.917	21.76	10.20
表面积	$M=-86.17+0.01S_a$	0.989	8.12	4.09
体积	$M=-9.28+4.79\times10^{-4}V_p$	0.950	16.99	8.74
长度、宽度、厚度	$M=-209.70+0.81L+2.45d_a+3.26d_b$	0.872	26.68	11.75
长度、宽度、厚度、最大横截面积、体积	$M=-29.30+0.1L+0.41d_a-1.31d_b+0.05S_{mcr}+0.0003V_p$	0.973	12.55	5.87
长度、厚度、最大横截面积、表面积、体积	$M=-64.89+0.14L-0.84d_b+0.02S_{mcr}+0.008S_a+7.24\times10^{-5}V_p$	0.9934	6.27	2.80
长度、宽度、厚度、最大横截面积、表面积、体积	$M=-74.14+0.14L+0.2d_a-0.75d_b+0.02S_{mcr}+0.008S_a+7.59\times10^{-5}V_p$	0.9933	6.29	2.78

结合表 2-14 和表 2-15 进行分析，在单参数的预测模型中，表面积参数对种薯质量的预测效果最好，预测相关系数 R_c 达到 0.989，预测标准偏差 SEC 为 8.12 g；基于种薯的长度、宽度和厚度 3 个尺寸参数所建立的预测模型对质量有较一般的预测能力，预测相关系数 R_c 达到 0.872，预测标准偏差 SEC 为 26.68 g；去除相关性最高的表面积参数，利用其余 5 个参数建立了质量预测模型，

预测相关系数 R_c 为 0.973，预测标准偏差 SEC 为 12.55 g，达到了较好的预测效果；利用全部 6 个参数建立了质量预测模型，其预测相关系数 R_c 为 0.993 3，预测标准偏差 SEC 为 6.29 g，对种薯质量的预测已达到了不错的效果；而利用除宽度外的 5 个参数所建立的质量预测模型，得到最好的预测效果，其预测相关系数 R_c 为 0.993 4，预测标准偏差 SEC 为 6.27 g。所建立的 7 个预测模型得到的质量预测值相对人工测量值的平均相对误差参数 E 与预测标准偏差 SEC 具有相同的变化趋势，进一步体现了所建模型的可靠性。

基于上述分析结果，用马铃薯种薯样本的 24 个验证集样本参数对预测相关系数 R_c 最大的前三个模型，即基于表面积的预测模型、基于长度-厚度-最大横截面积-表面积-体积的 5 参数预测模型、基于长度-宽度-厚度-最大横截面积-表面积-体积的全参数预测模型进行验证，验证结果如表 2-16 及图 2-37 所示。从结果中可以看出，3 个预测模型对验证集中样本质量的预测结果均符合相关性和标准偏差的变化趋势；其中基于长度-厚度-最大横截面积-表面积-体积的 5 参数预测模型在验证集中的校正相关系数 R_v（Adjusted-R）和标准偏差 SEV 分别为 0.989 2 和 5.38 g，保持了最好的相关性和最低的偏差，且所得质量的平均相对误差为 2.95%，依然为 3 个模型中的最小值，表明使用该模型及相应的几何参数可以准确预测种薯的质量。

综上，本研究对荷兰马铃薯种薯样本建立了基于种薯几何参数的质量预测模型，能够准确地预测种薯的质量。由于不同品种的马铃薯其密度差异较小，因此所建立的质量预测模型同样适用于其他常见品种的马铃薯。

表 2-16　马铃薯种薯质量预测模型的验证结果

自变量参数	相关系数 R_v	标准偏差 SEV/g	平均相对误差 E/%
表面积	0.981 6	7.28	4.63

（续）

自变量参数	相关系数 R_v	标准偏差 SEV/g	平均相对误差 E/%
长度、厚度、最大横截面积、表面积、体积	0.989 2	5.38	2.95
长度、宽度、厚度、最大横截面积、表面积、体积	0.989 1	5.43	3.07

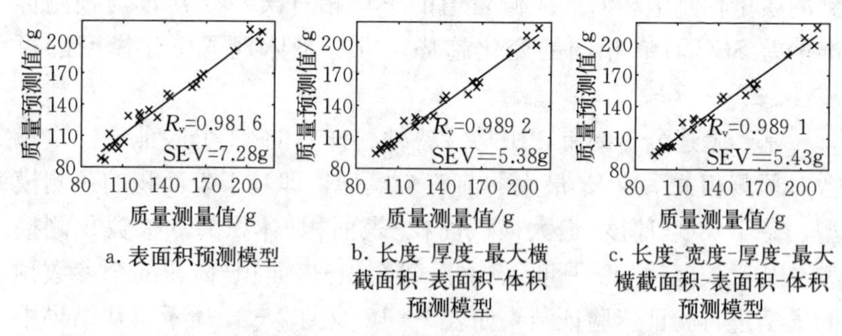

图 2-37　验证集中马铃薯种薯质量预测值与人工测量值的相关关系

四、芽眼三维坐标定位

基于本章所介绍的图像处理方法，本方法首先对彩色图像进行去背景处理，得到马铃薯种薯的掩膜图像和目标图像，如彩图 2-19a、b 所示（以旋转角度为 0°时的图像为例）。然后在所得种薯目标图像中进行芽眼识别（彩图 2-19c），从而得到芽眼在彩色图像中的二维像素坐标。由于本章介绍的芽眼判别条件是在马铃薯种薯样本图像的长轴相对图像水平轴平行或成锐角的情况下提出的，而这里马铃薯种薯样本的图像相对图像水平轴垂直，因此预处理时需将图像旋转 90°，以便于提取芽眼识别的参数，完成芽眼识别以后再通过逆旋转将所得芽眼坐标恢复初始位置。

为了更真实地反映芽眼与马铃薯种薯个体的相对位置关系，需要得到芽眼的空间三维坐标。本研究在构建种薯点云模型的基础上，根据式（2-38）和表 2-8 将芽眼在彩色图像中的二维坐标转换到深度图像所在坐标系，进一步根据由深度图像构建马铃薯种薯点云模型的步骤，获得芽眼在点云模型所在坐标系的三维坐标。由于本方法每隔90°旋转角采集一组马铃薯种薯的图像，故相邻两幅彩色图像也存在相互重合的种薯区域，此时位于重合区域的同一个芽眼存在于两个图像坐标系中。当芽眼的二维坐标被转换到点云模型上以后，由于误差会导致同一个芽眼含有两组三维坐标的情况，令两组坐标分别为（x_{b1}，y_{b1}，z_{b1}）和（x_{b2}，y_{b2}，z_{b2}），根据式（2-52）计算其欧氏距离 d_{db}。当 $d_{db}<L/15$ 时（L 为种薯的长度参数），判断两组坐标属于同一个芽眼，取二者的平均值作为该芽眼的最终坐标。图 2-38 所示为芽眼在点云模型上的三维坐标定位结果，用红色圆点进行示意。

$$d_{db}=\sqrt{(x_{b1}-x_{b2})^2+(y_{b1}-y_{b2})^2+(z_{b1}-z_{b2})^2} \tag{2-52}$$

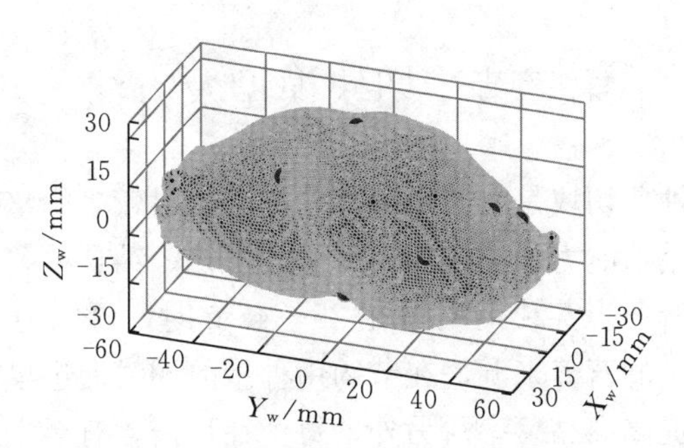

图 2-38　马铃薯种薯样本的芽眼在点云模型上的位置

对73个马铃薯种薯样本，先由人工统计每个样本的芽眼个数；进一步对每个样本进行三维坐标定位，然后统计样本的点云模型上所定位的芽眼个数，统计结果如表 2-17 所示（芽眼数为整数）。根据所统计的结果，73个种薯样本的人工统计总数为717个，在点云模型上得到三维定位的总数为686个，三维定位的结果相对人工统计结果的比例为95.68%。在点云模型上的三维定位结果是在彩色图像上芽眼识别及二维坐标定位的基础上得到的，彩色图像上芽眼识别的正确率为92.5%，因此本方法对种薯样本的芽眼三维定位的准确率为 88.50%。结果表明本方法较好地实现了种薯样本上芽眼的三维坐标定位。三维坐标定位产生误差的原因主要是彩色图像中芽眼识别时存在误识别和漏识别的情况，以及当点云模型上存在两个芽眼的欧氏距离满足 $d_{ab}<L/15$ 时，被合并为一个芽眼的情况。

表 2-17　73 个马铃薯种薯样本的芽眼数目统计结果

自变量参数	平均值	极大值	极小值
人工统计值/个	10*	16	7
三维定位值/个	9**	14	7

注：表中“*”处精确到小数点后 2 位的值为 9.82；“**”处精确到小数点后 2 位的值为 9.40。

第三节　切块模型及方法

马铃薯种薯切块是将质量偏大、芽眼数目较多的整薯块茎分割成多个具有繁殖能力的芽块的一种生产工艺。结合种薯切块的技术要求进行分析，当芽块的质量在 25～45 g 时，可以为胚芽萌发和生长提供充足的营养来源，在节约用种量的同时促进早结薯，增加种植产量，提高商品薯率；另外，每个芽块需含有至少 2 个健全的芽眼，以确保芽块繁殖马铃薯的成活率。因此，马铃薯种薯的切块方法主要包括以下 3 步：①根据种薯切块的技术要求对种薯质量和芽眼总数进行优化分配，得到拟分割芽块数及每个芽块含有的芽眼数；②根据每个芽块含有的芽眼数依次分配芽眼的三维坐标；③根据不同芽块所含芽眼的三维坐标求解分割面；④根据不同种薯的芽眼分布情况确定最优的执行分块方法。

一、质量和芽眼分配方法

对一个马铃薯种薯样本，基于本章的研究方法可得到其点云模型，从而获得其质量 M、芽眼总数目 N 以及每个芽眼的三维坐标（x_w，y_w，z_w）。根据种薯切块的技术要求，令一个芽块的质量为 35 g，含芽眼数为 2 个，则一个种薯样本最多可被分割为 N_p 个芽块。N_p 的取值如式（2-53）所示，式中 N_1 取 $M/35$ 的整数部分，N_2 取 $N/2$ 的整数部分，因此芽块数 N_p 取 N_1 和 N_2 中的最小值。当 $M<70$ g 或 $N<4$ 时，N_p 等于 1，即该种薯样本不被切块。

$$\begin{cases} N_1=\left[\dfrac{M}{35}\right] \\ N_2=\left[\dfrac{N}{2}\right] \\ N_p=\min\{N_1, N_2\} \end{cases} \tag{2-53}$$

在所得 N_p 个芽块中，每个芽块含芽眼数为 $x_i(2\leqslant x_i\leqslant N)$，则有

$$N=\sum_{i=1}^{N_p} x_i \tag{2-54}$$

式中 i 与 x_i 均为正整数。将种薯样本的 N 个芽眼均匀分配给 N_p 个芽块，则芽块含芽眼数的平均值 $\bar{x}=N/N_p$。由于存在芽眼数 N 不能被芽块数 N_p 整除的情况，此时

$$N_r=N-N_p\cdot[\bar{x}] \tag{2-55}$$

式中，$[\bar{x}]$为平均值 $\bar{x}$ 的整数部分；N_r 为 N 个芽眼被分配后的余数，满足 $0\leqslant N_r<N_p$。

当 $N_r=0$ 时，N_p 个芽块中每个芽块的含芽眼数 x_i 如式（2-56）所示；当 $0<N_r<N_p$ 时，在 N 个芽眼被均匀分配的基础上，余数被平均分配到 N_r 个芽块上，此时所有芽眼被近似均匀分配，每个芽块的含芽眼数 x_i 如式（2-57）所示。

$$x_i=\bar{x}=[\bar{x}],\quad 1\leqslant i\leqslant N_p \tag{2-56}$$

$$\begin{cases} x_i=[\bar{x}]+1, & 1\leqslant i\leqslant N_r \\ x_i=[\bar{x}], & N_r<i\leqslant N_p \end{cases} \tag{2-57}$$

经观察，马铃薯种薯样本表面的芽眼存在如下分布规律：自种薯块茎的基部向顶部，所有芽眼呈近似螺旋状随机排列，越往顶

部，芽眼分布越密集。种薯切块通常采用相对其长度方向斜切的方式，此时所得芽块为立体三角形的形状，可减少薄片状或细条状芽块的产生，保证芽块繁殖马铃薯时的成活率。本书根据种薯切块的技术要求，提出芽眼三维坐标的就近原则，先将种薯样本上所有芽眼对应的三维坐标按芽块含芽眼数依次分配给每个芽块，然后根据不同芽块含芽眼的三维坐标求解分割面。

在种薯样本的点云模型中，将所有芽眼的三维坐标按 y_w 值从小到大进行排序。此时任意相邻两芽眼在 Y_w 方向（种薯长轴方向）的距离之差，就是芽眼的纵向分布密度，用字母 ρ 表示。ρ_k 的取值如式（2-58）所示，式中 $\rho_k \geqslant 0$，k 为正整数，y_k 表示第 k 个芽眼的纵坐标。

$$\rho_k = y_{k+1} - y_k, \quad 0 < k < N \tag{2-58}$$

当余数 $N_r = 0$ 时，自种薯样本的基部起，将每$[\bar{x}]$个芽眼所对应的三维坐标划分为一组，从而完成 N_p 个芽块的芽眼三维坐标分配。当余数 $N_r \neq 0$ 时，对待分配芽眼三维坐标的当前芽块，以芽块上 y_w 值最小的芽眼为起始芽眼，然后比较纵向分布密度 $\rho_{[\bar{x}]}$ 与 $\rho_{[\bar{x}]+1}$ 的值，取较大者的下标号作为当前芽块的实际含芽眼数，并分配给对应的芽眼三维坐标；分配得到 N_r 个含$[\bar{x}]+1$ 个芽眼的芽块后，对剩余未分配的芽块按余数 $N_r = 0$ 的情况进行芽眼三维坐标分配。

分割面就是将一个种薯样本按芽眼三维坐标分配结果分割为多个芽块时任两个相邻芽块间的切面。将一个样本分割为 N_p 个芽块，最多需要 $N_p - 1$ 个分割面。将样本上任两个相邻的芽块归为一组，其间包含有一个分割面。根据芽眼数目分配的方法可知，每组芽块的含芽眼数组合可被归纳为 3 种，即含芽眼数均为 2 个，含芽眼数分别为 2 个和 3 个，含芽眼数均为 3 个或以上。芽块上的每个芽眼均有一组三维坐标与之对应，因此，在三维空间中，可将上述 3 种芽块含芽眼数组合拟合为 3 种不同的空间几何关系，然后求解分割面方程。下面分别对这 3 种空间几何关系进行分析。

1. 含芽眼数均为 2 个　根据两点确定一条直线的几何知识可知，当相邻两个芽块所含芽眼数均为 2 个时，由每个芽块的两组芽眼三维坐标可确定一条直线，此时，两芽块所含芽眼之间的位置关系可被拟合为两条直线间的空间几何关系。三维空间中，两条直线的几何关系存在相交、异面或平行三种情况。令相邻两个芽块所含芽眼的三维坐标分别为 $P_m(x_{pm}, y_{pm}, z_{pm})$ 和 $Q_m(x_{qm}, y_{qm}, z_{qm})$，其中 $m \in [1, 2]$，且为整数，4 个芽眼纵坐标的大小关系为 $y_{p1} < y_{p2} < y_{q1} < y_{q2}$，则由两芽块的芽眼三维坐标分别确定的两条直线的方向向量如式（2－59）。此时，若式（2－60）成立，即两方向向量的值对应成比例，则两条直线相互平行；若不成立，联立两条直线的方程［式（2－61）］并求解其交点，若存在一个交点，则两条直线相交，若没有交点，则两条直线异面。下面分别对这三种情况所对应的分割面方程进行求解。

$$\begin{cases}\overrightarrow{P_1P_2}=(x_{p1}-x_{p2},\ y_{p1}-y_{p2},\ z_{p1}-z_{p2})\\ \overrightarrow{Q_1Q_2}=(x_{q1}-x_{q2},\ y_{q1}-y_{q2},\ z_{q1}-z_{q2})\end{cases} \tag{2-59}$$

$$\frac{x_{p1}-x_{p2}}{x_{q1}-x_{q2}}=\frac{y_{p1}-y_{p2}}{y_{q1}-y_{q2}}=\frac{z_{p1}-z_{p2}}{z_{q1}-z_{q2}} \tag{2-60}$$

$$\begin{cases}\dfrac{x-x_{p1}}{x_{p2}-x_{p1}}=\dfrac{y-y_{p1}}{y_{p2}-y_{p1}}=\dfrac{z-z_{p1}}{z_{p2}-z_{p1}}\\ \dfrac{x-x_{q1}}{x_{q2}-x_{q1}}=\dfrac{y-y_{q1}}{y_{q2}-y_{q1}}=\dfrac{z-z_{q1}}{z_{q2}-z_{q1}}\end{cases} \tag{2-61}$$

（1）当两条直线相交时，由式（2－61）求出交点坐标。交点与两个芽块上 4 个芽眼的位置关系如图 2－39 所示（以投影到 $X_wO_wY_w$ 平面为例）。对交点 C，若 $y_c > y_{q2}$（图 2－39a）或 $y_c < y_{p1}$（图 2－39e），过交点 C 的角平分线可以将 P_1、P_2 和 Q_1、Q_2 4 个点分开，但分割线的倾角偏大，一方面难以保证不切到芽块 Q 以上的其他芽眼，另一方面容易产生狭长的条状芽块，不利于芽块繁殖；若 $y_{q1} < y_c < y_{q2}$（图 2－39b）或 $y_{p1} < y_c < y_{p2}$（图 2－39d），交点 C 位于同一个芽块的两芽眼之间，过交点 C 的角平分线无法将 P_1、P_2 和 Q_1、Q_2 4 个点分开。对上述 4 种情况，取点 P_2 和 Q_1 的

中点代替原交点，令该中点为 C（图 2-39f），其纵坐标 $y_c=(y_{q1}+y_{p2})/2$，连接获得直线 P_1C 和 Q_2C，取过其夹角的角平分线且与两直线所在平面垂直的面作为分割面。当交点 C 与芽眼的关系为 $y_{p2}<y_c<y_{q1}$（图 2-39c）时，P 和 Q 两芽块的分割面可直接取过直线 P_1P_2 和 Q_1Q_2 夹角的角平分线且与两直线所在平面垂直的面。因此最终所确定夹角的顶点为 $C(x_c, y_c, z_c)$。

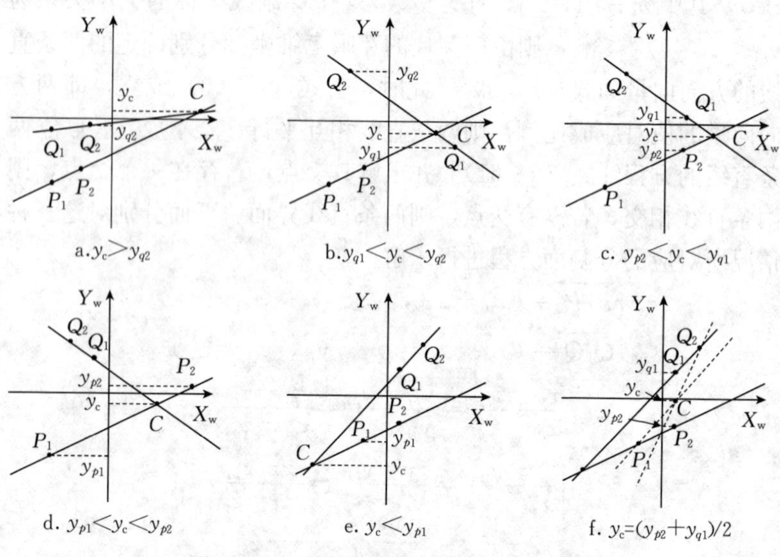

图 2-39 交点与 4 个芽眼点的位置关系

直线 P_1C 和 Q_2C 的方向向量如式（2-62）所示。

$$\begin{cases}\overrightarrow{P_1C}=(x_{p1}-x_c,\ y_{p1}-y_c,\ z_{p1}-z_c)\\ \overrightarrow{Q_2C}=(x_{q2}-x_c,\ y_{q2}-y_c,\ z_{q2}-z_c)\end{cases} \tag{2-62}$$

则两直线夹角的余弦值为

$$\cos\theta=\frac{\overrightarrow{P_1C}\cdot\overrightarrow{Q_2C}}{|\overrightarrow{P_1C}|\cdot|\overrightarrow{Q_2C}|} \tag{2-63}$$

根据式（2-64）求出角平分线与 $\overrightarrow{P_1C}$ 或 $\overrightarrow{Q_2C}$ 的夹角的余弦值 $\cos(\theta/2)$，其中 $\theta\in(0,\pi)$。

$$\begin{cases}\cos\theta=\cos^2\dfrac{\theta}{2}-\sin^2\dfrac{\theta}{2}\\ \sin^2\dfrac{\theta}{2}+\cos^2\dfrac{\theta}{2}=1\end{cases}\tag{2-64}$$

基于式（2-63）的原理，结合向量$\overrightarrow{P_1C}$和$\overrightarrow{Q_2C}$进行公式换算，求解得到角平分线的单位方向向量$\boldsymbol{v}_a=(x_a, y_a, z_a)$，如式（2-65）所示，其中$\boldsymbol{v}_a$与$\overrightarrow{P_1C}$或$\overrightarrow{Q_2C}$的夹角为锐角。

$$\begin{cases}(x_{p1}-x_c)x_a+(y_{p1}-y_c)y_a+(z_{p1}-z_c)z_a=\\ \quad\cos^2\dfrac{\theta}{2}\sqrt{(x_{p1}-x_c)^2+(y_{p1}-y_c)^2+(z_{p1}-z_c)^2}\\ (x_{q2}-x_c)x_a+(y_{q2}-y_c)y_a+(z_{q2}-z_c)z_a=\\ \quad\cos^2\dfrac{\theta}{2}\sqrt{(x_{q2}-x_c)^2+(y_{q2}-y_c)^2+(z_{q2}-z_c)^2}\\ x_a^2+y_a^2+z_a^2=1\end{cases}\tag{2-65}$$

另外，设直线 P_1C 和 Q_2C 所在平面的法向量为 $\boldsymbol{n}_C=(x_{nc}, y_{nc}, z_{nc})$，且平面过点 $C(x_c, y_c, z_c)$。根据法向量定义，得到式（2-66），从而求得法向量 $\boldsymbol{n}$ 的值。

$$\boldsymbol{n}_C=\overrightarrow{P_1C}\times\overrightarrow{Q_2C}\tag{2-66}$$

故基于分割面上两条直线的方向向量$\boldsymbol{v}_a=(x_a, y_a, z_a)$和 $\boldsymbol{n}_c=(x_{nc}, y_{nc}, z_{nc})$以及一点 $C(x_c, y_c, z_c)$，可以得到分割面的点法式方程，如式（2-67）所示，根据所得平面可实现对 4 个芽眼点共面情况的芽块分割。

$$(y_az_{nc}-z_ay_{nc})(x-x_c)+(z_ax_{nc}-x_az_{nc})(y-y_c)+(x_ay_{nc}-y_ax_{nc})(z-z_c)=0\tag{2-67}$$

（2）当两芽块的直线异面时，存在分别过这两条直线的两个平面，使两平面平行，此时分割面为与两平面平行的中间平面。首先根据公垂线的定义，求两直线公垂线的方向向量，即分割面的法向量 $\boldsymbol{n}_d=(x_{nd}, y_{nd}, z_{nd})$，如式（2-68）所示，式中$\overrightarrow{P_1P_2}$和$\overrightarrow{Q_1Q_2}$为相邻两芽块各自芽眼点所在直线的向量，根据式（2-59）可求解。

$$\boldsymbol{n}_d=\overrightarrow{P_1P_2}\times\overrightarrow{Q_1Q_2}\tag{2-68}$$

根据式（2-61）所示 P_1P_2 和 Q_1Q_2 两直线的方程，设公垂线与 P_1P_2 和 Q_1Q_2 的交点坐标为 $C_1(r(x_{p2}-x_{p1})+x_{p1},\ r(y_{p2}-y_{p1})+y_{p1},\ r(z_{p2}-z_{p1})+z_{p1})$ 和 $C_2(t(x_{q2}-x_{q1})+x_{q1},\ t(y_{q2}-y_{q1})+y_{q1},\ t(z_{q2}-z_{q1})+z_{q1})$，则由式（2-69）可求出参数 r 与 t 的值，从而得到交点 C_1 和 C_2 的坐标值。

$$\begin{cases}\overrightarrow{C_1C_2}\cdot\overrightarrow{P_1P_2}=0\\ \overrightarrow{C_1C_2}\cdot\overrightarrow{Q_1Q_2}=0\end{cases} \tag{2-69}$$

令两交点坐标用 $C_1(x_{c1},\ y_{c1},\ z_{c1})$ 和 $C_2(x_{c2},\ y_{c2},\ z_{c2})$ 表示，得到线段 C_1C_2 的中点 $C_3\left(\frac{x_{c1}+x_{c2}}{2},\ \frac{y_{c1}+y_{c2}}{2},\ \frac{z_{c1}+z_{c2}}{2}\right)$。由中点 C_3 和法向量 $\boldsymbol{n}_{\mathrm{d}}$ 推出两异面直线所在平行平面的中间平面，即分割面的方程，如式（2-70）所示。

$$x_{\mathrm{nd}}\left(x-\frac{x_{c1}+x_{c2}}{2}\right)+y_{\mathrm{nd}}\left(y-\frac{y_{c1}+y_{c2}}{2}\right)+z_{\mathrm{nd}}\left(z-\frac{z_{c1}+z_{c2}}{2}\right)=0 \tag{2-70}$$

（3）当两芽块的直线平行时，过与两直线平行的中心线且与两平行直线所在平面垂直的平面为分割面。两芽块的直线平行，则两相邻芽块上的 4 个芽眼点共面，所在平面的法向量 $\boldsymbol{n}_p$ 如式（2-71）所示，式中 $\overrightarrow{P_1Q_1}$ 为芽眼点 P_1 和 Q_1 连线的方向向量。

$$\boldsymbol{n}_p=(x_p,\ y_p,\ z_p)=\overrightarrow{P_1P_2}\times\overrightarrow{P_1Q_1} \tag{2-71}$$

故令与直线 P_1P_2 和 Q_1Q_2 均垂直且相交的垂线的方向向量为 $\boldsymbol{v}_p$，则 $\boldsymbol{v}_p$ 与 $\overrightarrow{P_1P_2}$ 和 $\boldsymbol{n}_p$ 三者互相垂直，根据式（2-72）可求得 $\boldsymbol{v}_p$ 的值。

$$\boldsymbol{v}_p=\overrightarrow{P_1P_2}\times\boldsymbol{n}_p \tag{2-72}$$

令 $\boldsymbol{v}_p$ 用值（x_{vp}，y_{vp}，z_{vp}）表示，则过点 P_1 的垂线的方程如式（2-73）所示。

$$\frac{x-x_{p1}}{x_{vp}}=\frac{y-y_{p1}}{y_{vp}}=\frac{z-z_{p1}}{z_{vp}} \tag{2-73}$$

分别联立直线 Q_1Q_2 和垂线的方程可求出二者的交点 Q_3（x_{q3}，

y_{q3}，z_{q3})，由此得出线段 P_1Q_3 的中点坐标 $P_3\left(\frac{x_{p1}+x_{q3}}{2},\right.$ $\left.\frac{y_{p1}+y_{q3}}{2}, \frac{y_{p1}+y_{q3}}{2}\right)$。经分析，分割面的法向量为垂线的方向向量 $\boldsymbol{v}_p$，则过中心线上一点 P_3 的分割面的方程如式（2-74）所示。

$$x_{vp}\left(x-\frac{x_{p1}+x_{q3}}{2}\right)+y_{vp}\left(y-\frac{y_{p1}+y_{q3}}{2}\right)+z_{vp}\left(z-\frac{z_{p1}+z_{q3}}{2}\right)=0 \tag{2-74}$$

综上，当相邻两芽块上所含芽眼数均为 2 个时，对两组芽眼分别确定的直线之间的关系为相交、异面和平行的情况，其分割面的方程依次由式（2-67）、式（2-70）和式（2-74）表示。

2. 含芽眼数分别为 2 个和 3 个　当相邻两个芽块其中一个含有 2 个芽眼，另一个含有 3 个芽眼时，可将其转化为一条直线与一个平面的空间位置关系问题。针对种薯样本，空间中的一条直线与一个平面的位置关系包括平行和相交两种。令空间上位于相邻两芽块上的芽眼坐标分别为 $P_m(x_{pm}, y_{pm}, z_{pm})$ 和 $Q_n(x_{qn}, y_{qn}, z_{qn})$，其中 $m\in[1, 2]$，$n\in[1, 3]$，芽块 P 的芽眼所确定的直线的方向向量如式（2-75）所示，芽块 Q 的芽眼所确定的平面的法向量如式（2-76）所示。此时，若 $\overrightarrow{P_1P_2}\cdot\boldsymbol{n}_q=0$，表明两向量互相垂直，则直线 P_1P_2 与平面 $Q_1Q_2Q_3$ 平行；若 $\overrightarrow{P_1P_2}\cdot\boldsymbol{n}_q\neq0$，表明两向量之间存在非 90°的夹角，则直线 P_1P_2 与平面 $Q_1Q_2Q_3$ 相交。

$$\overrightarrow{P_1P_2}=(x_{p1}-x_{p2}, y_{p1}-y_{p2}, z_{p1}-z_{p2}) \tag{2-75}$$

$$\begin{cases}\overrightarrow{Q_1Q_2}=(x_{q1}-x_{q2}, y_{q1}-y_{q2}, z_{q1}-z_{q2})\\ \overrightarrow{Q_1Q_3}=(x_{q1}-x_{q3}, y_{q1}-y_{q3}, z_{q1}-z_{q3})\\ \boldsymbol{n}_q=\overrightarrow{Q_1Q_2}\times\overrightarrow{Q_1Q_3}\end{cases} \tag{2-76}$$

（1）当芽块 P 的直线与芽块 Q 的平面平行时，芽块的分割面位于直线与平面之间的中间位置且与直线和平面均平行。设过点 P_1 且与直线 P_1P_2 和平面 $Q_1Q_2Q_3$ 均垂直的直线的方向向量为 $\boldsymbol{v}_{sp}=(x_{sp}, y_{sp}, z_{sp})$，则可令 $\boldsymbol{v}_{sp}=\boldsymbol{n}_q$，即垂线的方向向量为平面的法向量，此时垂线的方程如式（2-77）所示；又，平面 $Q_1Q_2Q_3$ 的方程如式（2-78）所示，联立两个方程可得垂线与平面的交点坐标 $Q_4(x_{q4}, y_{q4}, z_{q4})$。由此可得到垂线上点 P_1 和 Q_4 连线的中点坐标 $P_3\left(\frac{x_{p1}+x_{q4}}{2}, \frac{y_{p1}+y_{q4}}{2}, \frac{z_{p1}+z_{q4}}{2}\right)$。基于法向量 $\boldsymbol{n}_q$（$\boldsymbol{v}_{sp}$）以及中点 P_3 可得分割面的方程，如式（2-79）所示。

$$\frac{x-x_{p1}}{x_{sp}}=\frac{y-y_{p1}}{y_{sp}}=\frac{z-z_{p1}}{z_{sp}} \tag{2-77}$$

$$x_{sp}(x-x_{q1})+y_{sp}(y-y_{q1})+z_{sp}(z-z_{q1})=0 \tag{2-78}$$

$$x_{sp}\left(x-\frac{x_{p1}+x_{q4}}{2}\right)+y_{sp}\left(y-\frac{y_{p1}+y_{q4}}{2}\right)+z_{sp}\left(z-\frac{z_{p1}+z_{q4}}{2}\right)=0 \tag{2-79}$$

（2）当芽块 P 的直线与芽块 Q 的平面相交时，二者有且仅有一个交点，联立式（2-78）所示平面 $Q_1Q_2Q_3$ 的方程和式（2-80）所示直线 P_1P_2 的方程可得交点坐标。

$$\frac{x-x_{p1}}{x_{p2}-x_{p1}}=\frac{y-y_{p1}}{y_{p2}-y_{p1}}=\frac{z-z_{p1}}{z_{p2}-z_{p1}} \tag{2-80}$$

与图2-39所讨论的问题类似，令相邻两芽块5个芽眼点的纵坐标关系为 $y_{p1}<y_{p2}<y_{q1}<y_{q2}<y_{q3}$，若所得交点的纵坐标处于 (y_{p2}, y_{q1}) 范围，P 和 Q 两芽块的分割面过直线 P_1P_2 和平面 $Q_1Q_2Q_3$ 夹角的角平分线且与过直线 P_1P_2 垂直于平面 $Q_1Q_2Q_3$ 的平面垂直；若交点位于任一个芽块芽眼点的内侧、芽块 P 的下方或芽块 Q 的上方，此时上述分割面无法将两组芽眼分开，因此设置点 P_2 和 Q_1 的中点代替交点（假设两芽块的纵坐标值最接近的两点为 P_2 和 Q_1）。令分割面所过交点为 $D(x_d, y_d, z_d)$，连接获得直线 P_1D 和平面 DQ_2Q_3，取过二者夹角的角平分线且与过直线 P_1D 垂直于平面 DQ_2Q_3 的平面垂直的面作为分割面。

直线 P_1D 的方向向量和平面 DQ_2Q_3 的法向量 [$\boldsymbol{n}_{qd}=(x_{qd}, y_{qd}, z_{qd})$] 如式（2-81）所示。

$$\begin{cases}\overrightarrow{P_1D}=(x_{p1}-x_d,\ y_{p1}-y_d,\ z_{p1}-z_d)\\ \overrightarrow{Q_2D}=(x_{q2}-x_d,\ y_{q2}-y_d,\ z_{q2}-z_d)\\ \overrightarrow{Q_3D}=(x_{q3}-x_d,\ y_{q3}-y_d,\ z_{q3}-z_d)\\ \boldsymbol{n}_{qd}=\overrightarrow{Q_2D}\times\overrightarrow{Q_3D}\end{cases} \tag{2-81}$$

则两向量的夹角的正弦值如式（2-82）所示，由此根据三角函数的诱导公式可推出直线 P_1D 与平面 DQ_2Q_3 夹角的余弦值 $\cos\theta$ 等于 $\sin\alpha$，其中 $\alpha\in(0,\ \pi/2)$，$\theta\in(0,\ \pi)$。进一步根据式（2-64）求出角平分线与直线 P_1D 或平面 DQ_2Q_3 之间夹角的余弦值 $\cos(\theta/2)$。

$$\sin\alpha=\frac{|\overrightarrow{P_1D}\times\boldsymbol{n}_{qd}|}{|\overrightarrow{P_1D}|\cdot|\boldsymbol{n}_{qd}|} \tag{2-82}$$

根据式（2-83）可得到过直线 P_1D 与平面 DQ_2Q_3 垂直的平面的法向量，即 $\boldsymbol{n}_{pq}=(x_{pq},\ y_{pq},\ z_{pq})$。

$$\boldsymbol{n}_{pq}=\overrightarrow{P_1D}\times\boldsymbol{n}_{qd} \tag{2-83}$$

则垂面的方程为式（2-84），平面 DQ_2Q_3 的方程为式（2-85），联立二者可得到直线 P_1D 在平面 DQ_2Q_3 内的投影直线 P'_1D 的方程。

$$x_{pq}(x-x_{p1})+y_{pq}(y-y_{p1})+z_{pq}(z-z_{p1})=0 \tag{2-84}$$

$$x_{qd}(x-x_{q2})+y_{qd}(y-y_{q2})+z_{qd}(z-z_{q2})=0 \tag{2-85}$$

令投影直线的方向向量为 $\boldsymbol{v}_l=(x_l,\ y_l,\ z_l)$，结合 $\boldsymbol{v}_l$、$\overrightarrow{P_1D}$ 以及 $\cos(\theta/2)$ 的值，根据式（2-65）的结构可推出角平分线的单位方向向量 $\boldsymbol{v}_{pa}=(x_{pa},\ y_{pa},\ z_{pa})$，其中 $\boldsymbol{v}_{pa}$ 与 $\overrightarrow{P_1D}$ 或 $\overrightarrow{P_1'D}$ 的夹角为锐角。据分析，平面 DQ_2Q_3 的垂面与分割面也互相垂直，故垂面的法向量 $\boldsymbol{n}_{pq}$ 与分割面平行，故基于分割面上两条直线的方向向量 $\boldsymbol{v}_{pa}=(x_{pa},\ y_{pa},\ z_{pa})$ 和 $\boldsymbol{n}_{pq}=(x_{pq},\ y_{pq},\ z_{pq})$ 以及交点 $D(x_d,\ y_d,\ z_d)$，可以得到分割面的点法式方程，如式（2-86）所示，根据所得平面可实现对相邻两芽块的分割。

$$(y_{pa}z_{pq}-z_{pa}y_{pq})(x-x_d)+(z_{pa}x_{pq}-x_{pa}z_{pq})(y-y_d)+(x_{pa}y_{pq}-y_{pa}x_{pq})(z-z_d)=0 \quad (2-86)$$

综上，当相邻两芽块分别含有2个和3个芽眼时，对两组芽眼分别确定的直线和平面之间的关系为平行和相交的情况，分别根据式（2-79）和式（2-86）可确定分割面的方程，实现相邻两芽块的分割。

3. 含芽眼数均为3个或以上 当相邻两个芽块均含有3个或以上芽眼时，可将其转化为两个平面的空间位置关系问题。针对种薯样本，空间中的两个平面的位置关系包括平行和相交两种。令空间上位于相邻两芽块上的芽眼坐标分别为 $P_m(x_{pm}, y_{pm}, z_{pm})$ 和 $Q_n(x_{qn}, y_{qn}, z_{qn})$，其中 $m \geqslant 3$，$n \geqslant 3$，$y_{pm} < y_{qn}$，芽块 P 上芽眼的纵坐标值按编号依次减小，芽块 Q 上芽眼的纵坐标值按编号依次增大，即 $y_{pm} > y_{pm+1}$，$y_{qn} < y_{qn+1}$。已知各芽眼点的坐标、芽块 P 中纵坐标最大的3个点所确定的平面 $P_1P_2P_3$ 与芽块 Q 中纵坐标最小的三个点所确定的平面 $Q_1Q_2Q_3$ 的法向量如式（2-87）所示。若 $|\boldsymbol{n}_p \cdot \boldsymbol{n}_q| = |\boldsymbol{n}_p| \cdot |\boldsymbol{n}_q|$，则两平面平行；否则二者相交。

$$\begin{cases} \boldsymbol{n}_p = \overrightarrow{P_1P_2} \times \overrightarrow{P_1P_3} \\ \boldsymbol{n}_q = \overrightarrow{Q_1Q_2} \times \overrightarrow{Q_1Q_3} \end{cases} \quad (2-87)$$

（1）当平面 $P_1P_2P_3$ 与平面 $Q_1Q_2Q_3$ 互相平行时，相邻两芽块的分割面位于两平面中间的位置，且与两平面平行。故令分割面的法向量为平面 $P_1P_2P_3$ 的法向量 $\boldsymbol{n}_p = (x_p, y_p, z_p)$，过平面 $P_1P_2P_3$ 的 P_1 点垂直于平面 $Q_1Q_2Q_3$ 的垂线的方向向量也为 $\boldsymbol{n}_p$，则垂线的方程如式（2-88）所示，平面 $Q_1Q_2Q_3$ 的方程如式（2-89）所示。联立两方程求解可得到垂线与平面的交点 $Q_0(x_{q0}, y_{q0}, z_{q0})$，故线段 P_1Q_0 上中点的坐标为 $P_0\left(\frac{x_{p1}+x_{q0}}{2}, \frac{y_{p1}+y_{q0}}{2}, \frac{z_{p1}+z_{q0}}{2}\right)$。根据平面的点法式方程可得到分割面的方程，如式（2-90）所示。

$$\frac{x-x_{p1}}{x_p}=\frac{y-y_{p1}}{y_p}=\frac{z-z_{p1}}{z_p} \quad (2-88)$$

$$x_p(x-x_{q1})+y_p(y-y_{q1})+z_p(z-z_{q1})=0 \tag{2-89}$$

$$x_p\left(x-\frac{x_{p1}+x_{q0}}{2}\right)+y_p\left(y-\frac{y_{p1}+y_{q0}}{2}\right)+z_p\left(z-\frac{z_{p1}+z_{q0}}{2}\right)=0 \tag{2-90}$$

（2）当平面 $P_1P_2P_3$ 与平面 $Q_1Q_2Q_3$ 相交时，令二者的法向量分别为 $\boldsymbol{n}_p=(x_p,\ y_p,\ z_p)$ 和 $\boldsymbol{n}_q=(x_q,\ y_q,\ z_q)$，则两平面的方程如式（2-91）所示，联立二者可得到交线的方程，令交线为 L。交线 L 同时位于相邻两个芽块的平面内，联立 L 的方程与芽块 P（或芽块 Q）上任两个芽眼所连接的线段的方程（坐标的取值范围由两芽眼的坐标限定）进行交点求解，若与所有连接线段均无交点，则两芽块的分割面过交线 L；若有至少一个交点，表明过 L 的平面无法完成对芽块的分割。

$$\begin{cases}x_p(x-x_{p1})+y_p(y-y_{p1})+z_p(z-z_{p1})=0\\x_q(x-x_{q1})+y_q(y-y_{q1})+z_q(z-z_{q1})=0\end{cases} \tag{2-91}$$

对交线 L 与芽眼的连接线段无交点的情况，相邻两芽块的分割面为两芽眼平面的角平分平面。交线 L 位于角平分平面内，令 L 的方向向量为 $\boldsymbol{v}_{li}=(x_{li},\ y_{li},\ z_{li})$，在所求角平分平面内存在一条单位方向向量为 $\boldsymbol{v}_a=(x_a,\ y_a,\ z_a)$ 的直线，使 $\boldsymbol{v}_a\cdot\boldsymbol{v}_{li}=0$，即两条直线互相垂直。另外，根据式（2-63）和式（2-64）的原理可推出 $\boldsymbol{v}_a$ 与平面 $P_1P_2P_3$（或平面 $Q_1Q_2Q_3$）的夹角的正弦值 $\sin(\theta/2)$ 和余弦值 $\cos(\theta/2)$，其中 $\theta\in(0,\ \pi)$，则根据直角三角形内两锐角的互余特征，$\boldsymbol{v}_a$ 与平面 $P_1P_2P_3$ 法向量 $\boldsymbol{n}_p$ 的夹角余弦值等于 $\sin(\theta/2)$。根据上述内容可得出式（2-92），由此推出单位方向向量 $\boldsymbol{v}_a$ 的值。

$$\begin{cases}x_a^2+y_a^2+z_a^2=1\\x_{li}x_a+y_{li}y_a+z_{li}z_a=0\\x_px_a+x_px_a+x_px_a=\sin(\theta/2)\sqrt{x_p^2+y_p^2+z_p^2}\end{cases} \tag{2-92}$$

因此，在所求角平分平面上已知交线 L 的方向向量$\boldsymbol{v}_{li}$和垂直于L 的单位方向向量$\boldsymbol{v}_{a}$，可得到角平分平面的法向量为 $\boldsymbol{n}_{a}=\boldsymbol{v}_{a}\times\boldsymbol{v}_{li}$。另外，根据 L 的方程［式（2-91）］可计算得到平面上任一点的坐标$M(x_{mp}, y_{mp}, z_{mp})$，从而可得到分割面的点法式方程，如式（2-93）所示。

$$(y_{a}z_{li}-z_{a}y_{li})(x-x_{mp})+(z_{a}x_{li}-x_{a}z_{li})(y-y_{mp})+(x_{a}y_{li}-y_{a}x_{li})(z-z_{mp})=0 \quad (2-93)$$

对交线 L 与芽眼的连接线段有至少一个交点的情况，此时求芽眼点 P_1 与 Q_1 的中点得到 $P_c\left(\frac{x_{p1}+x_{q1}}{2}, \frac{y_{p1}+y_{q1}}{2}, \frac{z_{p1}+z_{q1}}{2}\right)$ $(y_{pm}<y_{pc}<y_{qn})$，作为确定分割面的一点。为确保分割面能完成对芽块 P 和Q 的分割，令过点 P_c 且平行于$X_wO_wZ_w$ 平面的面作为分割面，此时平面方程如式（2-94）所示。该情况下所得芽块在不考虑质量和芽块大小均匀性的前提下，可实现对芽块的分割。另外，当芽眼数大于等于 3 个时，根据芽眼分布较为稀疏的实际情况来说，芽块存在多个芽眼时，其质量大小仍能确保其生长营养供给。

$$y=\frac{y_{p1}+y_{q1}}{2} \quad (2-94)$$

综上，当相邻两芽块至少含有 3 个芽眼时，对两组芽眼确定的两组平面之间的关系为平行和相交的情况，分别根据式（2-90）、式（2-93）和式（2-94）可确定分割面的方程，实现相邻两芽块的分割。

对具有空间三维结构的马铃薯种薯样本进行切块，就是把以起始芽眼为中心，距离接近的几个芽眼点归到同一个芽块上的过程。在种薯样本中，两芽眼点的欧氏距离即坐标点之间的距离，如式（2-95）所示，式中 D 表示两点间的距离，(x_1, y_1, z_1) 和 (x_2, y_2, z_2) 表示样本上任两个芽眼点的三维坐标。

$$D=\sqrt{(x_1-x_2)^2+(y_1-y_2)^2+(z_1-z_2)^2} \quad (2-95)$$

在进行种薯样本分割时，首先对样本的质量和芽眼数进行分配，然后对待分割的样本块茎，从位于其基部的第一个芽眼开始，计算与其他所有芽眼之间的欧氏距离，记为 D_a，然后取 D_a 中相对起始芽眼获得较小距离值的 (x_i-1) 个点的坐标，与起始点一起决定被分割的芽块。由于种薯样本自块茎基部往上，芽眼的分布密度逐渐变大，为了使芽块的质量分配趋于均匀，当芽眼三维坐标的分配出现式（2-57）的情况，即部分芽块比其余芽块的芽眼个数多1时，首先分配个数少的芽眼给即将分割的芽块。

确定样本上所有芽眼的芽块归属以后，采用相邻两芽块的分割面方程求解方法对分割面求解。由于基于芽眼欧氏距离的芽眼三维坐标分配方式中，同一个芽块可能存在多个相邻芽块，即存在多个分割面，因此在依次求出每个分割面以后，联立分割面方程，获得交线的方程，作为被分割芽块相邻两个分割面的边线。

上述所提出的方法均是基于种薯切块的技术要求提出的，因此对分割所得芽块可利用含芽眼的数目、芽块的质量等参数来进行评价。由于马铃薯种薯是密度均匀的物体，因此可采用芽块点云模型的体积代替质量来进行芽块均匀性评价，从而确定最优的分块方法。

二、切块验证与分析

马铃薯种薯经筛选共得到样本70个，品种为荷兰马铃薯。通过图像采集系统中采集样本的彩色图像和深度图像，对所得样本图像进行处理生成点云模型并实现芽眼三维坐标定位，然后在Matlab R2017a软件中进行种薯样本的分块方法验证。

对70个待分割的马铃薯种薯样本，基于其点云模型自动提取长度、厚度、最大横截面积、表面积和体积等参数，然后代入式（2-96）计算获得其质量 M。另外，根据芽眼在点云模型中的定位结果，可统计得到种薯样本的总芽眼数目 N 以及每个芽眼的三维坐标，彩图2-20所示为马铃薯种薯样本的点云模型及在模型中定位并标记出的芽眼。图2-40为所有样本在点云模型上所标记的总芽眼数目与样本质量的相关关系，从图 2-40 中可以看出，种薯样本质量的分布范围为 100～322 g，样本总芽眼数的分布范围为 7～18 个，图像点的整体变化趋势体现为质量越大，总芽眼数越多，但二者之间的决定系数 R^2 为 0.23，因此表明样本的总芽眼数与质量几乎不存在相关关系。

$$M=-64.89+0.14L-0.84d_b+0.02S_{mcr}+0.008S_a+7.24\times10^{-5}V_p \tag{2-96}$$

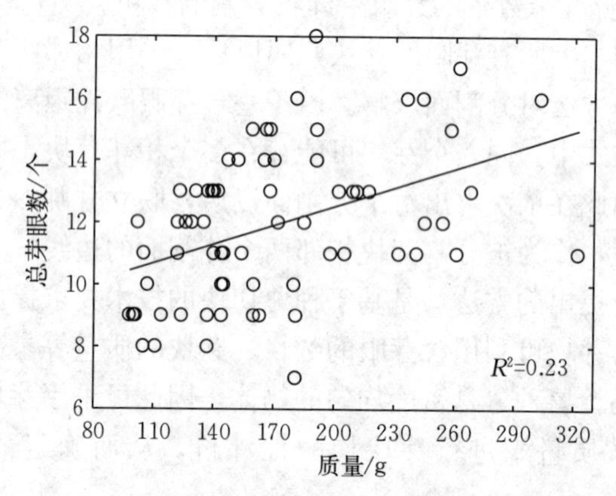

图 2-40　马铃薯种薯样本的总芽眼数与质量的相关关系

获得样本的质量 M 和总芽眼数 N 以后，根据式（2-53）至式（2-57）进行样本可分割的芽块数以及每个芽块的芽眼数目分配，结果如图 2-41 和图 2-42 所示。

图 2-41 为样本每个芽块的芽眼个数，图 2-42 为样本可分割的芽块个数。结合图 2-41 与图 2-42 可知，70 个样本中，15 个样本只包含芽眼个数为$[\bar{x}]$的芽块，55 个样本包含芽眼个数为$[\bar{x}]$和$[\bar{x}]+1$的两种芽块；单个芽块至少含 2 个芽眼，最多含 6 个芽眼。进一步地，在图 2-42 中，样本至少可分割为 2 个芽块，最多可分割为 8 个芽块。

对马铃薯种薯样本按基于芽眼纵向分布密度的方法进行分割面的求解。以彩图 2-20 所示点云模型表示的种薯样本为例，经二维

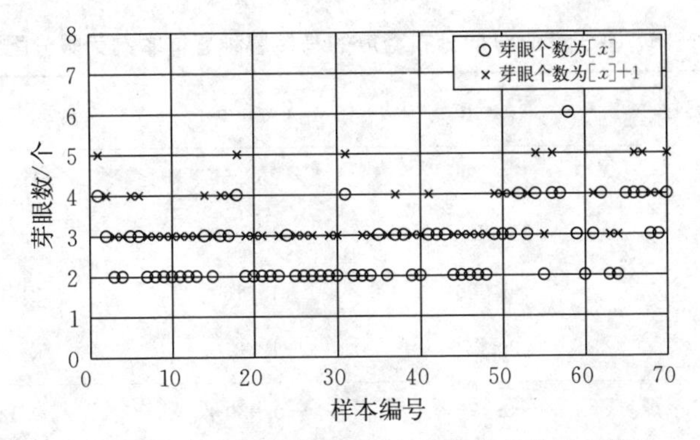

图 2-41　马铃薯种薯样本每个芽块的芽眼个数

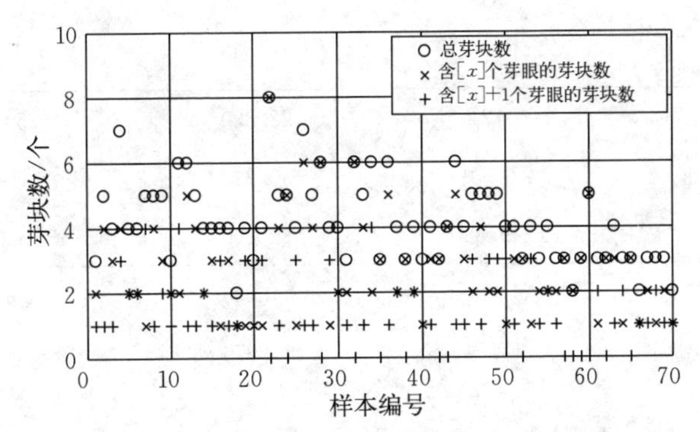

图 2-42　马铃薯种薯样本分割后的芽块个数

图像处理和在点云模型中的芽眼定位，可知该样本表面一共有 14 个芽眼，该样本的预测质量为 170 g，根据式（2-53）至式（2-57）推出该样本可被分为 4 个芽块。进一步根据式（2-58）计算芽眼纵坐标的差值，并基于此进行芽块的芽眼分配。表 2-18 所示为该样本所有芽眼按照芽眼纵向分布密度的方法进行分配的结果，从块茎基部至顶部（Y_w 值从小到大），编号为Ⅰ的芽块含 4 个芽眼，编号为Ⅱ的芽块含 3 个芽眼，编号为Ⅲ的芽块含 4 个芽眼，编号为Ⅳ的芽块含 3 个芽眼，因此对该样本的 3 组相邻芽块的分割均为基于两平面空间关系的分割面求解问题。

表 2-18　基于芽眼纵向分布密度的马铃薯种薯样本的芽眼分配结果

芽块编号	X_w/mm	Y_w/mm	Z_w/mm
芽块Ⅰ	−3.328	−26.950	−19.200
	15.020	−17.230	18.750
	−6.809	−15.160	−21.200
	−20.670	−12.310	5.026
芽块Ⅱ	−0.493	−0.030 4	30.180
	9.709	0.188	−16.640
	−14.380	4.140	−13.630
	−12.240	20.220	24.420
芽块Ⅲ	0.721	22.320	−25.480
	22.940	30.340	4.477
	−19.880	32.800	−9.178
芽块Ⅳ	5.985	44.680	13.670
	−17.540	47.870	−3.935
	0.624	51.370	9.701

进行相邻两芽块的分割面求解时，首先求解每个芽块上的芽眼平面，式（2-97）、式（2-98）和式（2-99）分别为拟分割芽块Ⅰ与Ⅱ、Ⅱ与Ⅲ、Ⅲ与Ⅳ组合的芽眼平面方程，式中（x，y，Z_{11}）、（x，y，Z_{12}）、（x，y，Z_{21}）、（x，y，Z_{22}）、（x，y，Z_{31}）和（x，y，Z_{32}）分别为3组芽眼平面上的坐标点。彩图2-21a、b和c中颜色为红色和绿色的平面为所得芽眼平面。

$$\begin{cases} Z_{11}=18.75+5.020\,4(x-15.02)+33.625\,9(y+17.23) \\ Z_{12}=30.18-4.075\,8(x+0.492\,9)-24.088(y+0.030\,4) \end{cases} \tag{2-97}$$

$$\begin{cases} Z_{21}=30.18-4.0758(x+0.4929)-24.088(y+0.0304) \\ Z_{22}=4.477-8.0904(x-22.94)+26.1562(y-30.34) \end{cases} \tag{2-98}$$

$$\begin{cases} Z_{31}=-25.48+0.4604(x-0.7211)+2.4604(y-22.32) \\ Z_{32}=13.67+0.7494(x-5.9850)+0.0072(y-44.68) \end{cases} \tag{2-99}$$

经分析，3 组芽眼平面均为相交平面，其交线与对应每个芽块上芽眼的两两连线（线段）均没有交点，故分割面为两芽眼平面的角平分平面。式（2-100）、式（2-101）和式（2-102）分别为分割芽块Ⅰ与Ⅱ、Ⅱ与Ⅲ、Ⅲ与Ⅳ组合的分割面方程，式中（x，y，Z_1）、（x，y，Z_2）、（x，y，Z_3）分别为 3 个分割面上的坐标点。彩图 2-21 中颜色为青色的平面为所得芽眼平面。图 2-43 所示为基于上述过程分割所得到的 4 个芽块及位于每个芽块上的芽眼点的标记（用红色圆点标记）。

$$Z_1=-0.5-27.1207(x-838.3015)-170.2586(y+140.7178) \tag{2-100}$$

$$Z_2=-0.5+28.7391(x+45.7417)-433.826(y-8.9023) \tag{2-101}$$

$$Z_3=-0.5+0.9992(x+12.8313)-2.1134(y-35.0087) \tag{2-102}$$

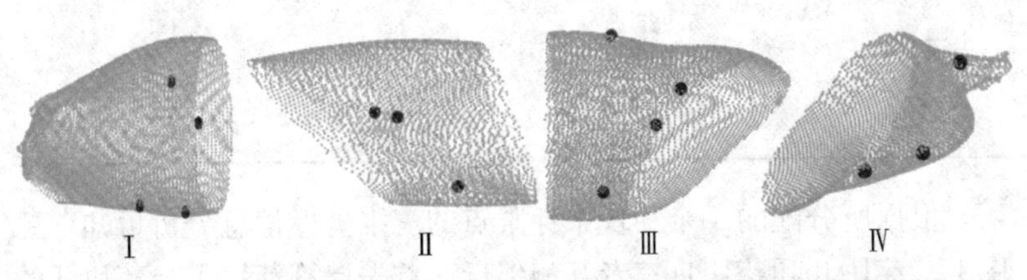

图 2-43　基于芽眼纵向分布密度方法分割所得芽块及相应的芽眼

对马铃薯种薯样本按基于芽眼欧氏距离的方法进行分割面的求解。同样以彩图 2-20 的点云模型所表示的芽眼为例，根据式

(2-95) 计算任两芽眼间的欧氏距离，然后从纵坐标值最小的第一个芽眼开始搜寻与之距离最短的芽眼，基于此进行芽块的芽眼分配。表 2-19 所示为该样本所有芽眼按照该方法进行分配的结果，从块茎基部至顶部，编号为Ⅰ的芽块含 3 个芽眼，编号为Ⅱ的芽块含 3 个芽眼，编号为Ⅲ的芽块含 4 个芽眼，编号为Ⅳ的芽块含 4 个芽眼，因此对该样本的 3 组相邻芽块的分割同样为基于两平面空间关系的分割面求解问题。

表 2-19　基于芽眼欧氏距离的马铃薯种薯样本的芽眼分配结果

芽块编号	X_w/mm	Y_w/mm	Z_w/mm
芽块Ⅰ	-3.328	-26.950	-19.200
	-6.809	-15.160	-21.200
	9.709	0.188	-16.640
芽块Ⅱ	15.020	-17.230	18.750
	-20.670	-12.310	5.026
	-0.493	-0.030 4	30.180
芽块Ⅲ	-14.380	4.140	-13.630
	-12.240	20.220	24.420
	0.721	22.320	-25.480
	-19.880	32.800	-9.178
芽块Ⅳ	22.940	30.340	4.477
	5.985	44.680	13.670
	-17.540	47.870	-3.935
	0.624	51.370	9.701

根据所分配的 4 个芽块中芽眼点的三维坐标信息分析可知，芽块Ⅰ、芽块Ⅱ和芽块Ⅲ三者互相邻近。首先计算芽块Ⅰ与芽块Ⅱ的分割面方程，如彩图 2-22a 所示，芽块Ⅰ所在红色平面与芽块Ⅱ所在绿色平面均由各自的 3 个芽眼点决定，其方程如式 (2-103) 所示。由于两芽块的芽眼均位于芽眼平面交线的同侧，因此二者的

分割面为两芽眼平面的角平分平面，方程如式（2-104）所示。

$$\begin{cases} Z_{11}=-21.2+0.3403(x+6.809)-0.0691(y+15.16) \\ Z_{12}=18.75+0.5437(x-15.02)+1.1549(y+17.23) \end{cases} \tag{2-103}$$

$$Z_{c1}=-0.5+0.4206(x-47.1361)+0.4144(y+49.0169) \tag{2-104}$$

芽块Ⅰ与芽块Ⅲ的芽眼平面如彩图2-22b所示，分析可知两平面的交线与芽块Ⅰ（和芽块Ⅲ）的芽眼连线有交点，因此，取芽块Ⅰ上点的最大纵坐标值与芽块Ⅲ上点的最小纵坐标值的平均值作为分割平面的纵坐标值，分割平面平行于世界坐标系的$X_wO_wZ_w$平面，分割面的方程如式（2-105）所示。

$$Y_{c2}=2.1641 \tag{2-105}$$

对芽块Ⅱ与芽块Ⅲ，由于芽块Ⅱ上芽眼点的最大纵坐标值小于Y_{c2}，因此式（2-106）同时作为芽块Ⅱ与芽块Ⅲ的分割平面方程。结果如彩图2-22a所示。计算芽块Ⅲ与芽块Ⅳ的分割面时，其芽眼平面如彩图2-22c所示，平面方程如式（2-106）所示。基于此得出两芽眼平面的交线与每个芽块任两个芽眼点的连线没有交点，因此芽块Ⅲ与芽块Ⅳ的分割面为两芽眼平面的角平分平面，方程如式（2-107）所示。图2-44所示为基于上述过程分割所得到的4个芽块及位于每个芽块上的芽眼点的标记（用圆点标记）。

$$\begin{cases} Z_{31}=24.42-3.1117(x+12.24)-4.5612(y-20.22) \\ Z_{32}=4.477+0.9947(x-22.94)+1.8173(y-30.34) \end{cases} \tag{2-106}$$

$$Z_{c3}=-0.5+3.8481(x+169.2807)+6.2496(y-132.8239) \tag{2-107}$$

对70个样本按上述方法进行芽块分割处理以后，根据点云模型和分割面依次求每个样本分割所得芽块的体积以及所含芽眼数目。图2-45和图2-46所示为基于两种分块方法分割所得每个样本所分芽块的体积平均值和标准差，从图中可以看出，芽块体积平

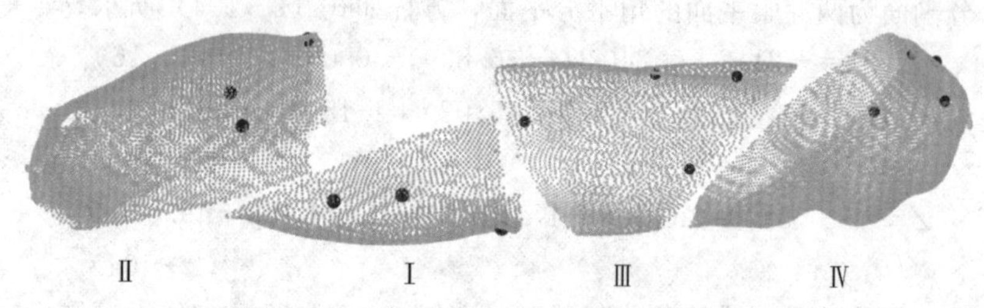

图 2-44 基于芽眼欧氏距离方法分割所得芽块及相应的芽眼

均值的范围为（35 932，69 082），两种分块方法所得芽块体积的标准差均比较大，表明分割所得芽块的体积和质量不够均匀；对不同的样本进行分割时，两种方法的标准差因样本不同而各有优势（标准差较小）和劣势（标准差较大），表明分割方法的选取受样本的芽眼三维分布情况影响。另外，由于本研究基于芽眼的三维坐标进行分割面方程求解，故分割所得芽块的芽眼数均与算法所分配的芽眼数一致，满足芽块至少含 2 个芽眼的要求。

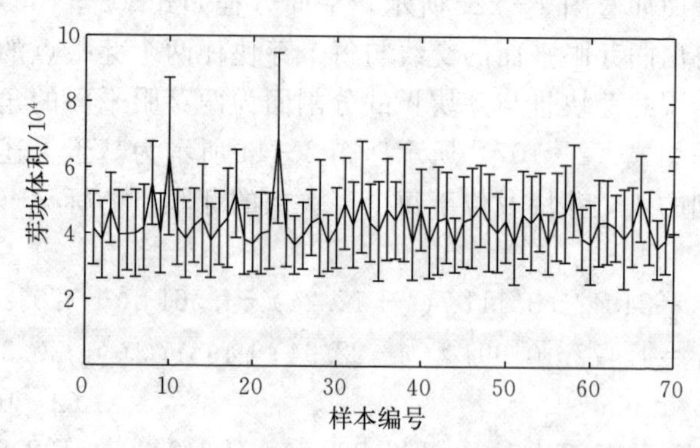

图 2-45 基于芽眼纵向分布密度方法所得种薯样本芽块的体积平均值和标准差

部分样本因种薯质量偏大且芽眼数偏多而导致所分割的芽块数较多时，存在体积约为相应种薯总体积 1/9 的小芽块，由此推出其质量略小于切块要求（要求为 25～45 g）。但根据种薯芽眼分布较

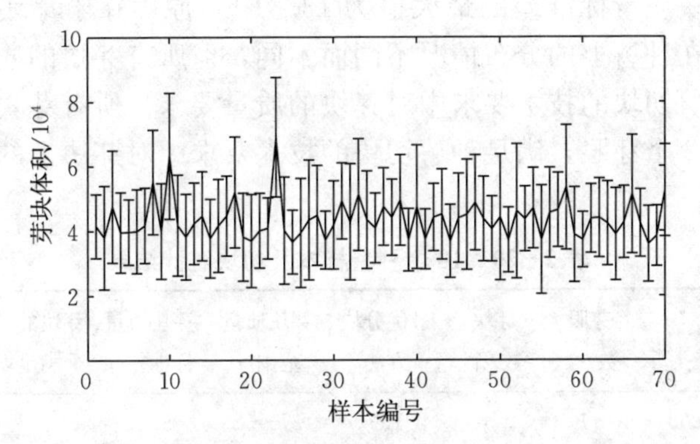

图 2-46　基于芽眼欧氏距离方法所得种薯样本芽块的体积平均值和标准差

为分散的特点，所得芽块不存在切片或切条的现象，故所得芽块依然能够作为薯种进行种植。

马铃薯种薯样本经筛选共得 10 个，品种为荷兰马铃薯。对样本进行图像采集、点云模型重构、芽眼识别及三维坐标定位、质量预测、质量和芽眼数分配、基于两种不同坐标分配方法的芽块分割面方程求解以及针对每个样本的最优分块方法的确定。

基于上述过程，对马铃薯种薯样本按照所确定的最优分块方法进行人工切块，切块过程中，依据点云模型上分割面与芽眼的相对位置确定切割位置，彩图 2-23 所示为 3 个不同的种薯样本及经人工切块所得芽块。

依次统计每个马铃薯种薯样本的质量预测结果、点云模型上所识别得到的芽眼数以及拟分割的芽块数；完成切块以后，人工统计所得芽块上的芽眼数，然后使用精度为 1 g 的电子秤称量芽块的质量，并计算其标准差，以评价所得芽块的质量均匀性。统计结果如表 2-20 所示，从表中可以看出，不同种薯样本适用的芽眼三维坐标分配方法不同。种薯切块的技术要求中要求芽块的质量范围为 25～45 g，本研究的 10 个种薯样本经人工切块所得芽块的最小质量为 22 g，略小于切块的技术要求的最小值；另外，所有样本的芽块质量标准差的最大值为 13.81 g，原因在于芽块的大小随芽眼在种薯上的分布情况不同而不同，但所有芽块的质量基本满足种薯切块的技术要求中对芽块的质量要求。所有芽块上均含有至少 2 个芽眼，满足种薯切块的技术要求中对芽块上的芽眼数要求。

表 2-20　10 个种薯样本及切块统计结果

编号	质量/g	芽眼数/个	芽块数/个	最优分块方法	芽块质量范围/g	芽块质量标准差/g	芽块的芽眼数是否满足切块要求
1	203	11	5	LD	27～52	8.47	是
2	133	11	3	LD	43～48	2.36	是
3	157	13	4	ED	22～54	13.81	是
4	162	9	4	ED	32～54	8.84	是
5	198	13	5	ED	28～48	6.65	是
6	94	7	2	LD	39～54	7.50	是
7	164	13	4	ED	29～58	12.03	是
8	132	12	3	LD	38～47	4.03	是
9	71	7	2	LD	31～40	4.50	是
10	265	15	7	ED	25～54	9.85	是

注：表中 LD 表示基于芽眼纵向分布密度分配芽眼三维坐标的分块方法，ED 表示基于芽眼欧氏距离分配芽眼三维坐标的分块方法；种薯切块所得芽块对芽眼数的要求为至少含有 2 个芽眼。

综上，通过该切块试验验证了基于点云模型的马铃薯种薯切块方法的效果，所得到的芽块满足种薯切块的技术要求，从芽块质量和芽眼数方面较好地保障了芽块繁殖能力，能够用于马铃薯播种生产。

图像采集采用图 2-13 所示的图像采集装置，转台载着种薯匀速旋转一圈的过程中，SR300 相机每隔 90°采集一组图像，共采集得到 4 组图像。转台旋转的角速度为 11.46 (°)/s，因此完成一个种薯图像的采集需要约 31.4 s；完成图像采集以后，根据本研究的种薯切块方法完成分割面求解所需要的时间约为 5.1 s。因此本研究实现完整的马铃薯种薯点云模型重构及切块方法分析，进而得到分割面，需要时间约为 36.5 s。

综上所述，基于点云模型的马铃薯种薯分块方法能够实现对种薯的切块，为种薯切块机构的智能化发展提供了理论依据。

上述介绍的创新有以下几个方面：①基于局部图像灰度分布和梯度特征的马铃薯种薯芽眼识别方法。经过对马铃薯种薯图像的特征分析及图像预处理，滤除干扰性特征，增强芽眼特征。对 B 通道图像确定梯度阈值后，利用区域生长法将马铃薯种薯图像分割为不同的特征区域，提取特征区域所在局部图像，分析其灰度分布特征和梯度特征，提取参数实现芽眼区域的识别。②提出了一种马铃薯种薯点云模型重构和芽眼三维坐标定位方法。建立了基于深度相机和旋转平台的马铃薯种薯图像采集系统，将每 90°间隔采集的深度图像转换为世界坐标系下的点云，处理得到马铃薯种薯的点云模型。将种薯芽眼在彩色图像中的二维坐标转换为点云模型上的三维坐标，实现种薯芽眼的三维坐标定位。③基于点云模型的马铃薯种薯质量预测建模方法。在马铃薯种薯的点云模型中通过提取长度、宽度、厚度、最大横截面积、表面积和体积参数，利用多元线性回归方法建立种薯质量预测模型，能够较为准确地预测种薯质量。

下一步需要完善的方面包括：①采用多个深度相机从不同方位同时采集马铃薯的图像，进一步提高图像采集的效率；②种薯点云模型实现机构对种薯的定位，并采用本章所提出的方法推导分割面方程，控制切刀完成切块工作。

第三章

马铃薯播种技术及装备

第一节　排种技术及机构

马铃薯播种机型通常以排种机构种类划分，主要有针刺式、薯夹式、水平圆盘式、板阀式、杯带式、振动式、气吸式、输送带式、勺式等9种类型。在发展过程中，由于农艺、播种精度和播种效率的要求，板阀式、针刺式、薯夹式、杯带式等类型的排种器逐步被淘汰。目前，市场使用主流类型是勺式排种器，气吸式排种器还在研究阶段。

（1）针刺式。针刺式马铃薯播种机如图3-1所示，其工作原理是：地轮带动链轮转动，链轮上的排种链焊接刺针，当刺针转过种箱时，刺入薯块，到达尾部后刮板将薯块剥落，薯块落入种沟。针刺式排种器主要优点是：①对马铃薯的大小和形状没有太大要求；②投种距离的均匀性比勺式播种机好。但是，针刺式排种器容易破坏薯块，薯块间容易感染病菌，且刺针易损伤。目前，该类型的播种机很少应用。

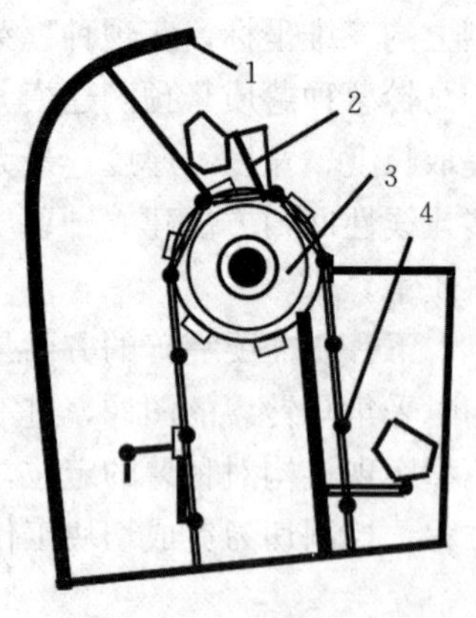

图3-1　针刺式排种装置
1. 导种管　2. 刺针　3. 链轮　4. 链条

（2）薯夹式。20世纪初，Bohumil Jirotka研发了薯夹式排种器，如图3-2所示。其工作原理是：链轮带动链条上的薯夹转动，当薯夹转动到种箱时，薯夹在弹簧控制下夹取薯块，当进入工作末端区域时，释放薯块，落入种沟。薯夹式的排种装置易损伤薯块，且漏播率较高，现如今已经很少使用。

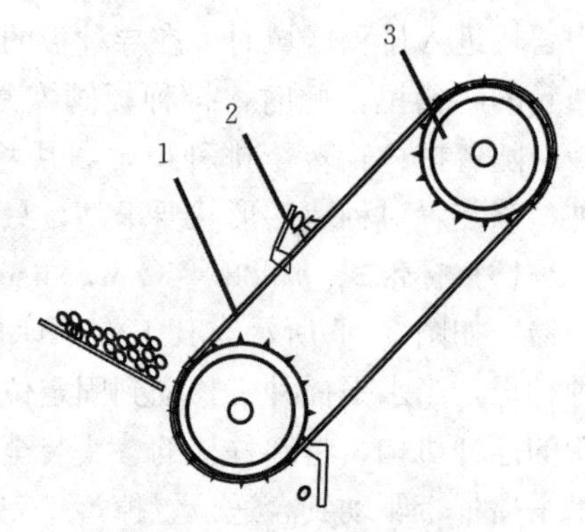

图 3-2　薯夹式排种装置

1. 链条　2. 薯夹　3. 链轮

(3) 水平圆盘式。华中农业大学杨丹等人研发了气力式水平圆盘马铃薯播种机，如图 3-3 所示，通过气力排种和间歇输种的方式，降低薯块破损的概率并提高播种性能。其工作原理是：利用排种盘旋转产生的离心力和风机型提供的孔吸附力来完成种薯有序排列的过程，试验效果达到国家标准。

(4) 板阀式。西北农林科技大学李小昱等人研发了板阀式排种器，如图 3-4 所示。其工作原理是：薯块在导种管内垂直排序，

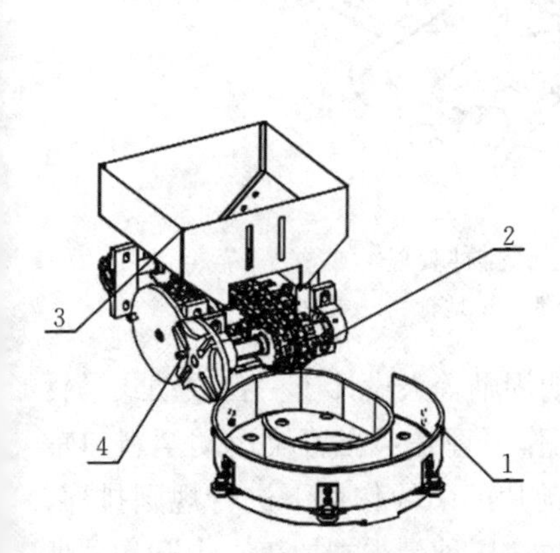

图 3-3　气力式水平圆盘排种器结构

1. 排种盘　2. 输种机构
3. 种箱　4. 槽轮机构

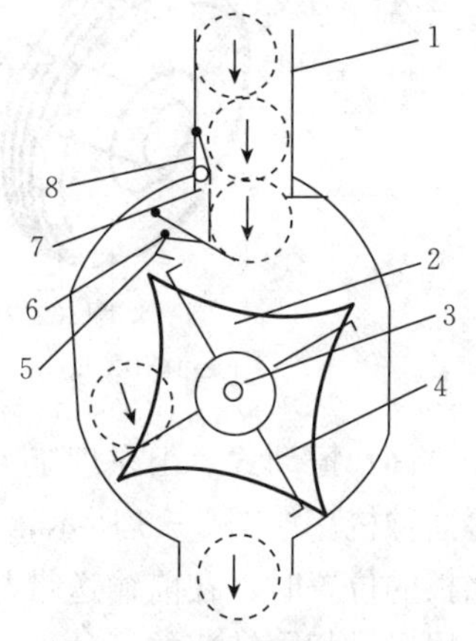

图 3-4　板阀式排种装置

1. 导种管　2. 开启凸轮　3. 排种轴
4. 排种板阀　5. 定位挚子　6. 挚子扭簧
7. 压簧　8. 导种板

当薯块进入排种区域时，在导种板的引导作用下，薯块掉落在开启凸轮的凹槽里，此时，排种板阀恢复原位，避免薯块进入排种区域，随着排种轮转至排种口，薯块排出，依次往复运动，完成排种。该装置对种薯的形状要求高，只能整薯播种。

(5) 杯带式。1988 年 G. C. Misener 等人研发了一种杯带式排种器，如图 3-5 所示。其工作原理是：操作人员将薯块放置在卸种杯里，当水平播种带移动到固定位置时，由地轮提供动力至主动轮的连杆机构，将卸种杯的薯块装至水平播种带上的种杯，薯块由水平播种带驱动到合适位置掉落，完成排种。此排种器的优点是可以更换不同大小的种杯来适应薯块。

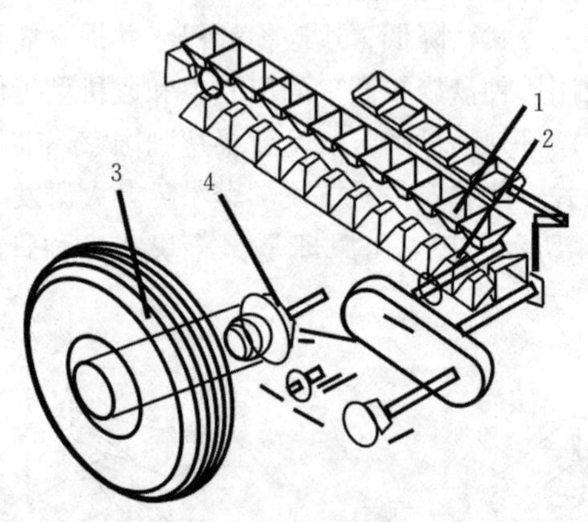

图 3-5　杯带式排种装置

1. 卸种杯　2. 水平播种带　3. 地轮　4. 主动轮

(6) 振动式。山东理工大学胡周勋等人设计了一台振动式马铃薯播种机。如图 3-6 所示，其工作原理是：当薯块运动至料口前挡板的位置时，在前输送带与摆动片的引导作用下进行规则排序，薯块通过相同转速的压种带，薯块在压种带末端掉落在由开沟器所挖掘的种沟里，完成播种作业。

(7) 气吸式。1992 年 C. D. Mcleod 等人设计了一种气吸式排种器。其工作原理是：排种器的末端安装圆形吸嘴，吸嘴与风机形

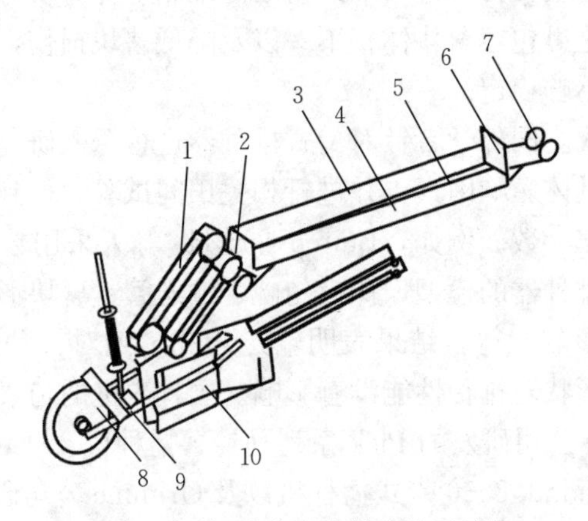

图 3-6　振动式开沟播种装置结构

1. 压种输送带　2. 链轮和链条　3. 摆动片　4. 抖动板　5. 前输送带　6. 料口前挡板　7. 偏心轴承　8. 种沟开沟器　9. 刮土板　10. 限深轮

成的负压气室相连，当吸嘴转至种箱时，吸嘴在负压作用下吸附薯块，当吸嘴移动至播种区时，吸嘴与负压气室断开连接，连接至正压气室，种薯掉落，完成播种。其代表机型主要有美国 Crary 公司研发的 604、606、608 系列气吸式排种器，该排种器对薯块三轴尺寸要求不高，适用于切块薯且播种精度较高。

东北农业大学吕金庆设计的气吸式精量播种机，其整体结构如图 3-7 所示，排种器采用多臂分布式，在负压和正压的作用下进行工作，还采用动态供种装置，确保种薯正常充种，试验效果优于国家标准。

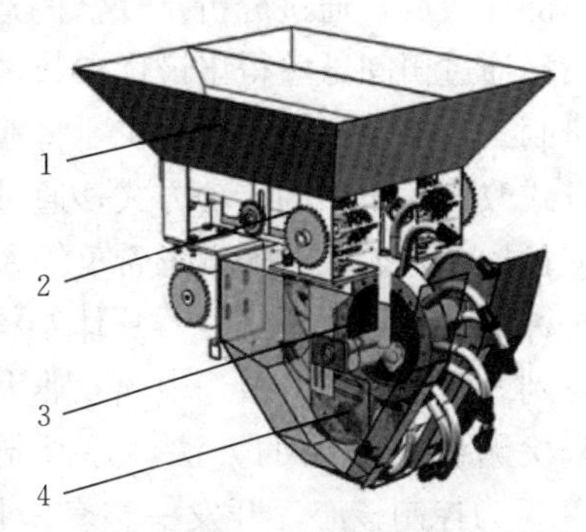

图 3-7　气吸式马铃薯排种器整体结构

1. 种箱　2. 动态供种装置　3. 排种器　4. 料位开关

(8) 输送带式。Dewulf 公司研制的输送带式马铃薯播种机，其原理是通过皮床带内部相向运动及整个皮床带的坡度引导作用来排列薯块，再通过后部的镇压海绵轮确保薯块可用于安全播种。其优点是可包容薯块体积不一以及降低薯块损伤，缺点是薯块间距的控制不够稳定。

（9）勺式。国外学者针对勺式排种器进行深入研究，探究影响排种性能的具体影响因素，并进行相关田间试验，得到具体结构参数及运行规律参数。例如，Buitenwerf H. 等人采用数学建模的方式探究勺式排种器的模型，探究勺碗、输送管、薯块形状等因素对排种指标的影响规律，结果表明输送管和勺碗对排种性能影响较大，而薯块形状对排种性能没有影响。国外先进的勺式排种器机型有美国 Crary 公司研发的 Pick 系列马铃薯播种机、Deutz－Fahr 公司研制的 Spudnik 8560 带式播种机以及 Grimme 公司研制的 GL 系列马铃薯播种机，所有机型适用于大型马铃薯种植，作业效率高，能实现精量播种。

近几年，国内学者对于勺式排种器结构进行优化，提高了播种机的排种性能。例如，石河子大学黄勇等人设计了一种可实现切块种薯精量播种的马铃薯排种器，以排种带速度、清种方式、投放高度及薯块形状为试验因素，以重播率、漏播率、变异系数作为指标，通过响应面分析得到最佳参数值。东北农业大学工程学院王泽民等人研制了舀勺式排种器，该排种器由清种系统、排种带、种勺等部件组成，通过分析排种器的运行原理确定了基本的结构参数，最后通过田间试验得出最优参数。华中农业大学工学院段宏兵等人研制三角链半杯勺式播种机，将普通链勺式播种机单列直线型传动方式改为三角形的传动方式，通过增加水平清种区，实现精量播种的目标。东北农业大学王希英等人研制并改进双列交错勺带式精量排种器，通过分析排种器总体结构，优化了主要部件的结构参数，得到最佳的工作参数。中国农业大学牛康等人通过电容值测量方式来检测薯块漏播的方法，并研制了电容式漏播检测传感器，以 PLC 为控制核心，开发一整套漏播检测系统，并在播种机上测量该系统的补种效果。山东农业大学侯加林等人研制了气力托勺式精量排种器，能够在原有的基础上提高播种速度并且降低能耗。中国农业大学牛康等人研制了一种具有双层种箱结构的排种器，试验以种勺带的线速度、种勺尺寸和充种位置作为试验因素，以空勺率和重勺率作为指标，通过 EDEM 仿真对双层种箱式排种装置进行了参数的优化设计，最后通过试验台验证参数的可靠性，得出最佳参数。

第二节　种薯特性及分析

在供种装置里转动辊的设计参数由薯块的几何尺寸和形状决定，排种装置里带轮倾斜角度和前挡板的倾斜角度由薯块的静摩擦系数和自然休止角作为设计依据。因此本节对薯块物料特性进行试验分析，得出的参数包含种薯的形状系数、静摩擦系数、自然休止角等。

试验对象的品种为费乌瑞它，测量的参数主要包括马铃薯的三轴尺寸、密度、摩擦角和休止角等。测得切块薯的长度为 40～60 mm、宽度为 30～45 mm、厚度为 26～36 mm，其形状指数为 161～240。测得薯块在不锈钢板上的滚动稳定角为 20°；薯块内切面接触不锈钢板的摩擦角是 34.7°，静摩擦系数为 0.69；薯块表皮面接触不锈钢板的摩擦角是 32.3°，静摩擦系数为 0.63；薯块内切面接触橡胶圆皮带的摩擦角是 38.4°，静摩擦系数为 0.79；薯块表皮面接触橡胶圆皮带的摩擦角是 36.3°，静摩擦系数为 0.73。测得薯块的自然休止角为 35.12°。

（一）种薯特性

根据马铃薯播种农艺要求，采用切块薯和小块整薯作为播种物料，每个切块薯上保持一个或两个芽眼，选择切块薯的重量为 30～50 g。通过计算获取马铃薯形状系数、容积密度和含水率。

由于采购的马铃薯形状差异较大，需对马铃薯薯块进行切块分析。根据 GB/T 6242—2006《种植机械 马铃薯种植机 试验方法》，针对马铃薯形状进行定义。

马铃薯形状指数计算公式为

$$f=\frac{L^2}{W\times t}\times 100 \tag{3-1}$$

式中 f——形状指数；

L——最大长度（mm）；

W——最大宽度（mm）；

t——最大厚度（mm）。

马铃薯形状判别指标如表 3-1 所示。

表 3-1 马铃薯形状指数

马铃薯形状	形状指数
圆形	100～160
椭圆形	>160～240
长条形	>240～340
特长条行	>340

随机挑选 30 个整薯块和 30 个切块薯，采用精度为 0.01 mm 的游标卡尺测量三轴尺寸，通过式（3-1）计算其形状指数，统计结果如表 3-2 所示。

表 3-2 薯块质量、几何尺寸及形状指数平均值

种类	长/mm	宽/mm	厚/mm	质量/g	形状指数
整薯块	112.3	79.3	70.0	253.6	227.2
切块薯	49.5	43.3	27.9	39.4	202.8

薯块的三轴尺寸及形状指数如表 3-2 所示，市场上普遍整薯块形状属于长条形，且长度和宽度都大于 70 mm，因此需要切块处理；切块薯的重量主要为 30～50 g，长度主要集中在 49.5 mm 左右，宽度主要集中在 43.3 mm 左右，厚度主要集中在 27.9 mm 左右，其形状指数主要集中在 202.8。

马铃薯的容积密度是物料重要的物理特性之一。容积密度表示颗粒群在自然充填条件下的堆积密度，其测量方法是把薯块放置在固定容积的箱体内，薯块质量与箱体体积的比值就是容积密度。测量容积密度可作为设计种箱的依据。

根据四川省成都鼎力合作社以及彭州濛阳彩林合作社对于薯块处理方式，一般需要在切块薯表面喷涂药剂，并且晾干1～2 h，所以切块薯内部的含水率会存在变化。由于切块薯内部的含水率会影响切块薯的外在形状，所以在测定种薯容积密度之前，需要先确定处理后切块薯含水率平均值，才能去测定容积密度。测量含水率的方法是采用DHG-9035A电热恒温鼓风干燥箱烘干小块切块薯，冷却到室温后，使用电子秤（精度为0.1 g）测量，最后测定其平均含水率为78.42%。

选用切块薯放置在圆柱开口容器内，装满后，轻微震动并再次添加切块薯，直至表面平整。根据圆柱开口容器的容积以及内部切块薯质量，计算容积密度。取平均值作为结果，如表3-3所示。

表3-3 切块薯的容积密度

序号	容器体积/m^3	质量/kg	容积密度/(kg/m^3)	平均容积密度/(kg/m^3)
1		1.516 9	583.4	
2	0.002 6	1.464 3	563.2	568.3
3		1.451 6	558.3	

由表3-3可得，容积密度平均值为568.3 kg/m^3。

切块薯物料特性包含滚动稳定角、静摩擦系数和自然休止角，这些参数为整个结构设计提供可靠的基础。针对这些参数可以设计出不同结构方案，以求最佳的播种方式。因此，需要对切块薯的摩擦特性进行试验研究。

切块薯滚动稳定角含义是在平整斜面上，随着斜面与水平面的角度逐渐增大，切块薯开始运动，当速度保持匀速时，此角度就是滚动稳定角。在实际情况中，切块薯表面接触分为表皮接触和内部切面接触，且表皮接触的摩擦系数与内部接触切面的摩擦系数差异较大，所以，一般选择摩擦系数较高的接触面作为设计依据，这样可以保证全体切块薯都可以滚落。

首先，随机选取 30～50 g 的切块薯 30 个，将其中一个切块薯轻放到有倾角的斜面钢板上，调节斜面倾角直至其自由匀速滚落，此倾角就是滚动稳定角。每个切块薯重复 3 次，结果如图 3-8 所示。

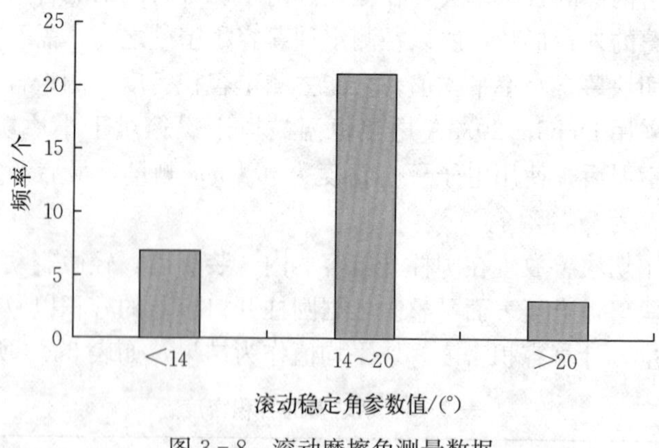

图 3-8　滚动摩擦角测量数据

由图 3-8 可得，滚动稳定角的参数主要集中在 14°～20°，为保证结构设计的可靠性，选取薯块在钢板上滚动稳定角最大值，因此滚动稳定角的值为 20°。

静摩擦系数反映物料与接触表面的粗糙程度，可通过测量摩擦角计算静摩擦系数。选择 30 个切块薯，分别采用表皮接触和内部切面接触的方式，测量其摩擦角，判定的方式是种薯分别在斜面钢板上和橡胶圆皮带上保持匀速下滑状态。得出摩擦角参数值，每个重复 3 次取平均值，结果如表 3-4 所示。

表 3-4　摩擦角试验数据

单位：°

序号	薯块内切面接触不锈钢板的摩擦角	薯块表皮面接触不锈钢板的摩擦角	薯块内切面接触橡胶圆皮带的摩擦角	薯块表皮面接触橡胶圆皮带的摩擦角
1	33.6	34.6	39.5	36.5
2	36.2	31.2	37.2	35.2

（续）

序号	薯块内切面接触不锈钢板的摩擦角	薯块表皮面接触不锈钢板的摩擦角	薯块内切面接触橡胶圆皮带的摩擦角	薯块表皮面接触橡胶圆皮带的摩擦角
3	34.5	31.3	38.5	37.4
平均值	34.7	32.3	38.4	36.3

由表3-4可知，薯块通过内切面接触不锈钢板的摩擦角是34.7°，薯块通过表皮面接触不锈钢板的摩擦角是32.3°，薯块通过内切面接触橡胶圆皮带的摩擦角是38.4°，薯块通过表皮面接触橡胶圆皮带的摩擦角是36.3°。静摩擦系数通过摩擦角的正切值得出，计算得到薯块通过内切面接触不锈钢板的静摩擦系数是0.69，薯块通过表皮面接触不锈钢板的静摩擦系数是0.63，薯块通过内切面接触橡胶圆皮带的静摩擦系数是0.79，薯块通过表皮面接触橡胶圆皮带的静摩擦系数是0.73。

自然休止角，又叫安息角，大量颗粒状物质被倾倒于水平面上堆积为锥体，堆积物的表面与水平面所成内角即为休止角，其与密度、颗粒的表面积和形状及该物质的摩擦系数相关。测定自然休止角的方法采用注入法，具体为：将粉体从漏斗上方慢慢加入，从漏斗底部漏出的物料在水平面上形成圆锥状堆积体的倾斜角。试验3次，取平均值作为结果，见表3-5。

表3-5　切块薯自然休止角测量数据

序号	薯块自然休止角/(°)
1	35.55
2	32.89
3	36.92
平均值	35.12

如表3-5可得，切块薯的自然休止角取平均值为35.12°。

（二）特性分析

通过对马铃薯种薯进行物料特性研究，分析的参数包含薯块的三轴尺寸、形状指数、容积密度、含水率、滚动稳定角、静摩擦系数和自然休止角，为播种机关键部位的设计提供依据。具体结论如下：

（1）切块薯的长度主要集中在 40～60 mm、宽度主要集中在 30～45 mm、厚度主要集中在 26～36 mm、形状指数主要集中在 161～240，为供种装置的种箱底板的结构、转动辊的结构、排种装置内部带轮的宽度、圆皮带的直径、导种装置引导板的结构和压种装置镇压板的结构等参数设计提供依据；测得晾干后薯块的平均含水率为 78.42%，该含水率下的薯块的容积密度平均值为 568.3 kg/m³，为供种装置的种箱提供设计依据。

（2）采用供种装置的种箱底板来测定薯块滚动稳定角、摩擦角，测得薯块在不锈钢板上的滚动稳定角 20°，薯块通过内切面接触不锈钢板的摩擦角是 34.7°，薯块通过表皮面接触不锈钢板的摩擦角是 32.3°，薯块通过内切面接触橡胶圆皮带的摩擦角是 38.4°，薯块通过表皮面接触橡胶圆皮带的摩擦角是 36.3°。静摩擦系数通过摩擦角的正切值得出，计算得到薯块通过内切面接触不锈钢板的静摩擦系数是 0.69，薯块通过表皮面接触不锈钢板的静摩擦系数是 0.63，薯块通过内切面接触橡胶圆皮带的静摩擦系数是 0.79，薯块通过表皮面接触橡胶圆皮带上的静摩擦系数是 0.73。采用注入法测得薯块的自然休止角平均值为 35.12°，为种箱底板的倾斜角及排种装置的排种带轮的倾斜角提供设计依据。

第三节　装置设计及分析

马铃薯播种试验台主要由供种、排种、导种、压种、施肥等装置组成，并设计手动调速程序和自动调速程序。通过分析薯块在试验台上运动，得出薯块在各装置运行的关键条件，并根据相关条件设计部件的结构参数。例如：薯块在排种装置内运动时，得出输送带斜面与水平面的角度$\alpha \leqslant 36.3°$、限高板夹角$A \leqslant 110.6°$、前挡板倾角$\beta \geqslant 33.8°$等关键参数，为排种带轮、前挡板、限高板等关键结构参数提供设计依据。根据上述参数，装置设计结构如图3-9所示。

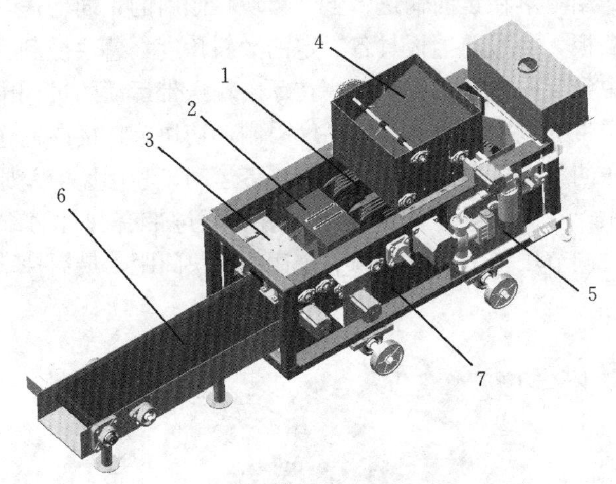

图3-9　输送带式马铃薯播种机试验台
1. 排种装置　2. 导种装置　3. 压种装置　4. 供种装置
5. 施肥装置　6. 传送带　7. 机架

输送带式马铃薯播种机试验台主要由供种装置、排种装置、导种装置、压种装置、施肥装置、传送带和机架组成，可完成双行播种作业。如图3-9所示，供种装置位于机架上方，其固定方式通过螺栓连接，作用是提供给排种带足量薯块；排种装置通过轴承座固定于机架上，其位置在供种装置下方，作用是接受供种装置提供的薯块，并将薯块进行有序排列；导种装置通过轴承座固定于机架上，其位置在排种装置后方，作用是接收排种装置提供的薯块，并减少薯块间距；压种装置通过轴承座固定于机架上，其位置在导种装置后方，作用是接收导种装置提供的薯块，并镇压薯块同时调节薯块间距到合适位置；传送带位于压种装置后方，其作用是接压种装置提供的薯块；施肥装置通过板材焊接于机架前端，其作用是喷肥。

如图 3-10 所示，试验台的工作原理为：薯块放置到种箱里，供种装置的电机开始工作，由于种箱底板带有一定的倾角，薯块会随着转动辊拨动到下方的供种带上；供种带上掉落的薯块在限高板的引导作用下落在正向输送带上，薯块在倾斜的正向输送带运动时接触前挡板，由于前挡板具备一定的倾斜角度，薯块受到合外力导致其集中到反向输送带上；薯块在反向输送带运动的过程中，由于反向输送带的宽度和限高板的高度限制，切块薯在反向输送带上呈单行输送的状态；再通过导种带的皮带运动，利用速度差原理减小薯块间距，然后引导至压种带上；薯块通过带有弹性海绵的压种带，通过调节压种带速度来调节合适的薯块间距，最后掉落在传送

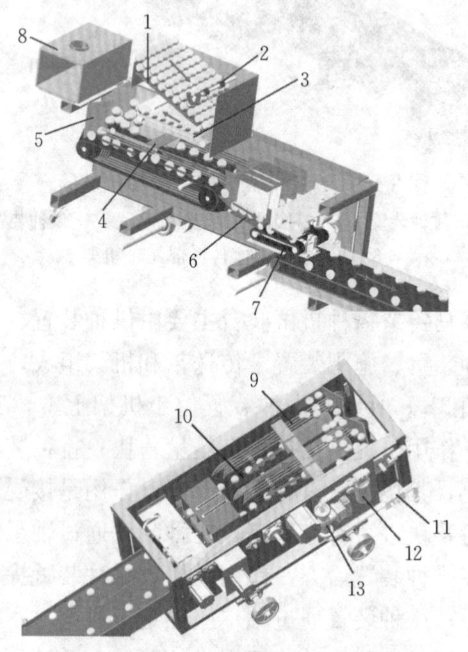

图 3-10　试验台工作原理

1. 种箱底板　2. 转动辊　3. 供种带　4. 限高板　5. 前挡板　6. 导种带　7. 压种带　8. 肥箱　9. 正向输送带　10. 反向输送带　11. 流量计　12. 水泵　13. 流量调节阀

带上，达到薯块间距可稳定控制的目的。试验台前端的施肥装置的原理为：在充满液体肥料的肥箱内，肥液由水泵带动到左侧的流量调节阀上，在人为控制流量调节阀阀门的开闭口角度后，肥液通过流量计，最后从喷嘴喷出。

试验台主要包括供种装置、排种装置、导种装置、压种装置、传送带、机架和施肥装置等部件。其中供种装置的主要零部件包括种箱、转动辊等，排种装置的主要零部件包括排种前轴、排种后轴、限高板和前挡板等，导种装置的零部件包括引导板、导种带等，压种装置零部件包括镇压板、压种带等，施肥装置零部件包括肥箱、水泵、流量调节阀和喷嘴等。

一、供种装置

供种装置是整个播种机试验台重要的组成部分，主要的作用是对排种装置进行供种，确保足够的供应量以满足排种装置的需求，如图 3－11 所示。`

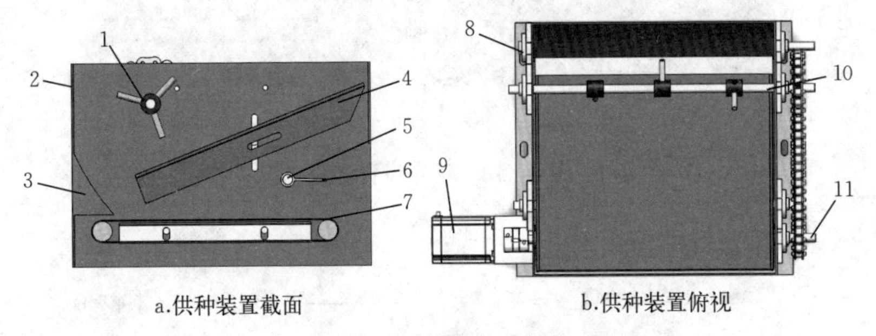

图 3－11　供种装置结构

1. 转动辊　2. 种箱　3. 斜弯板　4. 种箱底板　5. 支撑轴　6. 安全板　7. 供种带　8. 轴承座　9. 步进电机　10. 转动辊驱动轴　11. 供种带驱动轴

供种装置主要包含转动辊、种箱、斜弯板、种箱底板、支撑轴、安全板、供种带、轴承座、步进电机、转动辊驱动轴和供种带驱动轴等部件。供种原理为：通过手动调节种箱底板的倾角，当大于或远大于自然休止角时，薯块下倾，伴随转动辊顺时针运动，转动辊上的拨杆拨动薯块运动，掉落在种箱内部供种带上，完成供种。

种箱是供种装置主要承载的壳体，也是薯块的承载者。因此，在设计结构时首先要考虑种箱要具备一定的强度，其次，种箱底板要能够承受足够的重量。如图 3-12 所示。

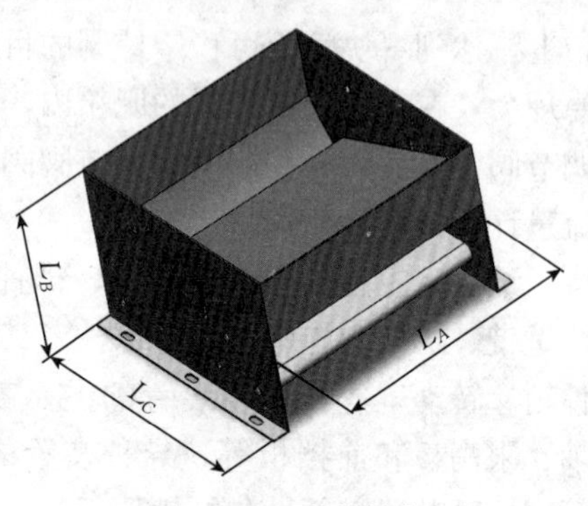

图 3-12　种箱结构

结合整个试验台所需的薯块量来设计种箱容积，如图 3-13 所示。

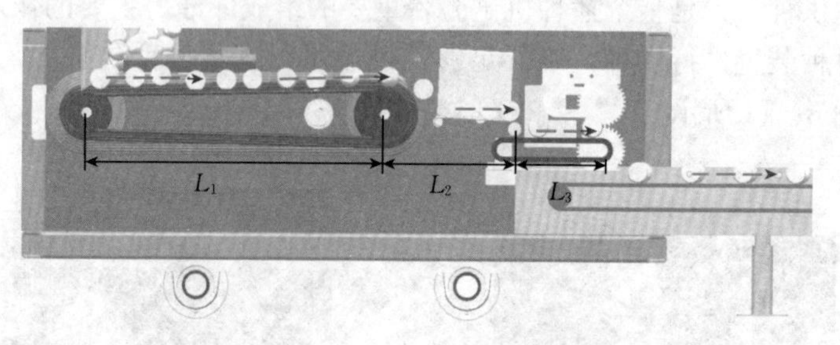

图 3-13　种箱设计依据

其结构设计须符合下列公式：

$$V_{\min}=\frac{BV_{薯}(L_1+L_2+L_3)}{D} \tag{3-2}$$

式中　$V_{\min}$——种箱最低承载容积（L）；

B——行数；

$V_{薯}$——单个薯块平均体积（L），单个薯块的质量约为 45 g，容积密度为 568.3 kg/m^3，取值约为 0.079 L；

L_1——输送带运行长度（mm）；

L_2——导种带运行长度（mm）；

L_3——压种带运行长度（mm）；

D——薯块平均长度（mm）。

依据式（3－2）可得，种箱最低承载容积 V_{min}＝2.5 L，考虑后续试验台的试验需求，最终种箱承载容积取值 5 L，已知机架宽度约为 304 mm，故种箱的整体形状尺寸（图 3－12）为 $L_A \times L_B \times L_C$＝304 mm×300 mm×198 mm。

为了进一步确保结构设计的稳定性，使用 SW 静应力分析方式仿真其应力和位移情况，观测变形程度。设置种箱底板承受薯块的质量总重力的数值为 300 N 时，其效果如彩图 3－1 所示。

如彩图 3－1 所示，种箱受力时，种箱底板的应力分析图处于浅蓝色状态，而位移分析图的中间区域变化较为明显。为进一步判断结构强度，需对其最大值进行分析，如表 3－6 所示。

表 3－6　上下镇压板结果

应力最大值/(N/m²)	位移最大值/mm	不锈钢屈服强度/(N/m²)
1.691×10^7	0.1928	2.068×10^8

如表 3－6 所示，种箱的应力最大值小于不锈钢的屈服强度，且位移值小于 1 mm，符合设计要求。

转动辊是保证供薯量的主要结构之一，其作用是防止薯块拥堵并保持种箱内薯块的整体流动性。其结构如图 3－14 所示，转动辊主要包含转动辊驱动轴、轴套和搅棒。其连接方式为：转动辊驱动轴与轴套通过顶丝实现固定，避免其轴向和周向移动；轴套与搅棒通过螺栓连接，防止其线性运动。

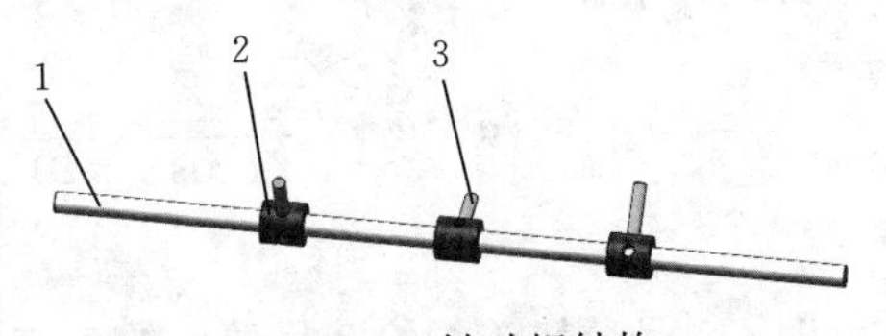

图 3－14　转动辊结构

1. 转动辊驱动轴　2. 轴套　3. 搅棒

考虑到安装位置和保持流动性的问题，对转动辊整体进行受力分析，如图 3-15 所示，当转动辊旋转时，与种箱底板上的薯块发生碰撞，当转动辊施加给 1 号薯块的力传递至 2 号薯块及 3 号薯块时，拨杆正压在 1 号薯块上，此时所受的阻力最大。

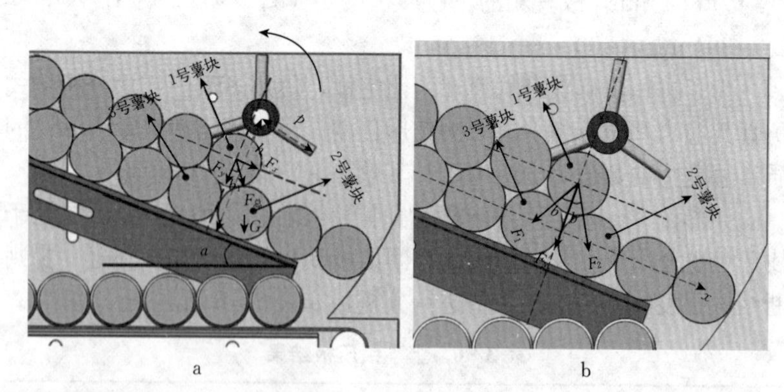

图 3-15 薯块运动分析

在转动辊运动过程中，1 号薯块接触 2 号薯块和 3 号薯块时，力 F_1 与力 F_y 的角度与力 F_2 与力 F_y 的角度大致相同，此时各力大小之间的关系如下：

$$F_y = F_{总} \cos b_1 \tag{3-3}$$

$$F_x = F_{总} \sin b_1 \tag{3-4}$$

$$F_1 = F_2 = \frac{F_y}{\sqrt{2(\cos b + 1)}} \tag{3-5}$$

在 x 轴方向时，1 号薯块施加给 2 号薯块的力需克服 2 号薯块给予的阻力，其公式如下：

$$F_x + \left(\frac{F_y}{\sqrt{2(\cos b + 1)}} + G\right)\sin a - \mu_2\left(\frac{F_y}{\sqrt{2(\cos b + 1)}} + G\right)\cos a \geqslant 0 \tag{3-6}$$

在 x 轴方向时，1 号薯块施加给 3 号薯块的力需克服 3 号薯块及上部薯块共同的阻力，其公式如下：

$$\left(\frac{F_y}{\sqrt{2(\cos b+1)}}\right)\sin a-\mu_2\left(\frac{F_y}{\sqrt{2(\cos b+1)}}+nG\right)\cos a-nG\sin a\geqslant 0 \quad (3-7)$$

转动辊在拨动薯块的区域需满足下列公式：

$$h-p<D \quad (3-8)$$

$$D\leqslant h\leqslant 2D \quad (3-9)$$

$$D\leqslant p \quad (3-10)$$

式中　$F_{总}$——搅棒施加在 1 号薯块上的压力（N）；

b_1——力 $F_{总}$ 与力 F_y 的角度（°），范围为 0°～90°；

F_y——力 $F_{总}$ 在种箱底板垂直线的分力（N）；

F_x——力 $F_{总}$ 在种箱底板水平线的分力（N）；

μ_2——薯块与不锈钢板之间的摩擦系数，约为 0.69；

F_1——F_y 在 3 号薯块上的分力（N）；

F_2——F_y 在 2 号薯块上的分力（N）；

a——种箱底板的倾斜角（°）；

p——搅棒长度（mm）；

G——单个薯块重力（N），约为 0.05 N；

n——3 号薯块上部薯块个数；

b——力 F_1 与力 F 的夹角（°）；

h——转动辊中心与种箱底板的垂直距离（mm）；

D——薯块平均长度（mm），一般为 40 mm。

根据上列公式，已知 $b_1\in(0°, 90°)$，算得出下列参数，分别为 $a\geqslant 34.6°$、$h=85$ mm、$p=45$ mm。转动辊上的搅棒数量以薯块宽度作为设计依据，在大于其两倍以上的宽度时流动性更好，故设置搅棒间的长度为 120 mm 左右，因此，由于种箱宽度为 304 mm，所以搅棒数量为 3 个。在搅棒的安装位置，为确保搅棒所受阻力最小，所有搅棒在周向截面之间的角度为 120°。

二、排种装置

排种装置是整个试验台的核心部分，它的主要作用是：①接收供种装置供应的薯块；②对薯块进行排序排种。

如图 3-16 所示，排种装置包含排种后轴、正向侧边输送带、排种前轴、前挡板、反向输送带、限高板、排种装置步进电机、正向中间输送带等部件。

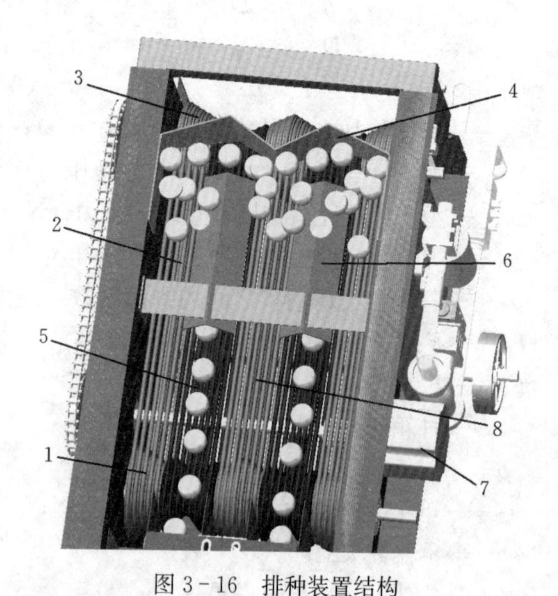

图 3-16 排种装置结构

1. 排种后轴 2. 正向侧边输送带 3. 排种前轴 4. 前挡板
5. 反向输送带 6. 限高板 7. 排种装置步进电机 8. 正向中间输送带

排种装置原理：当薯块掉落在正向输送带上时薯块在带有倾角的正向输送带运动时接触前挡板，由于前挡板具备一定的倾斜角度，薯块受到合外力导致其集中到反向输送带上。在运动的过程中，由于反向输送带的宽度和限高板的高度限制，薯块在反向输送带上呈单行输送的状态。

根据排种装置原理，分析薯块从供种装置里的供种带上掉落到输送带上之后薯块的运行轨迹，其轨迹如图 3-17 所示，薯块从供种带落在正向输送带的运行轨迹，称为供薯区；前挡板施加给薯块的作用力导致其移动到反向输送带上薯块的运行轨迹，称为引薯区；薯块在反向输送带上的运动轨迹，称为排薯区；供薯区、引薯区和排薯区是薯块在整个排种过程的运动轨迹。

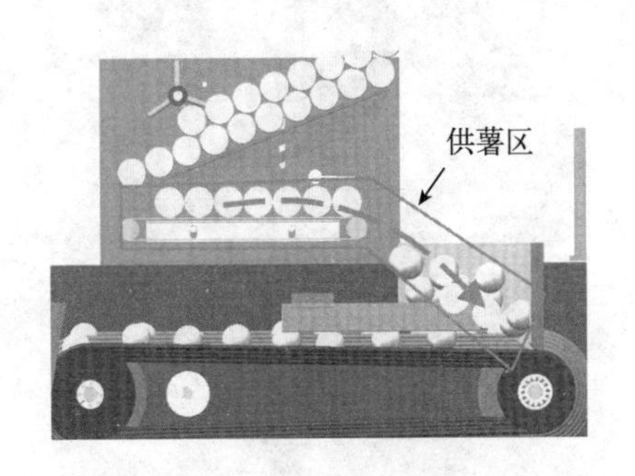

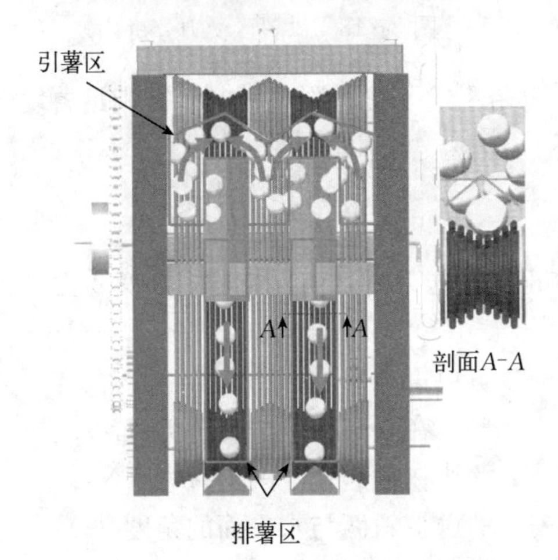

图 3-17　薯块在排种装置的运动轨迹

在实现薯块整体运动轨迹时，需要对整体排种过程进行分析，得出关键部件的参数关系，为进行具体结构分析提供设计依据。其分析主要分为三个部分：第一部分，分析薯块从供种带上落下时，由限高板引导掉落在正向输送带上的过程；第二部分，分析薯块在正向输送带和前挡板联合作用下运动到反向输送带上的过程；第三部分，分析薯块在反向输送带上的过程。

第一部分中，其受力分析如图 3-18 所示。

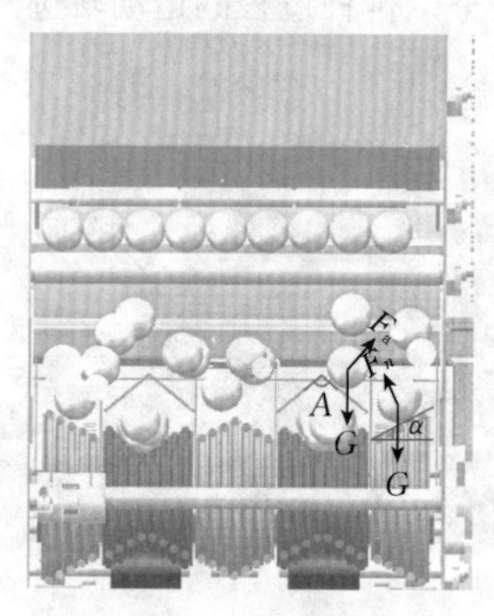

图 3-18 供薯区受力分析

薯块从供种带上落下接触限高板时，需满足薯块运动条件，其受力分析如下：

$$G\cos\frac{A}{2}-\mu_2 F_a \geqslant 0 \qquad (3-11)$$

薯块落在正向输送带时，需保持稳定，其受力分析如下：

$$G\sin\alpha-\mu_1 F_n \leqslant 0 \qquad (3-12)$$

式中 G——薯块重力（N）；

F_a——薯块在限高板上的支持力（N）；

F_n——薯块在输送带上的支持力（N）；

α——输送带斜面与水平面的角度（°）；

A——限高板夹角（°）；

μ_1——薯块与输送带之间的静摩擦系数；

μ_2——薯块与不锈钢板之间的静摩擦系数。

第二部分中，薯块在前挡板与正向输送带的联合作用下，其受力分析如图 3-19 所示。

各分力的表达式如下：

$$F_h=\mu_1 F_n-G\sin\alpha=\mu_1 G\cos\alpha-G\sin\alpha \qquad (3-13)$$

$$F_s=\mu_1 G\cos\alpha \qquad (3-14)$$

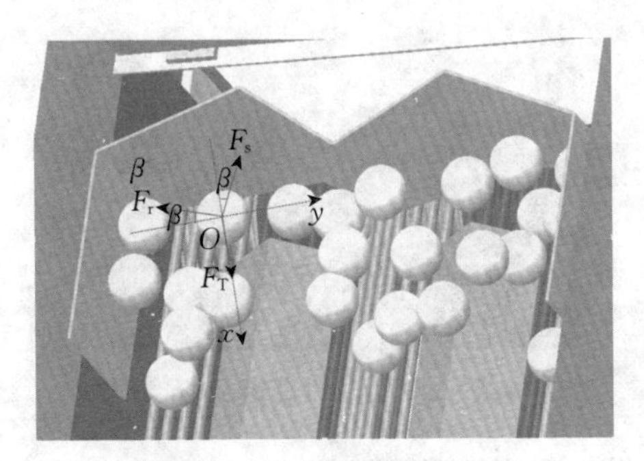

图 3-19　引薯区受力分析

$$F_T = F_s \cos\beta + F_h \sin\beta = \mu_1 G\cos\alpha \cos\beta + \sin\beta(\mu_1 G\cos\alpha - G\sin\alpha) \tag{3-15}$$

薯块从正向输送带上移动至反向输送带时，需满足下列公式：

$$F_s \sin\beta - \mu_2 F_T - F_h \cos\beta = \mu_1 G\cos\alpha\sin\beta - \mu_2\mu_1 G\cos\alpha\cos\beta + \sin\beta - \cos\beta(\mu_1 G\cos\alpha - G\sin\alpha) \geqslant 0 \tag{3-16}$$

式中　G——薯块重力（N）；

F_n——薯块在输送带上的支持力（N）；

α——输送带斜面与水平面的角度（°）；

μ_1——薯块与输送带之间的静摩擦系数；

F_h——薯块在正向输送带上的合外力（N）；

F_s——薯块在输送带上的支持力（N），$F_s = F_n$；

F_T——薯块在前挡板上的支持力（N）；

μ_2——薯块与不锈钢板的静摩擦系数；

β——前挡板倾角（°）。

第三部分中，薯块通过限高板的作用，在反向输送带上形成单列，如图 3-20 所示。

为确保薯块保持单列输送的状态，应满足单个薯块的平均长度

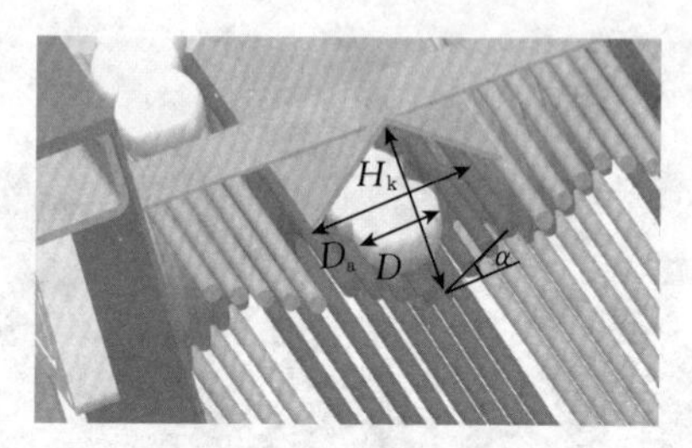

图 3-20 排薯区分析

小于反向输送带的宽度及限高板与反向输送带间距的要求，其公式如下：

$$D<\frac{H_k(D_a-D)}{D_a}<2D \tag{3-17}$$

$$D<D_a<2D \tag{3-18}$$

式中 D_a——反向输送带宽度（mm）；

D——薯块平均长度（mm）；

H_k——限高板与反向输送带间距（mm）。

排种前轴是排种装置的核心部件，其作用是连接圆皮带，确保薯块正常排种。在设计排种前轴结构当中需要明确以下两个重要条件：①为保证排种工作可以正常运行，需要考虑所承受的载荷导致零部件的应力变化和位移，从而选择零部件材质；②在设计零部件的形状参数时，需要考虑到试验台的排种原理和物料特性，从而对零部件的形位参数进行设计。

排种装置内排种前轴和排种后轴的内部结构如图 3-21 所示，排种前轴主要包括正向侧边主动轮、轴套、张紧连接套、轴承、反向从动轮、正向中间主动轮和前承载轴。

设计排种前轴（图 3-22）时，除式（3-3）、式（3-9）以外，还需满足以下公式：

$$D_b\geqslant D \tag{3-19}$$

$$D_c\geqslant D \tag{3-20}$$

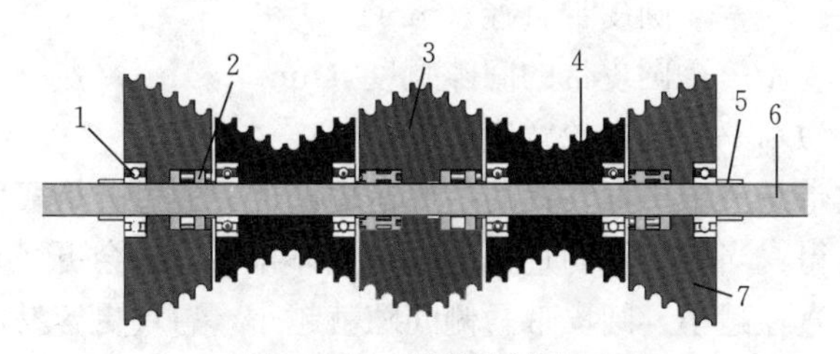

图 3-21　排种前轴截面

1. 轴承　2. 张紧连接套　3. 正向中间主动轮　4. 反向从动轮
5. 轴套　6. 前承载轴　7. 正向侧边主动轮

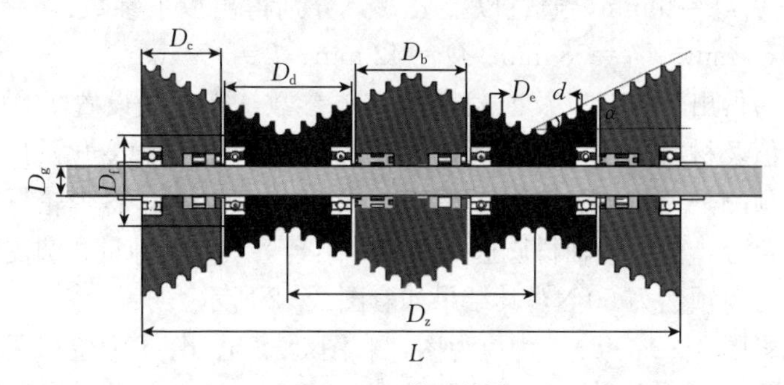

图 3-22　排种前轴

$$D_d + D_b \approx D_z \tag{3-21}$$

$$2D_d + 2D_c + D_b \approx L \tag{3-22}$$

$$nD_e + (n+1)d = D_{轮} \tag{3-23}$$

式中　D_d——反向从动轮宽度（mm）；

D——薯块平均长度（mm）；

D_b——正向中间主动轮宽度（mm）；

D_c——正向侧边主动轮宽度（mm）；

D_z——标准行距宽度（mm），考虑到经济性，设定为 130 mm；

L——排种前轴总宽度（mm）；

n——圆皮带数量；

D_e——圆皮带直径（mm）；

d——圆皮带的间隙宽度（mm）；

$D_{轮}$——各带轮宽度（mm）。

圆皮带是整个排种装置的主要运输部件，通过分析薯块的形状尺寸，可得：当圆皮带的直径越小，整体排种效果会更好。这是由于圆皮带直径越小，圆皮带两侧间隙就越小，薯块更容易流通。结合市场常用标准尺寸，选择直径为 6 mm 的圆皮带，材质使用橡胶。

根据式（3-12），为确保薯块在输送带上不会滑动，经测量，$\mu_1=0.73$，因此，$\alpha\leqslant36.3°$。已知 $D=40$ mm、$D_z=130$ mm、$d=2$ mm、$D_e=6$ mm，通过以上公式，分别得出以下参数：$\alpha=26°$、$D_d=66$ mm、$D_b=58$ mm、$D_c=42$ mm、$L=282$ mm。

为得出各带轮以及前载轴的具体参数，需预先设置 D_g 及 D_f 参数值及材料属性，通过 SW 软件分析各带轮的应力变化及位移变化，预测是否符合要求。$D_g=15$ mm，$D_f=46$ mm，各带轮材质选用铝合金，前承载轴材质选用碳钢，结合薯块的排种量和圆皮带的绷紧力，预估为 50 N，其结果如彩图 3-2 所示。

彩图 3-2a、c、e 为应力图，彩图 3-2b、d、f 为位移图。各带轮受力时，应力图与位移图普遍处于浅蓝色，表明结构强度较高。根据机械设计手册可知，当零件所受的应力最大值小于材料本身的屈服强度时，该零件就符合设计要求，最大值参数如表 3-7 所示。

表 3-7　各带轮静应力分析参数

带轮	应力参数最大值/(N/m²)	位移参数最大值/mm	铝合金屈服强度/(N/m²)
正向中间主动轮	3.511×10^{3}	3.602×10^{-7}	
反向从动轮	1.247×10^{4}	1.397×10^{-6}	9.49×10^{7}
正向侧边主动轮	1.140×10^{4}	1.544×10^{-6}	

如表 3-7 所示，各带轮应力参数最大值均远小于标准值，且位移参数不高。其结构符合设计要求。

前承载轴是排种前轴的核心部件（图 3－23），需对其进行校核，其计算过程如下。

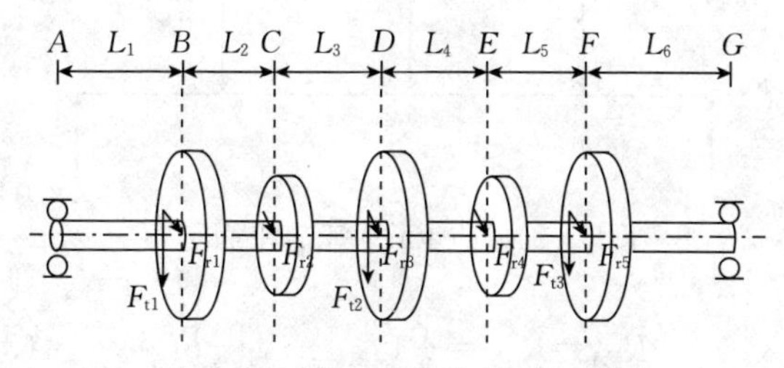

图 3－23　前承载轴空间受力简图

通过 SW 画图软件分析前承载轴上各带轮的质量、位置及评估的运行参数如表 3－8 所示。

表 3－8　前承载轴上各带轮的质量、位置（$L_1 \sim L_6$）及评估的运行参数

参数	参数值
正向侧边主动轮质量/kg	0.823
反向从动轮质量/kg	0.486
中间主动轮质量/kg	1
正向侧边主动轮平均直径/mm	100
反向从动轮平均直径/mm	68
中间主动轮平均直径/mm	108
带轮运行速度/(m/s)	0.5
L_1/ mm	21
L_2/mm	56
L_3/mm	64
L_4/mm	64
L_5/ mm	56
L_6/mm	21
T/(N·mm)	5 000

作垂直平面（V面）受力图，依据图3-24，其支反力如下。

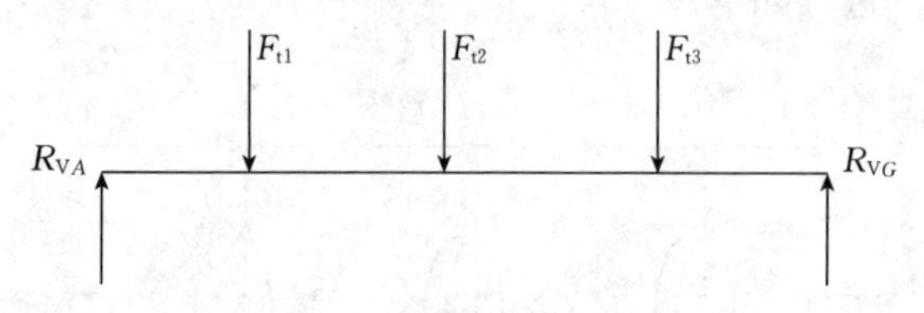

图3-24　前承载轴垂直平面受力

$$R_{VA}=R_{VG}=\frac{1}{2}(F_{t1}+F_{t2}+F_{t3}) \qquad (3-24)$$

式中　R_{VA}——垂直平面 A 点支反力（N）；

R_{VG}——垂直平面 G 点支反力（N）；

F_{t1}——正向侧边主动轮圆周力（N）；

F_{t2}——中间主动轮圆周力（N）；

F_{t3}——正向侧边主动轮圆周力（N），取4.115 N；

经计算，支反力 $R_{VA}=R_{VG}=6.4295$ N。

作垂直平面（V面）M_V 图，如图3-25所示。

$$M_{VB}=R_{VA}L_1 \qquad (3-25)$$

$$M_{VD}=R_{VA}(L_1+L_2+L_3)-F_{t1}(L_2+L_3) \qquad (3-26)$$

$$M_{VF}=R_{VG}L_6 \qquad (3-27)$$

式中　R_{VA}——垂直平面 A 点支反力（N）；

R_{VG}——垂直平面 G 点支反力（N）；

F_{t1}——正向侧边主动轮圆周力（N）；

M_{VB}——垂直平面 B 点弯矩（N·mm）；

M_{VD}——垂直平面 D 点弯矩（N·mm）；

M_{VF}——垂直平面 F 点弯矩（N·mm）；

L_1——正向侧边主动轮与前承载轴轴承位的间距（mm）；

L_2——正向侧边主动轮与反向从动轮的间距（mm）；

L_3——正向中间主动轮与反向从动轮的间距（mm）；

L_6——正向侧边主动轮与前承载轴轴承位的间距（mm）。

经计算，$M_{VB}=135.0195$ N·mm，$M_{VD}=412.7595$ N·mm，

$M_{VF}=135.0195\ \text{N}\cdot\text{mm}$。

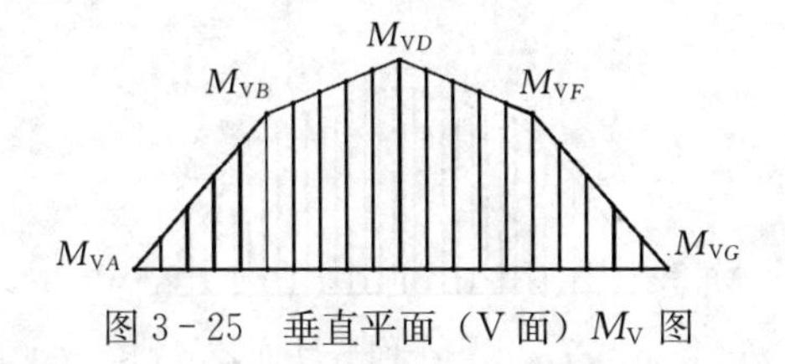

图 3-25　垂直平面（V 面）M_V 图

作水平平面（H 面）受力图，依据图 3-26，其支反力如下。

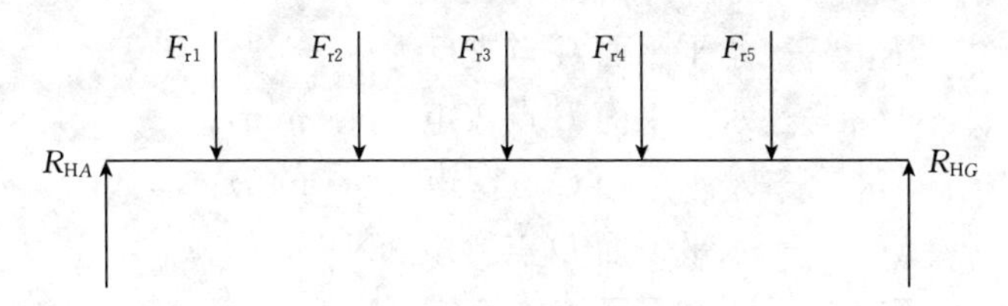

图 3-26　前承载轴水平平面受力

$$R_{HA}=R_{HG}=\frac{1}{2}(F_{r1}+F_{r2}+F_{r3}+F_{r4}+F_{r5})\quad(3-28)$$

式中　R_{HA}——水平平面 A 点支反力（N）；

R_{HG}——水平平面 G 点支反力（N）；

F_{r1}——正向侧边主动轮重力（N）；

F_{r2}——反向从动轮重力（N）；

F_{r3}——中间主动轮重力（N）；

F_{r4}——反向从动轮重力（N）；

F_{r5}——正向侧边主动轮重力（N）。

经计算，支反力 $R_{HA}=R_{HG}=18.09$ N。

作水平平面（H 面）M_H 图，如图 3-27 所示。

$$M_{HB}=R_{HA}L_1\quad(3-29)$$

$$M_{HC}=R_{HA}(L_1+L_2)-F_{r1}L_2\quad(3-30)$$

$$M_{HD}=R_{HA}(L_1+L_2+L_3)-F_{r1}(L_2+L_3)-F_{r2}L_3\quad(3-31)$$

$$M_{HE}=R_{HG}(L_5+L_6)-F_{r5}L_5\quad(3-32)$$

$$M_{HF}=R_{HG}L_6 \tag{3-33}$$

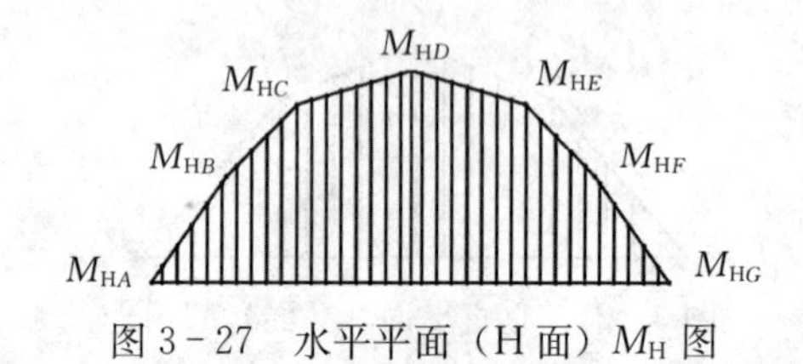

图 3-27　水平平面（H 面）M_H 图

式中　R_{HA}——水平平面 A 点支反力；

R_{HG}——水平平面 G 点支反力；

M_{HB}——水平平面 B 点弯矩（N·mm）；

M_{HC}——水平平面 C 点弯矩（N·mm）；

M_{HD}——水平平面 D 点弯矩（N·mm）；

M_{HE}——水平平面 E 点弯矩（N·mm）；

M_{HF}——水平平面 F 点弯矩（N·mm）；

F_{r1}——正向侧边主动轮重力（N）；

F_{r2}——反向从动轮重力（N）；

F_{r5}——正向侧边主动轮重力（N）；

L_1——正向侧边主动轮与前承载轴轴承位的间距（mm）；

L_2——正向侧边主动轮与反向从动轮的间距（mm）；

L_3——正向中间主动轮与反向从动轮的间距（mm）；

L_5——正向侧边主动轮与反向从动轮的间距（mm）。

L_6——正向侧边主动轮与前承载轴轴承位的间距（mm）。

经计算，$M_{HB}=379.89$ N·mm，$M_{HC}=932.05$ N·mm，$M_{HD}=1\,252.05$ N·mm，$M_{HE}=932.05$ N·mm，$M_{HF}=379.89$ N·mm。

作合成弯矩 M 图，如图 3-28 所示。

$$M=\sqrt{M_H^2+M_V^2} \tag{3-34}$$

式中　M——合成弯矩（N·mm）；

M_H——水平平面弯矩（N·mm）；

M_V——垂直平面弯矩（N·mm）。

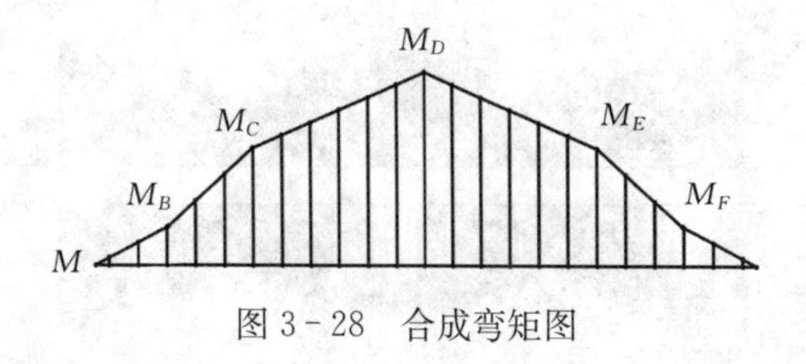

图 3-28　合成弯矩图

经计算，$M_B=403.17\ \text{N}\cdot\text{mm}$，$M_C=932.05\ \text{N}\cdot\text{mm}$，$M_D=1\,318.33\ \text{N}\cdot\text{mm}$，$M_E=932.05\ \text{N}\cdot\text{mm}$，$M_F=403.17\ \text{N}\cdot\text{mm}$。

作扭矩 T 图，如图 3-29 所示。

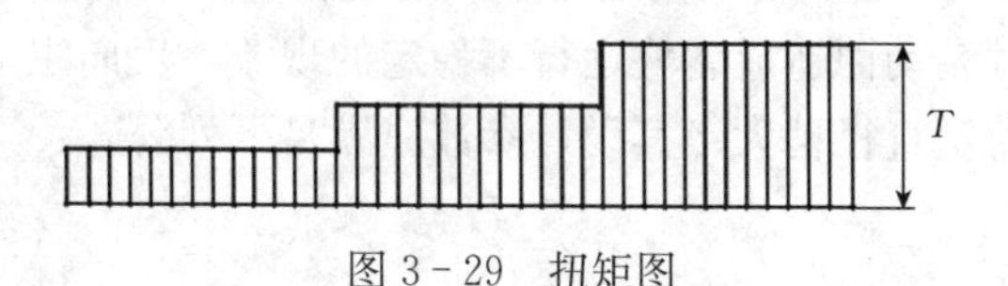

图 3-29　扭矩图

计算该轴的弯扭合成强度的条件为下列公式：

$$\sigma_{ca}=\frac{\sqrt{M^2+(\alpha T)^2}}{W}\leqslant[\sigma_{-1}] \tag{3-35}$$

式中　α——经验系数；

σ_{ca}——轴的计算应力（MPa）；

M——轴所受弯矩（N·mm）；

T——轴所受扭矩（N·mm）；

W——轴的抗弯截面系数（mm^3）；

$[\sigma_{-1}]$——对称循环变应力时轴的许用弯曲应力（MPa）。

经上述分析可知，中间主动轮所在的轴段属于危险截面，经计算，当承载轴直径为 15 mm 时，$\sigma_{ca}=15.32$ MPa，符合选型要求。

排种后轴也是排种装置的核心部件，其作用与排种前轴一致。设计排种后轴的结构要求与排种前轴保持一致。

如图 3-30 所示，排种后轴主要包括正向侧边从动轮、反向主动轮、正向中间从动轮和后承载轴等部件。

根据排种前轴设计，依次可获得正向侧边从动轮、中间从动轮

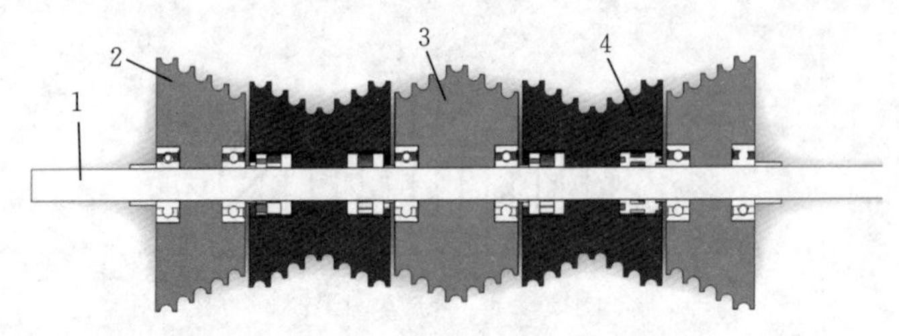

图 3-30　排种后轴截面

1. 后承载轴　2. 正向侧边从动轮　3. 正向中间从动轮　4. 反向主动轮

的设计参数，故不做详细阐述，应针对反向主动轮进行设计。如图 3-31所示，薯块在反向输送带运动过程当中，为避免播种机在田间运动时晃动而造成薯块运行不稳定的现象，反向主动轮直径应比反向从动轮直径稍大。其设计参数应满足下列公式：

$$\tan e=\frac{H_a}{z}\leqslant\mu_1 \tag{3-36}$$

式中　μ_1——薯块与输送带之间的摩擦系数；

H_a——增高尺寸（mm）；

z——前承载轴与后承载轴的圆心距（mm）；

e——输送带的角度（°）。

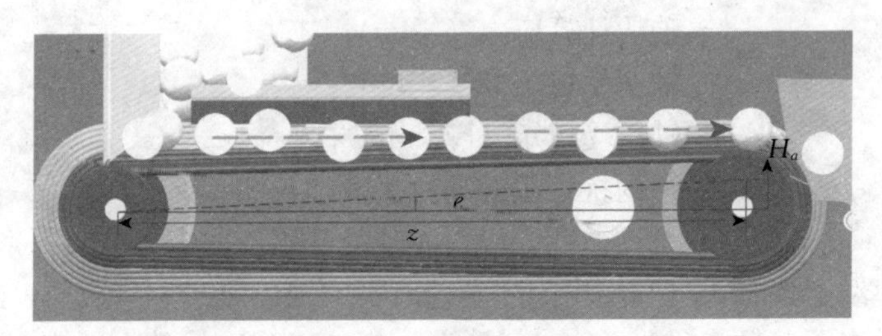

图 3-31　反向输送带截面

根据式（3-36），并考虑到零件结构位置，最终设计反向输送带的角度 $e=3°$，$H_a=23$ mm，$z=450$ mm。

由于后承载轴与前承载轴的工况条件不一致，需对后承载轴进行强度校核。校核过程如图 3-32 所示。

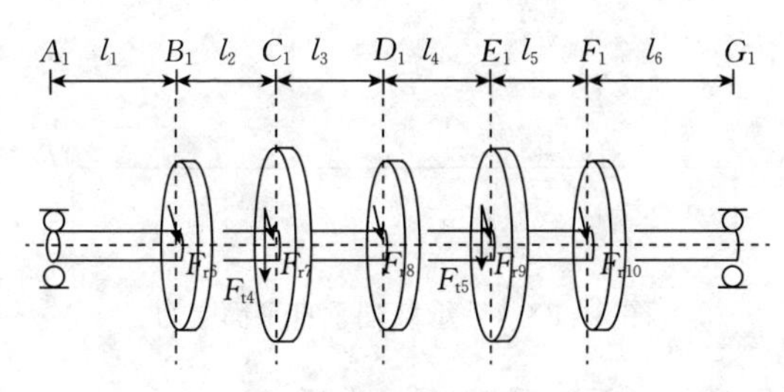

图 3-32　后承载轴空间受力

通过 SW 画图软件分析各带轮的质量、位置及评估的运行参数如表 3-9 所示。

表 3-9　后承载轴带轮的质量、位置（$l_1 \sim l_6$）及评估的运行参数

参数	参数值
正向侧边从动轮质量/kg	0.823
反向主动轮质量/kg	0.846
中间从动轮质量/kg	1
正向侧边从动轮平均直径/mm	100
反向主动轮平均直径/mm	82
中间从动轮平均直径/mm	108
带轮运行速度/(m/s)	0.5
l_1/ mm	21
l_2/mm	56
l_3/mm	64
l_4/mm	64
l_5/ mm	56
l_6/mm	21
T/(N·mm)	5 000

作垂直平面（V 面）受力图，依据图 3-32，其支反力如图 3-33 所示。

$$R_{VA_1} = R_{VG_1} = \frac{1}{2}(F_{t4} + F_{t5}) \tag{3-37}$$

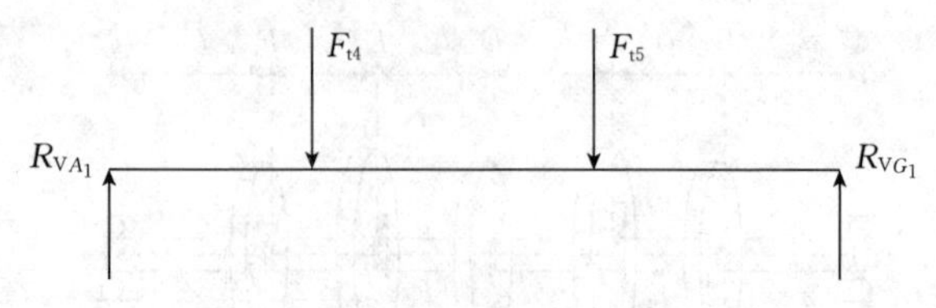

图 3-33　后承载轴垂直平面受力

式中　R_{VA_1}——垂直平面 A 点支反力（N）；

R_{VG_1}——垂直平面 G 点支反力（N）；

F_{t4}——反向左侧主动轮圆周力（N）；

F_{t5}——反向右侧主动轮圆周力（N）。

经计算，支反力 $R_{VA_1}=R_{VG_1}=5.27$ N。

作垂直平面（V 面）M_V 图，如图 3-34 所示。

$$M_{VC_1}=M_{VE_1}=R_{VA_1}(l_1+l_2) \tag{3-38}$$

式中　R_{VA_1}——垂直平面 A 点支反力（N）；

M_{VC_1}——垂直平面 C_1 点弯矩（N · mm）；

M_{VE_1}——垂直平面 E_1 点弯矩（N · mm）；

l_1——正向侧边主动轮与前承载轴轴承位的间距（mm）；

l_2——正向侧边主动轮与反向从动轮的间距（mm）。

经计算，$M_{VC_1}=405.79$ N · mm，$M_{VE_1}=405.79$ N · mm。

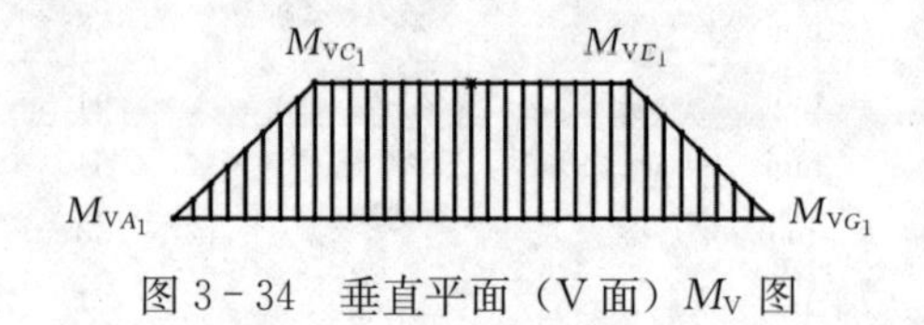

图 3-34　垂直平面（V 面）M_V 图

作水平平面（H 面）受力图，依据图 3-32，其支反力如图 3-35 所示。

$$R_{HA_1}=R_{HG_1}=\frac{1}{2}(F_{r6}+F_{r7}+F_{r8}+F_{r9}+F_{r10}) \tag{3-39}$$

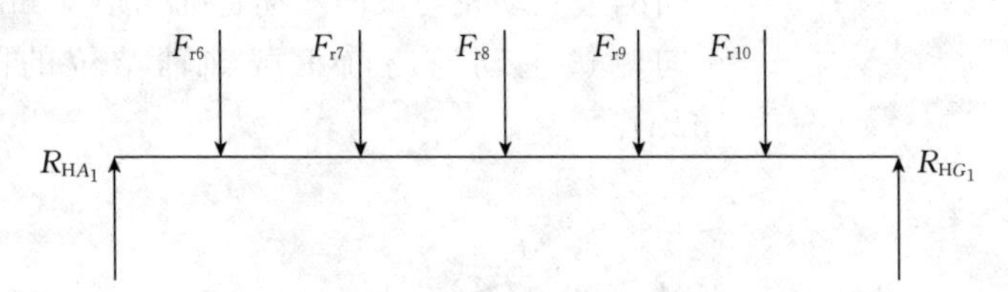

图 3-35　后承载轴水平平面受力

式中　R_{HA_1}——水平平面 A_1 点支反力（N）；

R_{HG_1}——水平平面 G_1 点支反力（N）；

F_{r6}——正向侧边从动轮重力（N）；

F_{r7}——反向左侧主动轮重力（N）；

F_{r8}——中间从动轮重力（N）；

F_{r9}——反向右侧从动轮重力（N）；

F_{r10}——正向侧边从动轮重力（N）。

经计算，支反力 $R_{HA_1}=R_{HG_1}=21.69$ N。

作水平平面（H 面）M_H 图，如图 3-36 所示。

$$M_{HB_1}=R_{HA_1}l_1 \tag{3-40}$$

$$M_{HC_1}=R_{HA_1}(l_1+l_2)-F_{r6}l_2 \tag{3-41}$$

$$M_{HD_1}=R_{HA_1}(l_1+l_2+l_3)-F_{r6}(l_2+l_3)-F_{r7}l_3 \tag{3-42}$$

$$M_{HE_1}=R_{HG_1}(l_5+l_6)-F_{r10}l_5 \tag{3-43}$$

$$M_{HF_1}=R_{HG_1}l_6 \tag{3-44}$$

式中　R_{HA_1}——水平平面 A_1 点支反力（N）；

R_{HG_1}——水平平面 G_1 点支反力（N）；

M_{HB_1}——水平平面 B_1 点弯矩（N·mm）；

M_{HC_1}——水平平面 C_1 点弯矩（N·mm）；

M_{HD_1}——水平平面 D_1 点弯矩（N·mm）；

M_{HE_1}——水平平面 E_1 点弯矩（N·mm）；

M_{HF_1}——水平平面 F_1 点弯矩（N·mm）；

l_3——正向中间主动轮与反向从动轮的间距（mm）；

l_5——正向侧边主动轮与反向从动轮的间距（mm）；

l_6——正向侧边主动轮与前承载轴轴承位的间距（mm）。

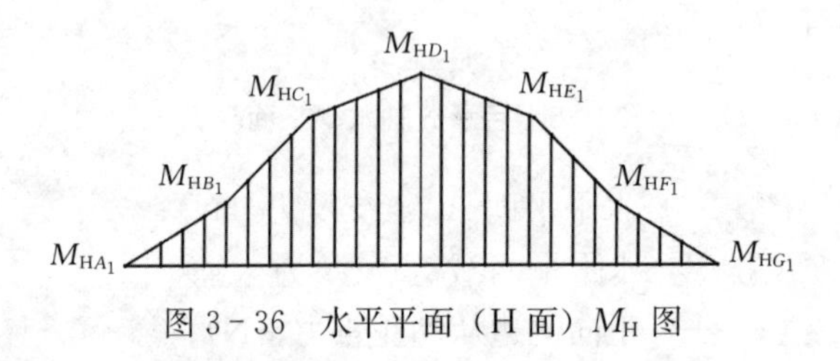

图 3-36　水平平面（H 面）M_H 图

经计算，$M_{HB_1}=455.49$ N·mm，$M_{HC_1}=1\ 209.25$ N·mm，$M_{HD_1}=1\ 529.25$ N·mm，$M_{HE_1}=1\ 209.25$ N·mm，$M_{HF_1}=455.49$ N·mm。

作合成弯矩 M 图，如图 3-37 所示。经式（3-34）计算，$M_B=455.49$ N·mm，$M_C=990.21$ N·mm，$M_D=1\ 529.25$ N·mm，$M_E=990.21$ N·mm，$M_F=455.49$ N·mm。

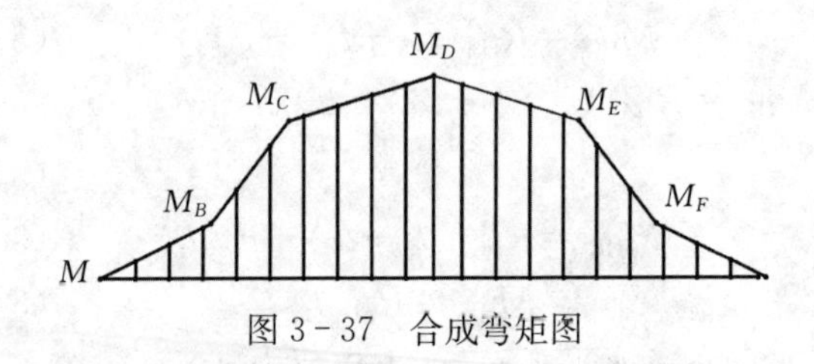

图 3-37　合成弯矩图

作扭矩 T 图，如图 3-38 所示。

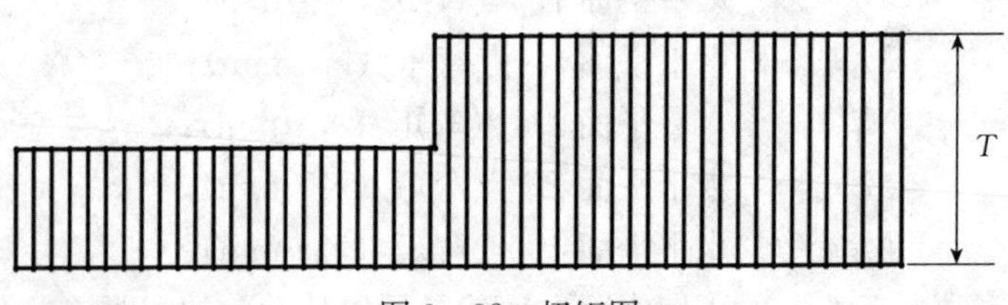

图 3-38　扭矩图

经上述分析可得，中间主动轮所在的轴段属于危险截面，经式（3-35）计算，当后承载轴直径为 15 mm 时，$\sigma_{ca}=15.49$ MPa，符合选型要求。

前挡板的作用是引导由正向输送带输送的薯块移动到反向输送带上，其结构如图 3-39 所示。

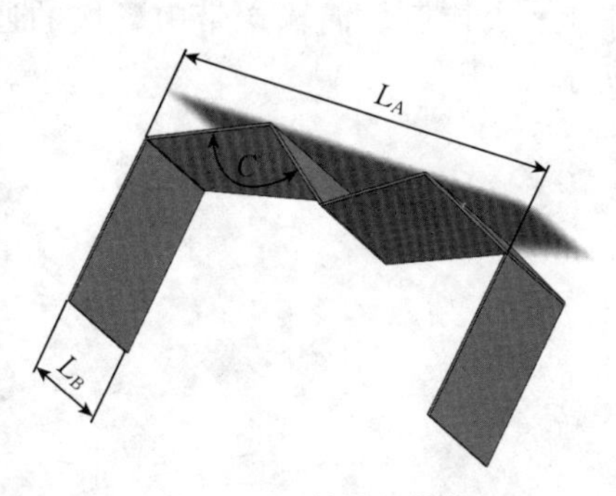

图 3-39　前挡板结构

设计前挡板时，除式（3-16）外，还需满足以下公式：

$$L_B \geqslant 2D \tag{3-45}$$

$$L_A \approx L \tag{3-46}$$

$$\beta \approx \frac{1}{2}(180^\circ - C) \tag{3-47}$$

式中　D——薯块平均长度（mm）；

L——排种前轴总宽度（mm）；

L_B——前挡板高度（mm）；

L_A——前挡板总宽度（mm）；

β——前挡板倾角（°）；

C——前挡板凸角（°）。

在输送带的作用下，薯块接触前挡板时，薯块保持滑动或滚动状态。因此薯块所受的支持力要克服薯块与输送带之间的摩擦力和垂直于前挡板的分力。当满足薯块沿前挡板滚动时，需满足式（3-16），已知，$\mu_2=0.69$，计算得出 β 前挡板倾角最低值约为 33.8°。

根据式（3-45）至式（3-47），确定前挡板整体宽度 $L_A=304$ mm，$L_B=75$ mm，$\angle C$ 取值为 120°。材质选用不锈钢，厚度为 1 mm。

限高板的作用主要有：①避免薯块从供种带上掉落在反向输送

带上；②限制反向输送带中薯块的通过高度。其结构如图 3-40 所示。

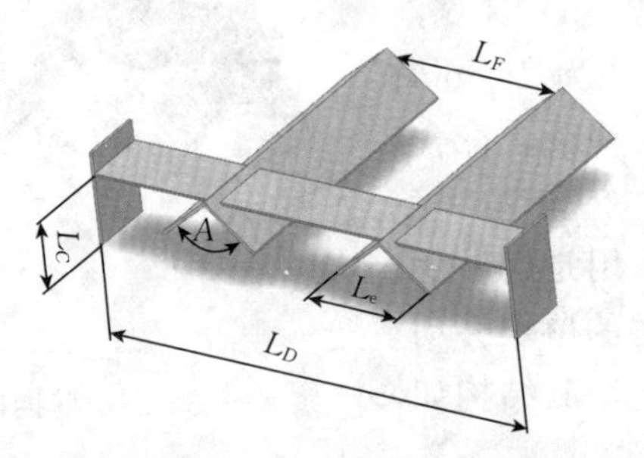

图 3-40　限高板结构

设计限高板时，除式（3-11）外，还需满足以下公式：

$$L_D \approx L \tag{3-48}$$

$$L_C \geqslant D \tag{3-49}$$

$$L_e \approx D_a \tag{3-50}$$

$$L_F \approx D_Z \tag{3-51}$$

式中　D——薯块平均长度（mm）；

L——排种前轴总宽度（mm）；

L_D——限高板宽度（mm）；

L_C——限高板高度（mm）；

L_e——限高板 V 角底端长度（mm）；

L_F——V 形板间距（mm）；

D_a——反向输送带宽度（mm）；

D_Z——标准行距宽度。

当薯块在第一阶段和第三阶段的运行过程当中，需依靠前挡板的分流和限制高度的作用来确保排种性能。因此，在前述公式中，根据薯块的尺寸大小及反向输送带的宽度设计限高板的基本尺寸。

整体限高板呈倒 V 形，材质选用不锈钢板，根据式（3-11）得出 $A \leqslant 110.6°$，通过前文设计公式，最终确定参数值分别为 $L_e = 70$ mm、$\angle A = 104°$、$L_D = 304$ mm、$L_C = 60$ mm、参数 $L_F =$

130 mm。

在排种装置中，步进电机是整个排种系统的动力源，根据步进电机安装位置以及动力输出路径，得知步进电机需带动排种前轴和排种后轴。计算电机转矩的公式如下：

$$F=F_A+m_{总}g(\sin f+\mu_1\cos f) \tag{3-52}$$

$$T_L=\frac{F\cdot D_{带}}{2\eta} \tag{3-53}$$

$$T_{LM}=\frac{T_L}{i\eta_G} \tag{3-54}$$

$$J=\frac{J_{M1}+2J_{M2}}{i^2}=\frac{(m_L+m_2)D_{带}^2}{4i^2} \tag{3-55}$$

$$T_S=\frac{2\pi nJi}{\eta_G} \tag{3-56}$$

$$T_M=(T_S+T_{LM})S \tag{3-57}$$

式中　F——减速机轴向负载（N）；

F_A——外力（N）；

$m_{总}$——薯块总质量（kg）；

f——皮带运动的倾角（°）；

μ_1——薯块与输送带之间的静摩擦系数；

T_L——减速机轴向负载转矩（N·m）；

$D_{带}$——带轮最平均直径（m）；

η——圆皮带和带轮的机械效率；

T_{LM}——电机轴负载转矩（N·m）；

i——减速比；

J_{M1}——圆皮带和薯块的惯量（kg·m²）；

J_{M2}——带轮惯量（kg·m²）；

J——全负载惯量（kg·m²）；

T_S——电机轴加速转矩（N·m）；

m_L——圆皮带和薯块的总质量（kg）；

m_2——带轮总质量（kg）；

n——电机转速（r/min）；

η_G——电机机械效率；

T_M——电机转矩（N·m）；

S——安全系数。

根据以上公式，设置的参数值以排种装置工作极限为标准，代入的参数分别为 $m_{总}=5$ kg、$m_L=6$ kg、$m_2=10$ kg、$F_A=0$、$n=80$ r/min、$i=1$、$\eta=0.9$、$\eta_G=0.9$、$D_{带}=0.116$ m、$S=1.5$，得出电机转矩 $T_M=10.7666$ N·m，因此选用 86 型步进电机，型号为 86HB159－401A，转矩为 12 N·m。根据此公式计算得出供种装置、导种装置、压种装置和传送带有关电机的选型参数：供种装置电机选取型号为 57HB113－401A，转矩参数值为 3.6 N·m；导种装置和压种装置电机选取型号为 5718HB3404，转矩参数值为 2.3 N·m；传送带电机选取型号为 HB159－401A，转矩为 12 N·m。

三、导种装置

导种装置是整个试验台的重要组成部分，它的主要作用是：①接收排种装置供应的薯块；②对薯块间距进行调节。

如图 3－41 所示，排种装置包括过渡板、引导板、导种带及步进电机等部件。

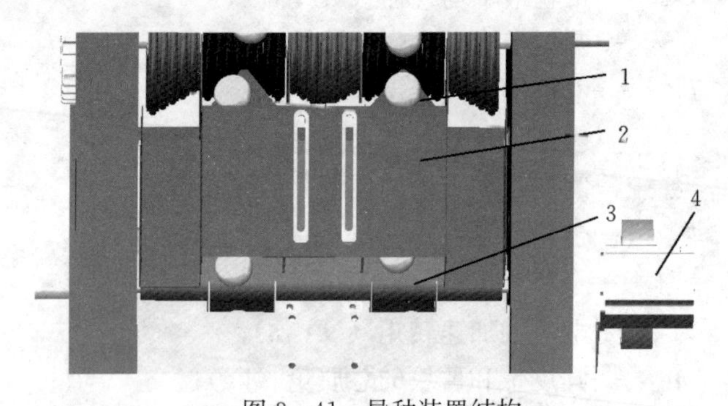

图 3－41　导种装置结构

1. 过渡板　2. 引导板　3. 导种带　4. 步进电机

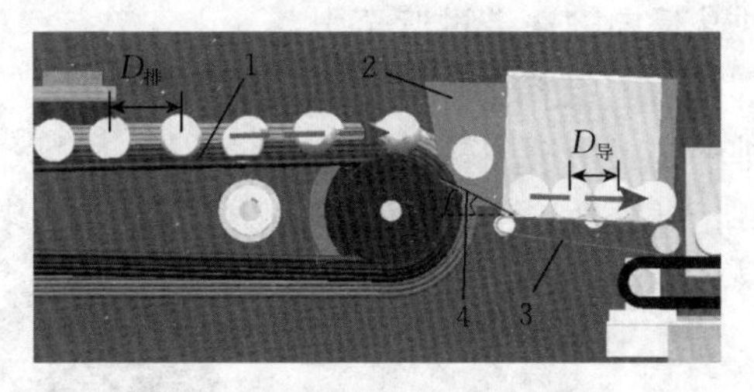

图 3 - 42　导种装置调控结构

1. 反向输送带　2. 引导板　3. 导种带　4. 过渡板

导种装置的作用是调节薯块间距，解决反向输送带上薯块间距不一致的问题。其原理是根据皮带运行的速度差改变薯块间距。如图 3 - 42 所示，当导种带的速度小于反向输送带的速度时，薯块间距缩小。

为保证薯块可安全过渡到导种带上，其过渡板倾角应大于薯块自然休止角，如下列公式：

$$\tan f \geqslant \mu_2 \tag{3-58}$$

式中　μ_2——薯块与不锈钢板之间的摩擦系数；

f——过渡板倾角（°）。

当薯块从反向输送带移动至导向带时，薯块间距的关系如下：

$$\frac{D_{导}}{V_{导}} = \frac{D_{排}}{V_{反}} = t \tag{3-59}$$

简化得

$$D_{导} = \frac{V_{导}\,D_{排}}{V_{反}} \tag{3-60}$$

式中　t——运行时间（s）；

$D_{导}$——薯块在导种带上的薯块间距（mm），近似一个薯块的平均长度；

$V_{导}$——导种带的运动速度（m/s）；

$D_{排}$——薯块在反向输送带上的薯块间距（mm）；

$V_{反}$——反向输送带的运动速度（m/s）。

引导板是确保薯块在导种带上维持单行排列的重要部件，过渡板是维持薯块从反向输送带过渡至引导带的核心部件，其结构如图 3-43 所示，根据排种装置中反向输送带的位置，确定其设计参数。

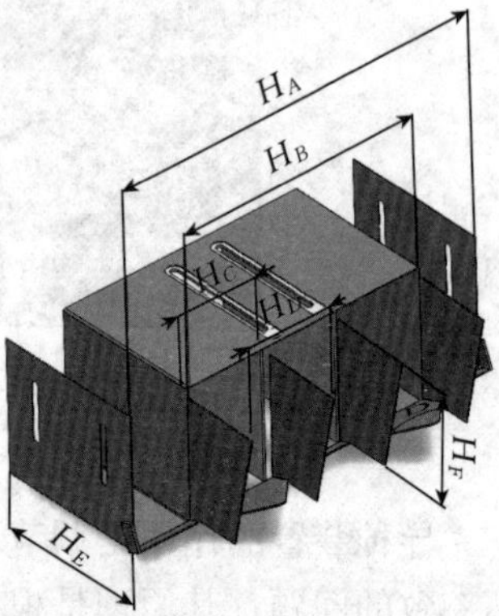

设计引导板结构时，需结合下列公式：

$$H_A \approx L \quad (3-61)$$

$$H_D = H_C \approx D_d \quad (3-62)$$

$$2D_d + D_b \approx H_B \quad (3-63)$$

$$H_E \geqslant 4D \quad (3-64)$$

$$D \leqslant H_F \leqslant 2D \quad (3-65)$$

图 3-43 调控结构

式中 L——排种前轴总宽度（mm）；

H_A——引导板总宽度（mm）；

H_B——引导板通过总宽度（mm）；

H_C——引导板通过宽度（mm）；

H_D——引导前板通过宽度（mm）；

H_E——引导板长度（mm）；

H_F——引导板高度（mm）；

D——薯块平均长度（mm）；

D_d——反向从动轮宽度（mm）；

D_b——正向中间主动轮宽度（mm）。

为确定过渡板具体结构参数，在通过 SW 软件分析引导板位置，在符合式（3-58）及薯块可正常下落的情况下，评估得出 $\angle D=126°$；在设计引导板具体结构参数时，需确保通道允许一个薯块通过。根据前述公式，确定引导板和过渡板各参数分别为 $H_A=304$ mm、$H_B=194$ mm、$H_C=66$ mm、$H_D=66$ mm、$H_E=120$ mm、$H_F=70$ mm。

四、压种装置

压种装置是整个试验台的重要组成部分，它的主要作用是接收导种装置供应的薯块，调整薯块间距至合适大小。

如图 3－44 所示，压种装置包括上镇压板、啮合齿轮、下镇压板、压种带及步进电机等部件。

图 3－44　压种装置结构

1. 上镇压板　2. 啮合齿轮　3. 下镇压板　4. 步进电机

压种装置原理是根据皮带运行的速度差改变薯块间距，并通过弹性海绵的弹性作用达到镇压效果。如图 3－45 所示，当压种带的速度大于导种带的速度时，薯块间距变大，并在传送带上显示最后效果。

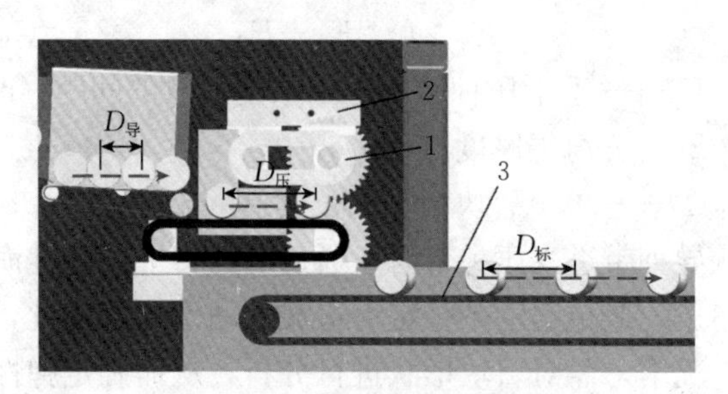

图 3－45　压种装置调控结构

1. 压种带　2. 上镇压板　3. 传送带

当薯块从导种带移动至压种带，最后移动至传送带上时，薯块间距的关系如下：

$$D_{压}=\frac{V_{压}D_{导}}{V_{导}} \tag{3-66}$$

$$D_{标}=\frac{V_{机}D_{压}}{V_{压}} \tag{3-67}$$

式中　$V_{压}$——压种带的运动速度（m/s）；

$D_{压}$——预设薯块在压种带上的标准薯块间距（mm）；

$D_{标}$——田间标准薯块间距（mm）；

$V_{机}$——播种机前进速度（m/s）。

压种带的作用是保证薯块在压种带上平稳运行以及调节薯块间距，避免机身振动造成薯块间距调节不稳定的现象，如图 3-46 所示。

图 3-46　压种带结构

当薯块在压种带平稳运行时，需满足以下公式：

$$E_A \leqslant D \leqslant E_A+E_B \tag{3-68}$$

式中　E_A——上下压种带间海绵未变形时的间距（mm）；

E_B——海绵厚度（mm）；

D——单个薯块的平均长度（mm）。

薯块从导种带进入压种带时，通过压种带上的弹性海绵可确保薯块稳定输送，避免运动不稳定而造成波动情况。因此，在保证单行输送的情况下，需对薯块形状进行分析，从而确定弹性海绵的厚度。由式（3-68）可知，取 $E_A=30$ mm，$E_B=15$ mm。

镇压板是整个压种装置的骨架部件，基本的零部件需要以镇压板作为依托。如图 3-47 所示，为了确保上镇压板和下镇压板的强度，上下镇压板统一采用 2 mm 碳钢板。

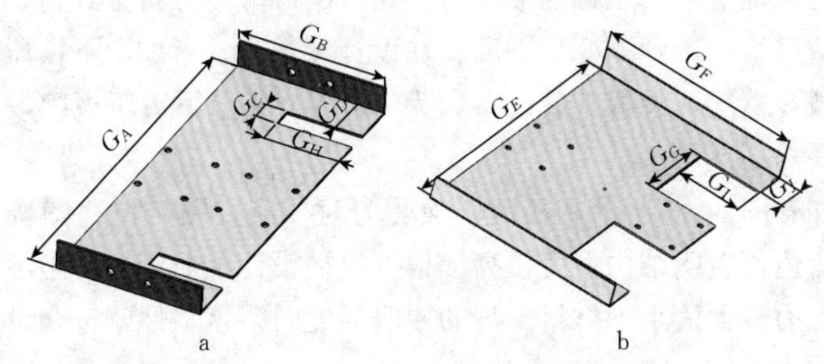

图 3-47　上镇压板与下镇压板结构

在设计镇压板时，须符合下列公式：

$$G_A = G_E = H_A \tag{3-69}$$

$$G_B \geqslant 4D \tag{3-70}$$

$$G_G \geqslant D_d \tag{3-71}$$

$$G_F > G_B \tag{3-72}$$

式中　G_A——上镇压板长度（mm）；

G_B——上镇压板宽度（mm）；

G_E——下镇压板长度（mm）；

G_F——下镇压板宽度（mm）；

H_A——引导板总宽度（mm）；

G_G——下镇压板槽口长度（mm）；

D——薯块平均长度（mm）；

D_d——反向从动轮宽度（mm）。

上列公式根据引导板总宽度及位置确定上下镇压板的长度和宽度，其参数分别为 $G_A = 304$ mm、$G_B = 120$ mm、$G_E = 304$ mm、$G_F = 200$ mm、$G_G = 78$ mm。根据啮合齿轮的安装位置，在上镇压板上开两个槽口，设定槽口的尺寸为 $G_H \times D_C \times G_D = 60$ mm×17 mm×34 mm。下镇压带的槽口的尺寸是根据啮合齿轮的空间位置以及薯块掉落的范围，设置槽口尺寸为 $G_G \times G_I \times G_J = 78$ mm×66 mm×33 mm。

为保证上下镇压板的强度，使用SW静应力分析方式仿真其应力和位移情况，观测变形程度。在设计参数时，考虑上下镇压板所受的载荷情况，设置其载荷参数为150 N，其上下镇压板静效果如彩图3-3所示。

如彩图3-3所示，各镇压板受力时，应力图与位移图普遍处于浅蓝色，表明结构强度较高。根据机械设计手册可知，当零件所受的应力最大值小于材料本身的屈服强度时，该零件就符合设计要求，如表3-10所示。

表3-10　上下镇压板结果

镇压板	应力最大值/（N/m^2）	位移最大值/mm	碳钢屈服强度/（N/m^2）
上镇压板	1.101×10^8	1.257	2.827×10^8
下镇压板	5.092×10^7	0.874 4	

如表3-10所示，从计算机模拟结果看，上下镇压板的应力最大值均小于碳钢的屈服强度，且位移值在1 mm左右，符合设计要求。

传送带的作用是接收压种带输送的薯块，并可观测薯块间距，主要包括电机、架板、皮带、轴承和支撑脚，如图3-48所示。

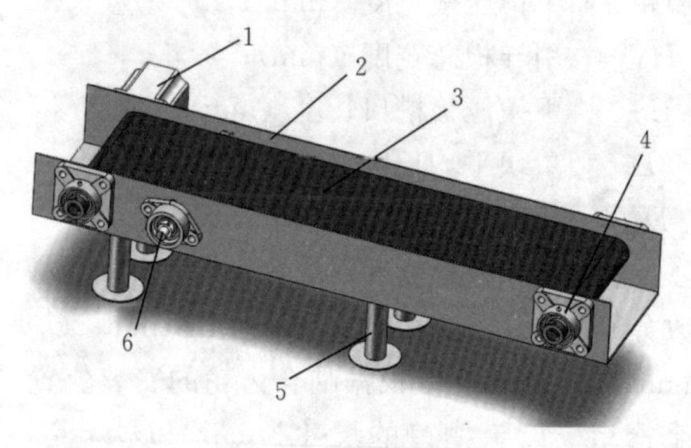

图3-48　传动带结构

1. 电机　2. 架板　3. 皮带　4. 轴承座　5. 支撑脚　6. 张紧轴

架板的形状尺寸根据试验台的结构参数和薯块下落的位置设置

参数为 900 mm×204 mm×100 mm，板厚为 4 mm。支撑脚的主要作用是调节整体传送带的高度，原理是通过旋转支撑脚上的螺杆，螺杆与架板上焊接的攻丝孔两者之间的位移发生变化，进而改变传送带的高度。支撑脚的参数为螺杆高度 100 mm、直径 25 mm。

试验台架作为所有装置的承载部件，要确保强度达到要求，因此对整体骨架的结构进行三维设计。设计原则是：①不能影响装置运行；②具备一定的承载力；③结合装置设计要求设置形状尺寸。如图 3-49 所示，试验台架主要包括骨架、承载板、地轮轴、轴承座和地轮。

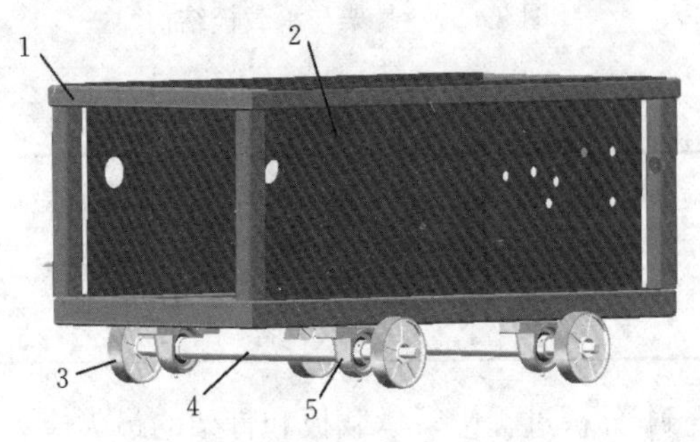

图 3-49 试验台架结构

1. 骨架 2. 承载板 3. 地轮 4. 地轮轴 5. 轴承座

试验台架形状参数通过所有装置的形位要求。如图 3-50 所示，骨架尺寸 $K_A \times K_B \times K_C$=980 mm×304 mm×347 mm，采用焊件尺寸为 40 mm×30 mm×3 mm 的矩形管；承载板尺寸 $K_D \times K_E$=900 mm×300 mm，采用 2 mm 冷轧钢板。

通过 SW 软件分析试验台架所承载重量为 50 kg，结合物料重量为 10 kg，试验台架总承载的重力为 600 N。仿真分析如彩图 3-4所示。

如彩图 3-4 所示，各带轮在受力情况下，应力图与位移图普遍处于浅蓝色，表明结构强度较高。当零件所受的应力最大值小于材料本身的屈服强度时，该零件符合设计要求，其最大值如表 3-11所示。

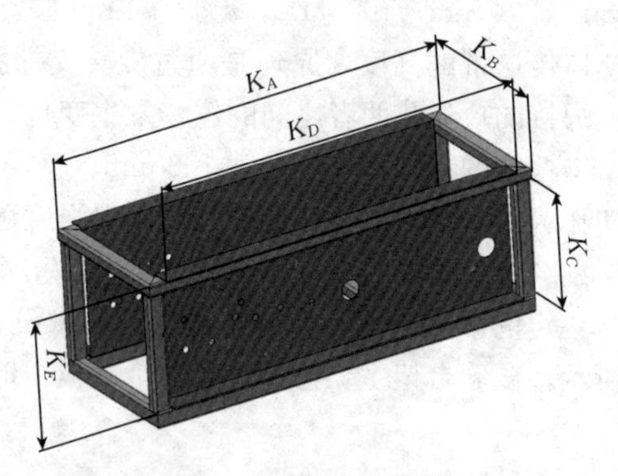

图 3-50　骨架与承载板结构

表 3-11　试验台结果

部件	应力最大值/(N/m²)	位移/mm	不锈钢屈服强度/(N/m²)
承载板	3.05×10^{7}	0.016 49	2.068×10^{8}
骨架	1×10^{-10}		

在表 3-11 分析过程中，承载板和骨架的最大应力值均小于材料屈服强度，且位移参数值在 1 mm 以内，符合设计要求。

五、施肥装置

施肥装置是采用肥液直喷式的原理，主要包括肥箱、水泵、流量调节阀、流量计和喷嘴等，如图 3-51 所示。部件的安装方式分别为：肥箱安装于机架的前部上端，水泵、流量调节阀通过螺栓固定于底板上，流量计、喷嘴通过水管内部连接的方式固定。整个施肥装置

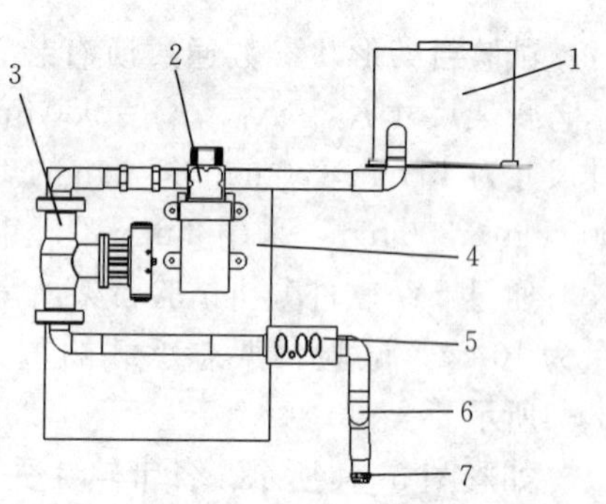

图 3-51　施肥装置结构

1. 肥箱　2. 水泵　3. 流量调节阀　4. 底板　5. 流量计　6. 水管　7. 喷嘴

的工作过程是：当肥箱中充满肥液时，水泵将肥液从肥箱吸出，通过带有滤网的水管进入流量调节阀，流量调节阀控制阀门开闭角度，流经流量计后，最后从喷嘴喷出，完成直喷作业。其中水泵和流量调节阀的电源连接 220 V 电源。

位于机架前端的肥箱是施肥装置的重要组成部分之一，其形状尺寸决定直喷总量，影响田间施肥面积，肥箱形状尺寸过小会增加注肥次数。因此，需要对肥箱的尺寸进行设计。

肥箱容积公式为

$$V_{肥}=Q\times t \tag{3-73}$$

式中　Q——肥液流量（L/min）；

t——工作时间（min）。

根据式（3-73），预设肥液流量 $Q=1$ L/min，工作时间 $t=60$ min，计算 $V_{肥}=60$ L。根据装置设计要求选用尺寸为 $B_{箱}\times L_{箱}\times H_{箱}=700\ \text{mm}\times 330\ \text{mm}\times 330\ \text{mm}$ 的矩形肥箱，上注水口通径为 20 cm，出水口通径为 25 mm，如图 3-52 所示。

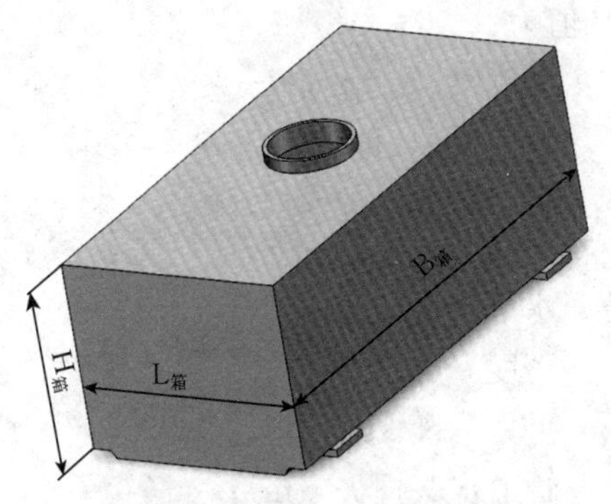

图 3-52　肥箱结构

水泵是确保整个灌肥作业质量的核心部件。在喷肥系统工作时，肥液在水泵的作用下，通过流量调节阀和流量计，最后从喷嘴喷出。当流量调节阀的阀门关闭时，水泵会一直工作，会导致管内的压力上升。为保护整个系统的安全性和工作高效性，需要选择合适的水泵，完成喷肥系统工作。

计算水泵电机功率 P 为

$$P=9.81QH_{扬}n \tag{3-74}$$

式中 Q——流通比例调节阀前的流量（L/min）；

$H_{扬}$——扬程（mm）；

n——机械效率。

根据式（3-74），计算得出电机功率 $P=0.8$ W，选择水泵的型号为 LS-0416（自吸泵），其参数值为开口流量 5.0 L/min、保护压力 0.6 MPa。

流量调节阀是控制整个喷肥系统流量的重要部件，它可以通过其外部的闭合开关调节阀门的开闭角度，从而调节流量。采用流量调节阀可以满足不同农艺灌溉需求量。

在实际作业过程当中，由于土地不平导致整体机身晃动，会使得喷肥系统内部的压力不均匀，导致压强不一，所以要求流量调节阀的电动执行器要具备较强的力矩输出。通过计算安装流量调节阀位置的压力，选择合适的流量调节阀。

计算水压 P 值为

$$P=\rho g(H-h) \tag{3-75}$$

$$h=SLQ^2 \tag{3-76}$$

$$S=\frac{8\lambda}{\pi^2 gd^5} \tag{3-77}$$

式中 H——水泵扬程（m）；

ρ——密度（kg/m^3）；

g——重力（N/kg）；

h——管道水头损失（m）；

S——管道比阻；

L——管道长度（m）；

Q——水泵流量（L/min）；

λ——沿程阻力损失系数；

d——管径（m）。

管道选用4分PE管，管径 $d=0.013$ m，沿程阻力损失系数取

值 $\lambda=0.01$，计算得出管道比阻的数值 $S=2.18\times10^6$。管道长度选择流量调节阀与水泵间的距离，参数值 $L=0.15$ m，水泵流量 $Q=5$ L/min，其管道水头损失的数值 $h=0.002\,27$ m。水泵扬程 $H=60$ m，计算得出在 0.15 m 处的水压 P 约为 0.058 8 MPa。因此，选用电动 V 口球阀比例流量调节阀，如图 3-53 所示，控制阀门的方式采用开关开闭的方式来控制阀门的开闭角度，电动执行器的扭力为 20 N·m，从而保证阀门开闭的安全性。

喷嘴是喷肥系统中决定喷肥面形状的主要因素，考虑到农艺要求，肥液需要均匀喷洒到开沟表面土壤中。在试验过程中，如图 3-54 所示，其喷嘴离地面高度 $H_{地}=110$ mm，结合试验机架宽度 $K_B=304$ mm，初步确定选用锥形喷嘴，角度预设为 107°。

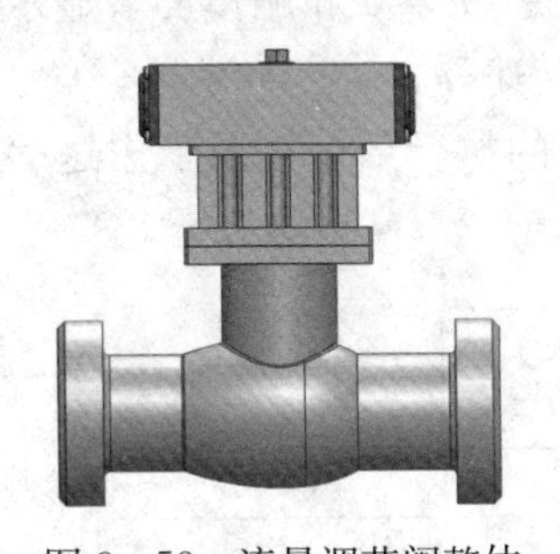

图 3-53　流量调节阀整体

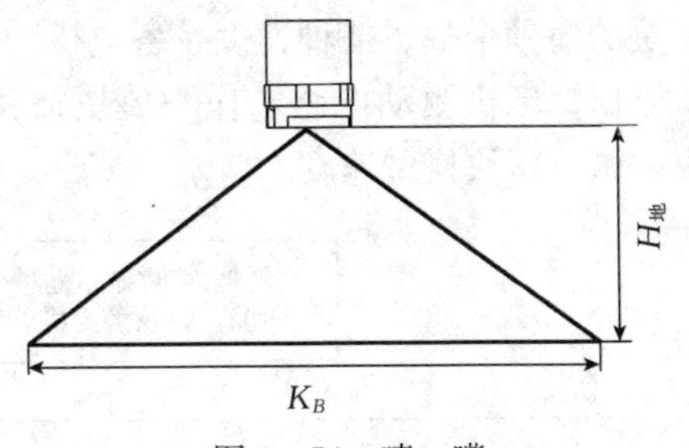

图 3-54　喷　嘴

通过式（3-74）、式（3-75）、式（3-76）计算得出在喷嘴处的压力 $P\approx0.05$ MPa，喷嘴的结构型式可分为旋转式、固定式和孔管式等，根据工况要求选择固定式喷嘴。根据角度设计要求，选取有关固定式喷嘴的参数，根据表 3-12，选用喷射角度为 110°、流量为 3.9 L/min 的不锈钢锥形喷嘴。

表 3-12　喷射角度为 110°的喷嘴参数

喷嘴压力/MPa	流量/(L/min)		
0.1	1.8	2.3	3.4

（续）

喷嘴压力/MPa	流量/（L/min）		
0.2	2.6	3.2	4.8
0.3	3.2	3.9	5.9

播种控制系统整体分为四大部分，分别为控制部分、检测部分、显示部分和驱动部分，如图 3－55 所示。

（1）控制核心部分。控制核心为三菱 FX－2N PLC，处理各个红外对射传感器检测数据以及实现各部件的运作。

（2）播种检测电路。检测传感器为红外对射传感器，实时检测薯块的播种个数。

（3）显示电路。采用液晶显示器信捷 OP320 和触摸屏，显示薯块的播种个数、播种速度及各电机的转速等。

（4）电机驱动电路。作为薯块播种的执行部分，用于输送薯块，调节薯块播种速度。

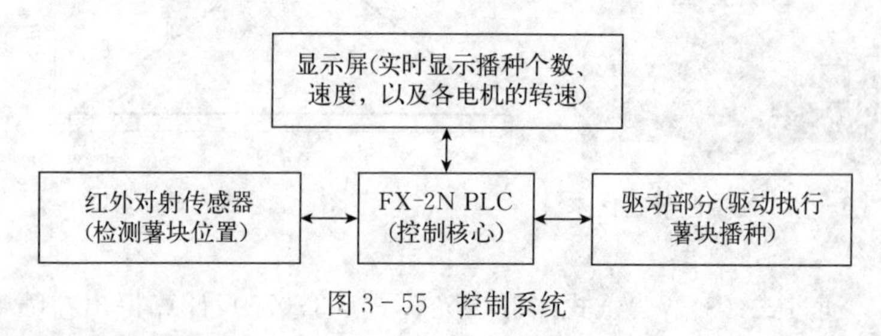

图 3－55　控制系统

控制系统采用三菱 FX－2N 控制器，供电电源为 24 直流电源，CPU 模块由微处理器（芯片）和存储器组成，12 个开关量输入接口，12 个开关量输出接口，接口都是晶体管输出型结构。包括一路 RS422 数字量输入模块、三路模拟量输入模块（其中两路 D/A 模块，一路 A/D 模块）。其中三菱 FX－2N 的高速脉冲输出为 Y0、Y1、Y2 和 Y3，共四个高速输出口，本次设计的薯块播种系统采用 6 个步进电机，所以主控电路为两 FX－2N PLC。主控电路如图 3－56 和图 3－57 所示。

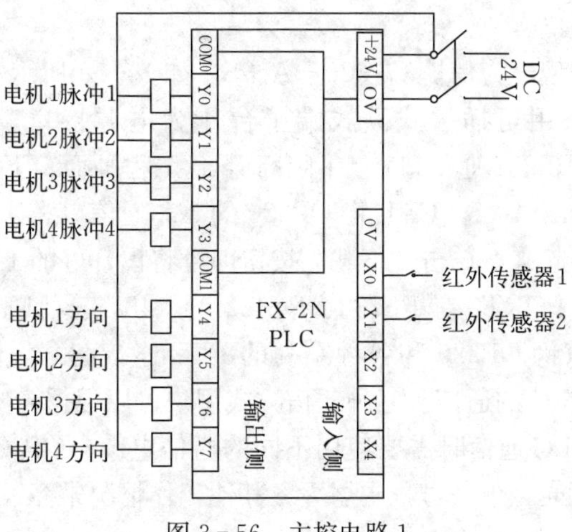

图 3-56 主控电路 1

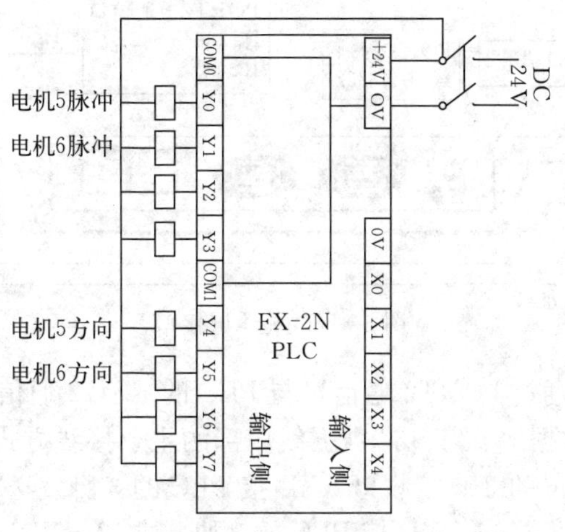

图 3-57 主控电路 2

在主控电路 1 中，X0、X1 分别为红外对射传感器的信号输入口。Y0、Y1、Y2、Y3 分别为电机 1、电机 2、电机 3、电机 4 的脉冲信号输出口，Y4、Y5、Y6、Y7 分别为电机 1、电机 2、电机 3、电机 4 的方向信号输出口。在主控电路 2 中，Y0、Y1 分别为电机 5、电机 6 的脉冲信号输出口，Y4、Y5 分别为电机 5、电机 6 的方向信号输出口。

显示器型号为信捷 OP320 - A - S，如 3 - 58 所示，24 V 电源输入端子采用可插拔式欧式端子台作为电源接口，操作方便。PORT1 为 RS232 通信口，专门用于下载工程画面。下载时，使用通信电缆 DP - SYS - CAB 将 OP320 的 9 芯通信口和计算机的 9 芯通信口连接起来，单击“下载”按钮即可将设计好的工程画面下传到 OP320；PORT2 有 RS232、RS422、RS485 三种通信方式，使用通信电缆将 OP320 和各种系列的 PLC 连接起来，便可以实现 OP320 和 PLC 的通信。三种通信方式用户可以根据需要自由选择。和不同的 PLC 通信时需要使用不同的通信电缆。OP520 显示屏自带 CCFL 背光，下载过程中熄灭，其他工作情况常亮。

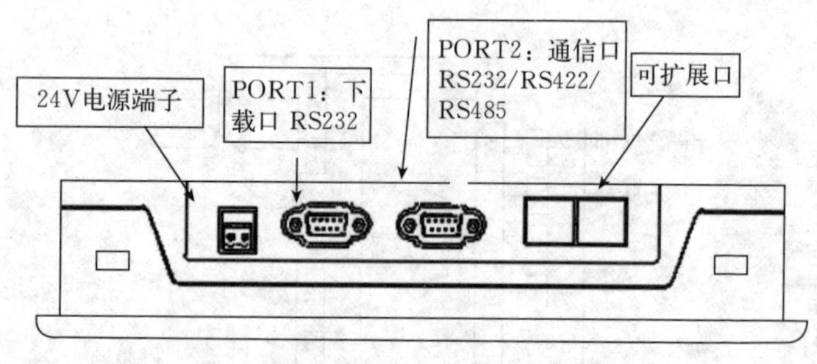

图 3 - 58　显示屏接口

触摸屏通过 PORT2 通信口与 PLC 的 RS422 通信口相连，采用 BD9 芯数据线。其 9 芯数据线内部的主要接线方式如图 3 - 59 所示，显示屏的 2 脚接收口 RXD 接 PLC 的 3 脚发送口 TXD，显示屏的 3 脚发送口 TXD 接 PLC 的 2 脚接收口 RXD，显示屏的 5 脚接地 GND 接 PLC 的 5 脚接地 GND。

薯块检测选用红外对射传感器，工作电压为 DC 24 V，工作电流为 0.2 A。输出类型为开关传感器，NPN 型。用以在播种口检测薯块。检测电路如图 3 - 60 所示。

播种驱动电路选用的步进电机为两相步进电机，高速力矩大，光耦隔离差分信号输入，供电电压可达 50 V DC，脉冲响应频率最

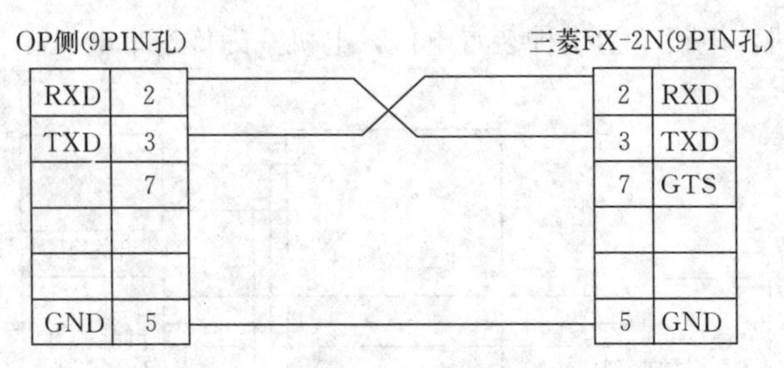

图 3-59　显示屏接线方式

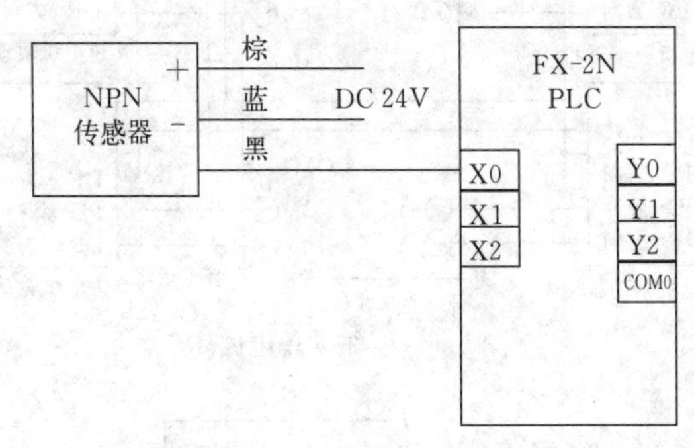

图 3-60　红外对射传感器电路

高可达 400 kHz，输出电流峰值可达 5.6 A（均值 4 A），电流设定方便，8 挡可选，细分精度多达 15 挡可选择，静止时电流自动减半，具有过压、欠压、短路等保护功能。

步进电机的接电为 DC 24 V，其中 PU－、PU＋作为步进电机的脉冲接口，作为步进电机的速度信号输入口，其中 DR－、DR＋作为步进电机的方向接口，作为步进电机的方向信号输入口。其中驱动单电路 1 如图 3-61 所示，步进电机 1、电机 2、电机 3、电机 4 的脉冲口 PU－分别接 PLC 的 Y0、Y1、Y2、Y3 输出口，步进电机 1、电机 2、电机 3、电机 4 的方向输入口 DR－分别接 PLC 的 Y4、Y5、Y6、Y7 输出口。驱动单电路 2 如图 3-62 所示，步进电机 5、电机 6 的脉冲口 PU－分别接 PLC 的 Y0、Y1 输出口，步进电机 5、电机 6 的方向输入口 DR－分别接 PLC 的 Y4、Y5 输出口。其中电机 1 为排种装置电机，电机 2 为导种装置电机，电机 3 和电机 4 为压种装置电机，电机 5 为供种装置电机，电机 6 为传送带电机。

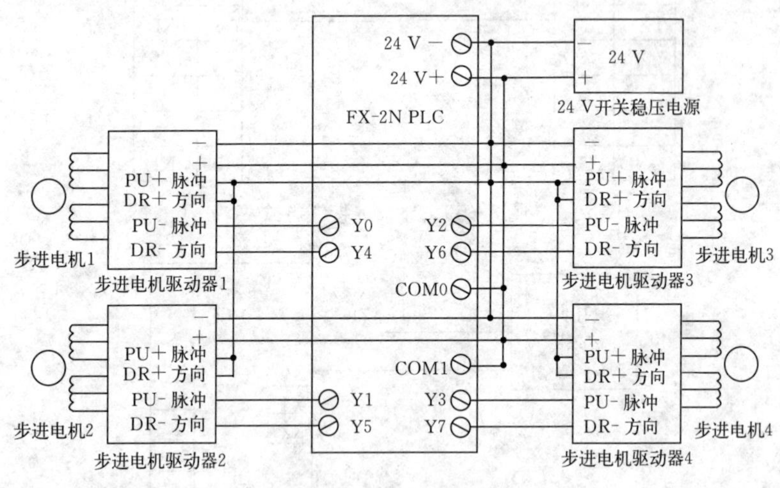

图 3-61　驱动单电路 1

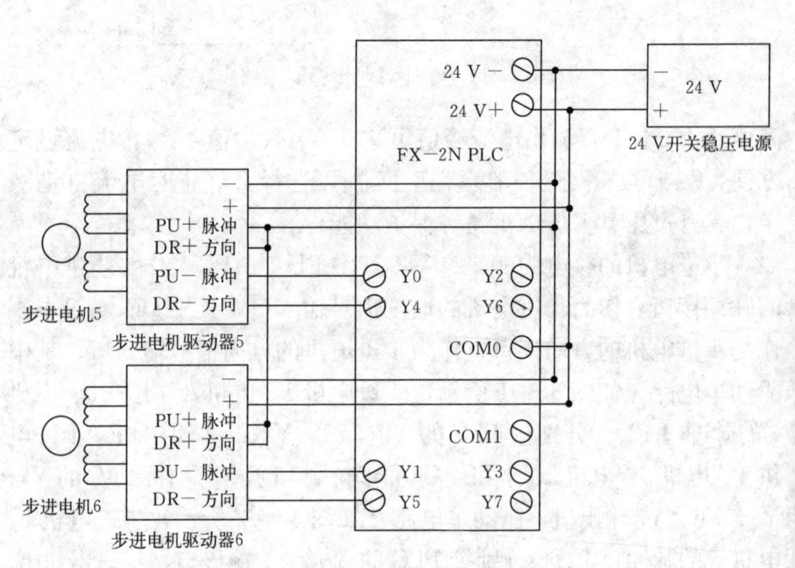

图 3-62　驱动单电路 2

系统软件主要包括手动调速程序、自动调速程序、驱动程序和显示屏子程序。通过手动调速显示屏上的按钮，根据检测到的播种速度可进行手动调节。自动调速程序控制器根据检测到的播种速度，然后与设定值进行对比，自动增减电机速度完成速度调节。显示屏子程序用以显示电机速度和马铃薯播种速度，主程序流程如图 3-63 所示。

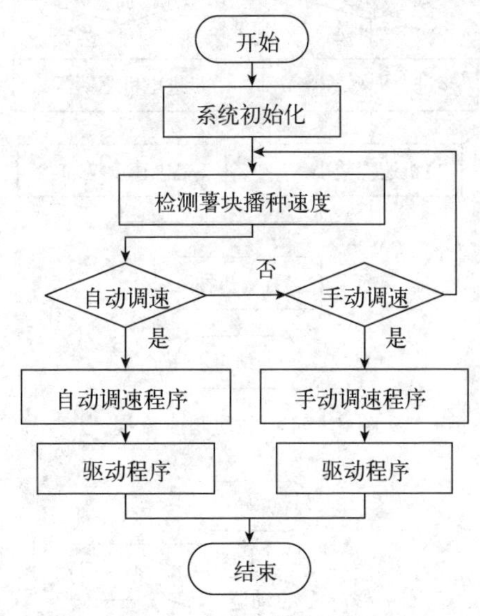

图 3-63　主程序流程

手动调速程序为开环控制，系统首先进行系统初始化，然后红外对射传感器检测薯块的播种速度，显示出播种速度。通过显示屏中的手动调速按钮，开启手动调速。通过触摸屏中的增加按钮和减小按钮可以调节步进电机的转速，来调节薯块的播种速度。手动调速程序流程如图 3-64 所示。

自动调速为闭环控制，系统首先进行系统初始化，然后红外对射传感器检测薯块的播种速度并显示。控制器通过将检测的播种数与设定的播种速度进行比较，若小于设定速度则增加播种口电机的速度；若大于设定速度则减小播种口电机的速度，直至检测到的播种速度与设定的相同。自动调速程序流程如图 3-65 所示。

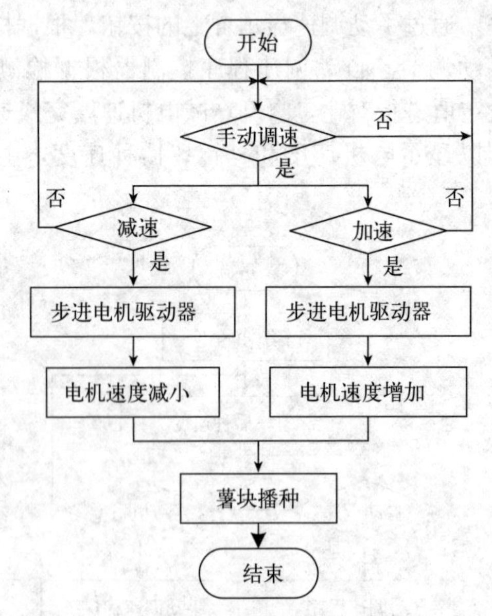

图 3-64 手动调速流程

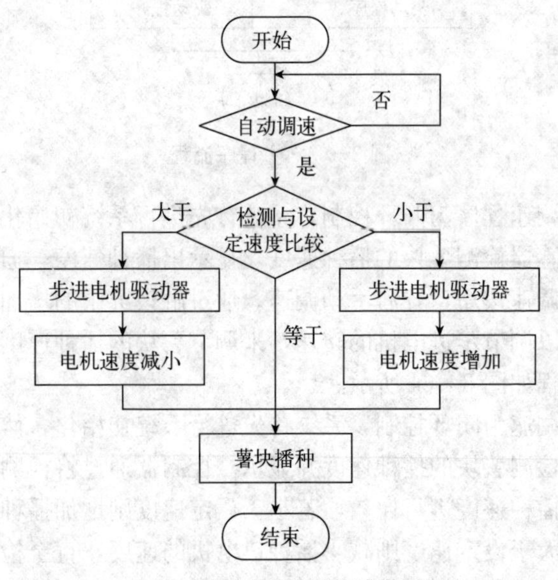

图 3-65 自动调速程序流程

步进电机的驱动形式为脉冲加方向。方向信号为低电平时，步进电机正方向转动；方向信号为高电平时，步进电机负方向转动。在自动调速程序中，电机的速度由 PLC 自动计算出并发送至驱动器，在手动调速程序中，电机的方向信号和速度信号由显示屏上的按键控制。其驱动程序流程如图 3－66 所示。

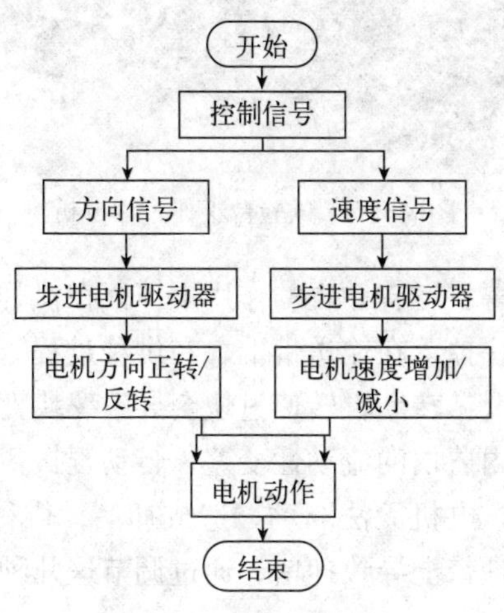

图 3－66　驱动程序流程

播种控制系统中，显示器主要显示各电机的转速方向及大小、播种数及播种速度。控制按键主要用来手动调速控制电机的方向和速度。人机交互程序设计，首先将显示器与 PC 连接，打开程序软件。添加用于显示的寄存器，以及添加需要控制的按钮。

显示程序设计完成后，需要将显示器与 PLC 连接进行屏显调试。调试中需要对系统所显示项依次调试，对电机开启按钮、电机方向按钮、电机速度按钮的状态显示进行调试，通过按下开关，对应显示器的状态应一致。

输送带式马铃薯试验台是基于差速式原理设计的。该试验台工作过程可分为 4 个阶段，分别为供种、排种、导种和压种阶段。如图 3－67 所示，研究的主要内容是分析输送带式播种机试验台的影响因素，为下一步优化试验做准备。

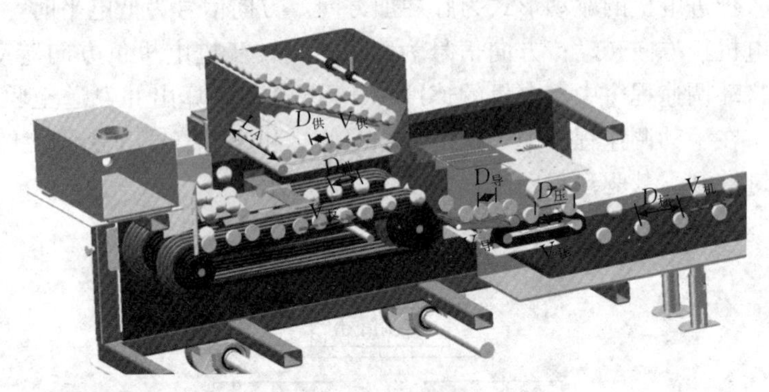

图 3-67　试验台工作过程分析

供种阶段是薯块在转动辊的作用下掉落在供种带上，然后供种带运动，带动薯块掉落在输送带上。在供种过程当中，影响充种性能主要有以下情况：转动辊转速过快会导致薯块拥堵；种箱底板角度过低导致种箱内薯块的流动性变差；转动辊拨棒间距过小导致拨棒所受阻力变大，电机无法驱动，造成拥堵；供种带线速度过大，薯块会堆积在供种带上导致拥堵。通过调节这几种参数，可提高供种性能。

排种阶段是通过正反向两个输送带、前挡板和限高板的共同作用来确保薯块在反向输送带上保持单列输送的状态。影响排种装置性能的因素主要有限高板与反向输送带间距 H_k、反向输送带的运动速度 $V_{反}$ 及前挡板倾角 β，在前面设计中已确定前挡板设计参数及限高板与反向输送带间距 H_k，故不做考虑，因此可通过调节反向输送带线速度来提高排种性能。

导种装置主要是依据反向输送带线速度来调节导种带线速度从而降低薯块间距，确保降低薯块间隙。

压种装置主要是通过调节导种带线速度来提高压种性能，目的是配合传动带上薯块的标准间距从而调节合适的薯块间距。

结合前面设计具体参数，在保证薯块在运动过程中不发生拥堵的情况，得出不同装置之间皮带运行速度的关系如下：

$$\frac{L_A V_{供}}{BD}=V_{反}=\frac{V_{导}\ D_{排}}{D_{导}}=\frac{V_{压}\ D_{导}^2\ D_{排}}{D_{压}}=\frac{V_{机}\ D_{压}^2\ D_{导}^2\ D_{排}}{D_{标}} \tag{3-78}$$

式中　B——行数；

D——薯块平均长度（mm）；

L_A——种箱宽度（mm）；

$V_{供}$——供种带线速度（m/s）；

$V_{反}$——反向输送带线速度（m/s）；

$V_{导}$——导种带线速度（m/s）；

$V_{压}$——压种带线速度（m/s）；

$V_{机}$——播种机线速度（m/s）；

$D_{导}$——薯块在导种带上的薯块间距（mm），近似一个薯块的平均长度；

$D_{排}$——薯块在反向输送带上的薯块间距，为确保在排种过程中不发生拥堵，应满足$D_{排}>D$；

$D_{压}$——预设薯块在压种带上的薯块间距（mm）；

$D_{标}$——田间标准薯块间距（mm）。

结合前文所述，试验台播种性能的均匀性受各个装置的结构参数、工作参数等多方面因素的交互影响。供种装置主要包含种箱底板角度、转动辊拨棒间距、转动辊转速、供种带线速度，排种装置主要包含反向输送带线速度，导种装置主要包含导种带线速度，压种装置主要包含压种带线速度。综上所述，此研究可分为两种试验：①针对供种装置的供种性能试验；②针对试验台的播种性能的均匀性试验。供种性能试验影响因素主要考虑种箱底板角度、转动辊拨棒间距、转动辊转速和供种带线速度。试验台播种性能的均匀性试验的影响因素主要考虑供种带线速度、反向输送带线速度、导种带线速度和压种带线速度。

第四节　性能试验及评价

为研究输送带式播种机试验台的性能，结合前文测定物料特性试验的数据设计输送带式播种机试验台各个装置的关键零部件，在确定整个播种机试验台的零部件结构参数后，设计样机一台。为确保性能可靠性和安全性，需要通过试验发现试验台存在的问题，为后续研究奠定基础。

本节测量供种装置的供种性能、试验台的播种性能和施肥装置的施肥性能。供种装置的供种性能试验以种箱底板角度、搅棒间距、转动辊转速和供种带线速度作调节因素，以出薯平均间距和充种率作为评判标准，进行单因素试验，分析得出最优参数；试验台的播种性能以供种带线速度、反向输送带线速度、导种带线速度和压种带线速度作为因素，以漏播率、重播率和株距变异系数作为评判标准，通过单因素试验和响应曲面分析的方法分析最优参数；施肥装置的施肥性能试验通过调节流量阀阀门的开闭角度测量平均施肥量和喷幅宽度，分析得出最优参数。

性能试验主要包括供种装置、试验台整体性能及施肥装置性能试验。供种装置性能试验以种箱底板角度、转动辊拨棒间距、转动辊转速和供种带线速度等控制方式作为供种性能为试验因素，以出薯平均间距和出薯充种率作为评价指标。试验结果表明，当种箱底板角度为30°、转动辊拨棒间距为80 mm、转动辊转速取值为0.4 r/s、供种带线速度为0.1 m/s时，整体供种性能最好。试验台的单因素试验以供种带线速度、反向输送带线速度、导种带线速度和压种带线速度为试验因素，以重播率、漏播率、变异系数为评价指标，得出各工作参数对排种性能的影响规律；试验台的多因素试验利用Box-Behnken方法进行响应面试验，得出最优参数组合，即当供种带线速度在0.128 m/s、反向输送带线速度在0.314 m/s、导种带线速度在0.189 m/s、压种带线速度在0.8 m/s时，此时重播率为7.877%，漏播率为5.445%，株距变异系数为15.795%。施肥性能试验以流量阀阀门的开闭角度为试验因素，以平均施肥量和喷幅宽度为判断标准。试验结果表明，当开闭角度设置为45°时，此时施肥量参数约2.8 L，喷幅宽度参数约126 mm，此时施肥性能保持较好状态。

一、供种性能试验

为研究供种装置结构参数、工作参数对供种性能的影响，在自主设计的供种装置进行单因素试验。马铃薯品种为费乌瑞它，选用切块薯，具体尺寸参照前文。以供种装置中的种箱底板角度、转动辊拨棒间距、转动辊转速和供种带线速度等控制方式作为供种性能的试验因素，以出薯平均间距和出薯充种率作为评价指标。通过SPSS软件分析数据，得出各因素的影响程度。

在样机整体的试验过程中，根据供种装置设计理论，选取种箱底板角度为30°；转动辊拨棒间距要求避免拥堵，选取薯块间距为80 mm；依据转动辊薯块喂入量应与供种带薯块喂出量保持一致，由式（3-78）得出转动辊转速为0.4 r/s、供种带线速度为0.1 m/s。因此，以这些参数作为基准，设置4因素4水平试验，其中种箱底板角度选取4水平，分别为20°、25°、30°、35°；转动辊拨棒间距选取4水平，分别为40 mm、60 mm、80 mm、100 mm；转动辊转速选取4水平，分别为0.2 r/s、0.3 r/s、0.4 r/s、0.5 r/s；供种带线速度选取4水平，分别为0.06 m/s、0.08 m/s、0.1 m/s、0.12 m/s。其因素水平编码如表3-13所示。

表3-13　因素水平编码

因素水平	种箱底板角度/(°)	转动辊拨棒间距/mm	转动辊转速/(r/s)	供种带线速度/(m/s)
1	20	40	0.2	0.06
2	25	60	0.3	0.08
3	30	80	0.4	0.1
4	35	100	0.5	0.12

主要的指标包括出薯间距平均值、出薯充种率。

出薯间距总和与其总个数比值为出薯间距平均值，即

$$\overline{X} = \frac{\sum_{i=1}^{n} X_i}{n} \qquad (3-79)$$

式中 X_i——出薯间距；

n——出薯间距总个数。

在 10 s 内，真实薯块个数与理想状态下薯块个数的比值为出薯充种率，即

$$Y=\frac{Q_{总}-P}{Q_{总}}\times 100\% \quad (3-80)$$

式中 P——漏薯个数；

$Q_{总}$——薯块理想状态下的薯块个数。

供种性能受诸多因素影响，主要包括以下几个方面。

1. 供种装置结构参数对供种性能的影响

(1) 种箱底板角度对评价指标的影响。试验过程中，除种箱底板角度外，其他因素为定值，转动辊转速依据理论设计值选择为 0.4 r/s，转动辊拨棒间距为 80 mm，供种带线速度为 0.1 m/s，种箱底板角度取值 20°、24°、30°和 35°，采用 4 个水平做单因素试验，试验中，以 10 s 作为测量时间，每组重复三次。试验结果如图 3-68 所示。

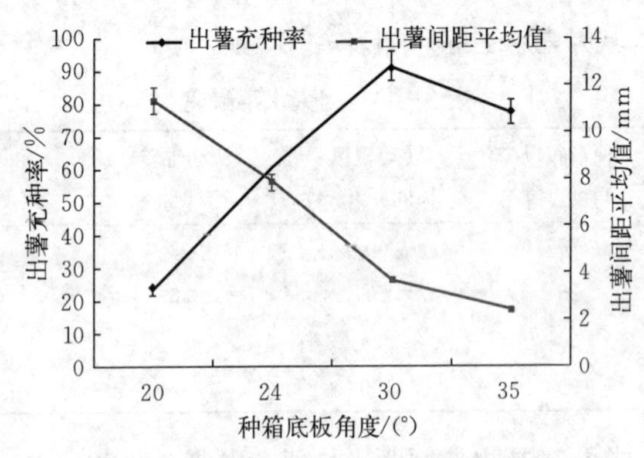

图 3-68 种箱底板角度与评价指标关系

从图 3-68 中可以看出，在种箱底板角度小于 30°时，出薯充种率呈上升状态且浮动较大，在种箱底板角度大于 30°时，出薯充种率缓慢降低。出薯间距平均值随着种箱底板角度的增加而降低。

这是因为薯块的摩擦角的变化范围和自然休止角的变化范围远远大于 30°，导致薯块在角度为 20°的种箱底板上保持静止状态，从而出薯充种率很低而出薯间距平均值很大。为了明确种箱底板角度对评价指标的影响程度，对试验数据进行方差分析，结果如表 3-14 所示。

表 3-14　方差分析（明确种箱底板角度对评价指标的影响程度）

	平方和	自由度	均方	*F*	显著性
			出薯间距平均值		
组间	148.225	3	49.408	103.313	$P<0.001$
组内	3.826	8	0.478		
总计	152.051	11			
			出薯充种率		
组间	7 782.118	3	2 594.039	179.300	$P<0.001$
组内	115.741	8	14.468		
总计	7 897.859	11			

由表 3-14 可知，种箱底板角度对出薯间距平均值和出薯充种率影响极显著。因此，选择种箱底板角度为 30°时，整体供种性能较好。

（2）转动辊拨棒间距对评价指标的影响。试验过程中，除转动辊拨棒间距外，其他因素为定值，种箱底板角度依据前期实验结果选择为 30°，转动辊转速为 0.4 r/s，供种带线速度为 0.1 m/s，转动辊拨棒间距取值 40 mm、60 mm、80 mm 和 100 mm，采用 4 个水平做单因素试验，试验中，以 10 s 作为测量时间，每组重复三次。试验结果如图 3-69 所示。

从图 3-69 中可以看出，在转动辊拨棒间距小于 80 mm 时，出薯充种率呈上升状态且浮动较大，出薯间距平均值随着转动辊拨棒间距增大而上升。在转动辊拨棒间距大于 80 mm 时，出薯充种

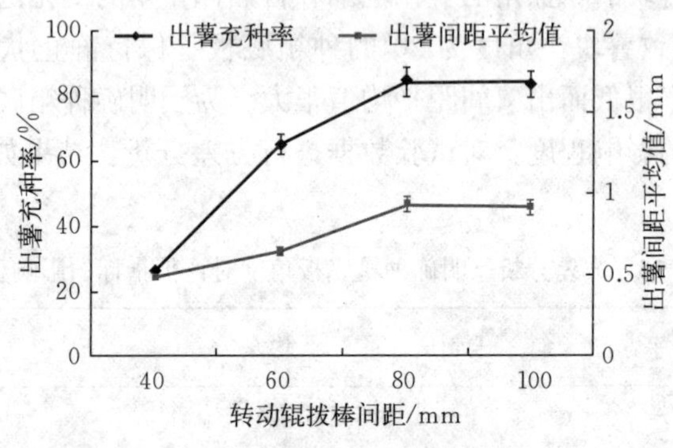

图 3-69　转动辊拨棒间距与评价指标关系

率和出薯间距平均值保持均衡，这是由于薯块的三轴尺寸的波动范围为 30～60 mm，转动辊拨棒间距过小会导致薯块间的流动性降低，从而使出薯充种率和出薯间距平均值较低；相反，转动辊拨棒间距越大，其流动性就越好，出薯充种率和出薯间距平均值就越大。为了明确种箱底板角度对供种性能的影响程度，对试验数据进行方差分析，结果如表 3-15 所示。

表 3-15　方差分析（明确种箱底板角度对供种性能的影响程度）

	平方和	自由度	均方	F	显著性
			出薯间距平均值		
组间	0.411	3	0.137	16.337	0.001
组内	0.067	8	0.008		
总计	0.478	11			
			出薯充种率		
组间	6 725.622	3	2 241.874	213.736	$P<0.001$
组内	83.912	8	10.489		
总计	6 809.534	11			

由表 3-15 可知，转动辊拨棒间距对出薯间距平均值和出薯充

种率影响极显著。因此，选择转动辊拨棒间距为 80 mm 时，整体供种性能较好。

(3) 转动辊转速对评价指标的影响。除转动辊转速外，其他因素为定值，种箱底板角度为 30°，转动辊拨棒间距为 80 mm，供种带线速度为 0.1 m/s，转动辊转速取值为 0.2 r/s、0.3 r/s、0.4 r/s 和 0.5 r/s，采用 4 个水平做单因素试验，试验中，以 10 s 作为测量时间，每组重复三次。试验结果如图 3-70 所示。

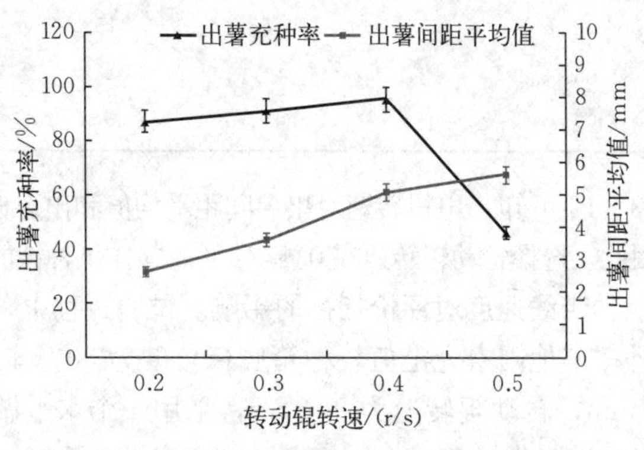

图 3-70　转动辊转速与评价指标关系

从图 3-70 中看出，在转动辊转速小于 0.4 r/s 时，随着转动辊转速增加，出薯充种率呈上升状态，在转动辊转速大于 0.4 r/s 时，出薯充种率随之下降。其主要原因是随着转动辊转速增大，容易使薯块间流动加剧，从而导致出薯量增加，其充种率就较好，当转动辊转速达到一定值时，转动辊转动引导的薯块数量超过供种皮带所承受的范围，因此会造成拥堵，导致出薯充种率降低。出薯间距平均值随着转动辊转速增加，呈线性缓慢上升趋势，其原因是随着转动辊转速增加，薯块间的流动加剧导致供种带上出薯间距平均值变大。为了明确转动辊转速对评价指标的影响程度，对试验数据进行方差分析，结果如表 3-16 所示。

表 3-16　方差分析（明确转动辊转速对评价指标的影响程度）

	平方和	自由度	均方	F	显著性
			出薯间距平均值		
组间	19.122	3	6.374	11.400	0.003
组内	4.473	8	0.559		
总计	23.595	11			
			出薯充种率		
组间	4 660.417	3	1 553.472	153.321	$P<0.001$
组内	81.057	8	10.132		
总计	4 741.474	11			

由表 3-16 可知，电机转速对出薯间距平均值和出薯充种率影响均显著。因此，选择转动辊转速在 0.4 r/s 时，整体供种性能较好。

(4) 供种带线速度对评价指标的影响。试验过程中，除转动辊拨棒间距外，其他因素为定值，种箱底板角度为 30°，转动辊拨棒间距为 80 mm，转动辊转速为 0.4 r/s，采用 4 个水平做单因素试验，供种带线速度为 0.06 m/s、0.08 m/s、0.1 m/s 和 0.12 m/s，试验中，以 10 s 作为测量时间，每组重复三次。试验结果如图 3-71 所示。

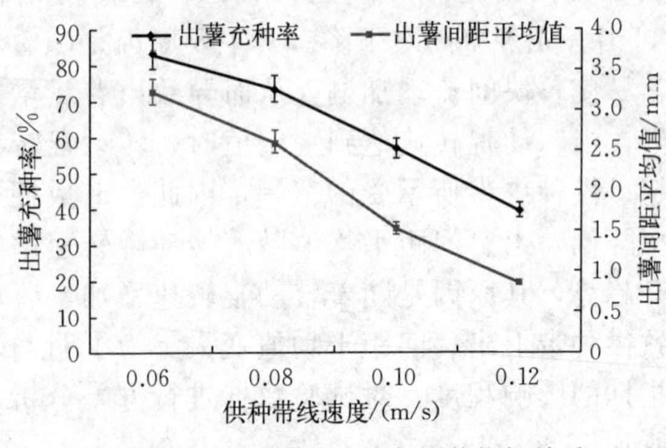

图 3-71　供种带线速度与评价指标关系

从图 3-71 中可以看出，随供种带线速度增大，出薯间距平均值和出薯充种率在不断下降，且波动较为明显。这是因为供种带线速度越大，出薯量超过转动辊拨动的喂入量。为了明确传动比对供种性能的影响程度，对试验数据进行方差分析，在此以出薯量和出薯充种率为试验指标进行分析，结果如表 3-17 所示。

表 3-17　方差分析（明确传动比对供种性能的影响程度）

	平方和	自由度	均方	F	显著性
			出薯间距平均值		
组间	10.254	3	3.418	24.938	$P<0.001$
组内	1.096	8	0.137		
总计	11.350	11			
			出薯充种率		
组间	3 331.525	3	1 110.598	105.874	$P<0.001$
组内	83.912	8	10.489		
总计	3 415.437	11			

由表 3-17 可知，供种带线速度对出薯间距平均值和出薯充种率影响极显著。在考虑到供种性能以及装配安全性的要求，选择供种带线速度为 0.1 m/s 时，整体供种性能较好。

供种装置单因素试验以种箱底板角度、转动辊拨棒间距、转动辊转速和供种带线速度等控制方式作为供种性能为试验因素，以出薯平均间距和出薯充种率作为评价指标。通过 SPSS 软件分析数据，得出各因素的影响程度。试验结果表明：当种箱底板角度为 30°、转动辊拨棒间距为 80 mm、转动辊转速取值为 0.4 r/s、供种带线速度为 0.1 m/s 时，评价指标最好。

2. 供种装置各部件的工作参数对供种性能的影响

除上述影响供种性能的结构参数外，播种机各部件的工作参数也对播种质量存在一定的影响。供种带线速度、反向输送带线速变、导种带线速度、压种带线速度等都对重播率、漏播率及株距变异系数有影响。

为探究样机的工作参数对播种性能的影响，在试制的样机试验台上，进行单因素试验。薯块在样机里排出后落在播种带上，探究各因素对重播率、漏播率及株距变异系数的影响规律。采集薯块间距的数据时，选取中间的数据，每组测量点数 50 个，每组试验重复 3 次，取平均值作为结果。

在测量样机的播种性能之前，预先设定各因素的工作参数，西南地区马铃薯播种机前进速度一般为 4.5 km/h，据此确定上下浮动范围选取 4 水平代表不同快慢播种速度，分别为 0.95 m/s、1.25 m/s、1.55 m/s、1.85 m/s，根据式（3-78），计算与之对应的各因素的参数分别为供种带线速度（0.07 m/s、0.1 m/s、0.13 m/s、0.16 m/s）、反向输送带线速度（0.25 m/s、0.35 m/s、0.45 m/s、0.55 m/s）、导种带线速度（0.15 m/s、0.2 m/s、0.25 m/s、0.3 m/s）和压种带线速度（0.8 m/s、1 m/s、1.2 m/s、1.4 m/s），其因素水平编码如表 3-18 所示。

表 3-18 因素水平编码

因素水平	供种带线速度/(m/s)	反向输送带线速度/(m/s)	导种带线速度/(m/s)	压种带线速度/(m/s)
1	0.07	0.25	0.15	0.8
2	0.1	0.35	0.2	1
3	0.13	0.45	0.25	1.2
4	0.16	0.55	0.3	1.4

试验评价标准主要包括漏播率、重播和变异系数。按照 GB/T 6242—2006《种植机械 马铃薯种植机 试验方法》的规定，漏种的含义是：理论上应该种植一个种薯的地方实际上没有种薯称为漏种，在统计计算时，凡种薯间距大于 1.5 倍理论间距称为漏种。重种的含义是：理论上应该种植一个种薯的地方实际上种植了两个或多个种薯称为重种，在统计计算时，凡种薯间距小于或等于 1.5 倍理论间距称为重种。变异系数的含义是：一行中实际间距的偏差与

标称间距的百分比。

测量评价指标的方式如下：

（1）测量相邻种薯间距的不同 X 值，X_{ref} 为薯块的标称间距。

（2）这些不同的 X 值落入分布在 X_{ref} 的两侧，间隔以 $0.1X_{ref}$ 分成区段，由此在 X_{ref} 的周围可得到如下区段：$[0.9X_{ref},\ X_{ref}]$、$[X_{ref},\ 1.1X_{ref}]$ 等。

（3）每个区段的变量为

$$X_i=\frac{x_i}{X_{ref}} \tag{3-81}$$

式中　x_i——区段中值。

（4）薯块的频率划分：

$$n'_1=\sum n_i\ (X_i\in\{0\sim0.5\}) \tag{3-82}$$

$$n'_2=\sum n_i\ (X_i\in\{>0.5\sim1.5\}) \tag{3-83}$$

$$n'_3=\sum n_i\ (X_i\in\{>1.5\sim2.5\}) \tag{3-84}$$

$$n'_4=\sum n_i\ (X_i\in\{>2.5\sim3.5\}) \tag{3-85}$$

$$n'_5=\sum n_i\ (X_i\in\{>3.5\sim+\infty\}) \tag{3-86}$$

则

$$N=n'_1+n'_2+n'_3+n'_4+n'_5 \tag{3-87}$$

式中　N——试验测定的种薯数。

重种数：
$$n_2=n'_1 \tag{3-88}$$

合格数：
$$n_1=N-2n_2 \tag{3-89}$$

漏种数：
$$n_0=n'_3+2n'_4+3n'_5 \tag{3-90}$$

区间数：
$$N'=n'_2+2n'_3+3n'_4+4n'_5 \tag{3-91}$$

平均合格间距：
$$\overline{X}=\frac{\sum n_iX_i}{n'_2} \tag{3-92}$$

式中 $X_i\in\{>0.5\sim\leqslant1.5\}$。

（5）试验结果评价指标：

合格率：
$$A=\frac{n_1}{N'}\times100\% \tag{3-93}$$

重播率：
$$D=\frac{n_2}{N'}\times100\% \tag{3-94}$$

漏播率：
$$M=\frac{n_0}{N'}\times100\% \tag{3-95}$$

标准差：
$$\sigma=\sqrt{\frac{\sum n_iX_i^2}{n'_2}-\overline{X}^2} \tag{3-96}$$

式中 $X_i\in\{>0.5\sim\leqslant1.5\}$。

变异系数：
$$CV=\sigma\times100\% \tag{3-97}$$

通过试验研究及结果分析可得作业参数对播种性能存在明显的影响，主要包括：

(1) 供种带线速度对播种性能的影响。试验时，除了供种带线速度外，其他因素为定值，反向输送带线速度依据前期试验结果选择为 0.35 m/s，导种带线速度为 0.2 m/s，压种带线速度为 1 m/s，供种带线速度为 0.07 m/s、0.1 m/s、0.13 m/s 和 0.16 m/s，采用 4 个水平做单因素试验，试验结果如图 3-72 所示。

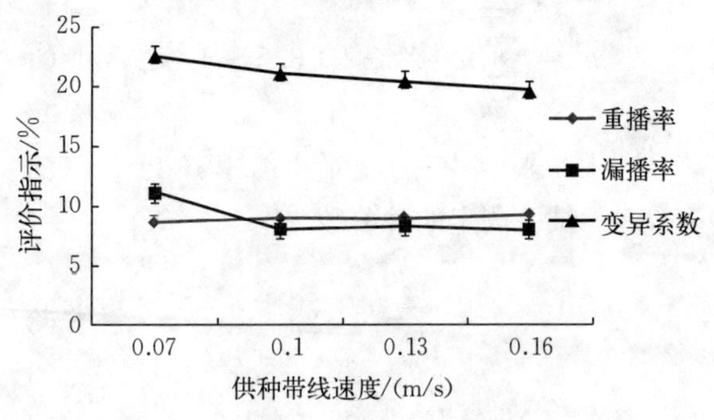

图 3-72　供种带线速度与播种性能关系

从图 3-72 中可以看出，当供种带线速度逐渐上升，三个评价指标的变化趋势分别为：重播率保持恒定，维持在 8.5%左右；漏播率降低后趋于平缓，维持在 7.7%左右；变异系数缓慢下降，分布范围为 19.7%～22.6%。其主要原因是随着供种带线速度上升，供应薯块的数量逐渐上升，弥补排种装置所需的薯块数量。为了明确供种带线速度对播种性能的影响程度，以漏播率和变异系数为试验指标进行方差分析，结果如表 3-19 所示。

表 3-19　方差分析（明确供种带线速度对播种性能的影响程度）

	平方和	自由度	均方	F	显著性
			漏播率		
组间	19.992	3	6.664	32.680	$P<0.001$
组内	1.631	8	0.204		
总计	21.624	11			
			变异系数		
组间	13.581	3	4.527	133.005	$P<0.001$
组内	0.272	8	0.034		
总计	13.853	11			

由表 3-19 可知，供种带线速度对漏播率和变异系数影响极显著。故供种带线速度在 0.1 m/s 左右时，播种性能较优。

(2) 反向输送带线速度对播种性能的影响。除调节反向输送带线速度外，其他因素为定值，供种带线速度为 0.1 m/s，导种带线速度为 0.2 m/s，压种带线速度为 1 m/s，反向输送带线速度为 0.25 m/s、0.35 m/s、0.45 m/s 和 0.55 m/s，采用 4 个水平做单因素试验，试验结果如图 3-73 所示。

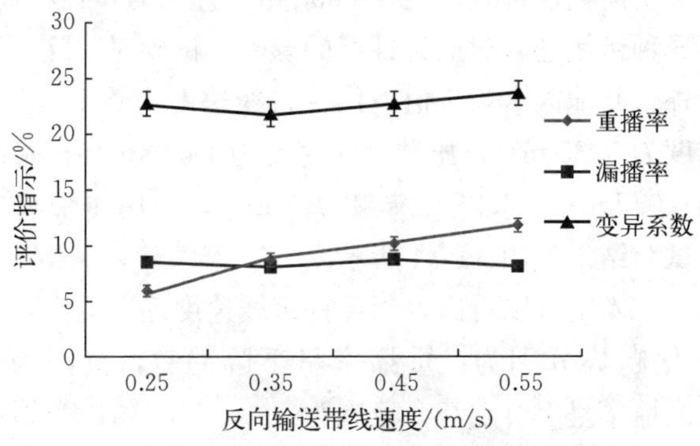

图 3-73　反向输送带线速度与播种性能关系

从图 3-73 中可以看出，当反向输送带线速度逐渐上升，三个评价指标的变化趋势分别为：重播率呈上升趋势，范围为 5.8%～11.7%；漏播率趋于平缓，数值在 8.7%左右；变异系数缓慢下降后上升，范围为 21.5%～23.5%。其主要原因是随着反向输送带线速度上升，薯块排种的数量逐渐上升，导种装置外部堆积的薯块逐渐变多。为了明确反向输送带线速度对播种性能的影响程度，以重播率和变异系数为实验指标进行方差分析，结果如表 3-20 所示。

表 3-20 方差分析（明确反向输送带线速度对播种性能的影响程度）

	平方和	自由度	均方	F	显著性
			重播率		
组间	56.948	3	18.983	16.485	$P<0.001$
组内	9.212	8	1.152		
总计	66.160	11			
			变异系数		
组间	5.581	3	1.860	17.194	$P<0.001$
组内	0.866	8	0.108		
总计	6.447	11			

由表 3-20 可知，反向输送带线速度对重播率和变异系数影响极显著。故反向输送带线速度在 0.35 m/s 左右时，播种性能较优。

(3) 导种带线速度对播种性能的影响。试验时，除了反向输送带线速度外，其他因素为定值，供种带线速度为 0.1 m/s，反向输送带线速度为 0.35 m/s，压种带线速度为 1 m/s，导种带线速度为 0.15 m/s、0.2 m/s、0.25 m/s 和 0.3 m/s，采用 4 个水平做单因素试验，试验结果如图 3-74 所示。

从图 3-74 中可以看出，当导种带线速度逐渐上升，三个评价指标的变化趋势分别为：重播率呈下降趋势，范围为 4.4%～12.6%；漏播率呈上升趋势，范围为 7%～11.8%；变异系数缓慢上升，范围为 19.4%～23.4%。其主要原因是随着导种带线速度

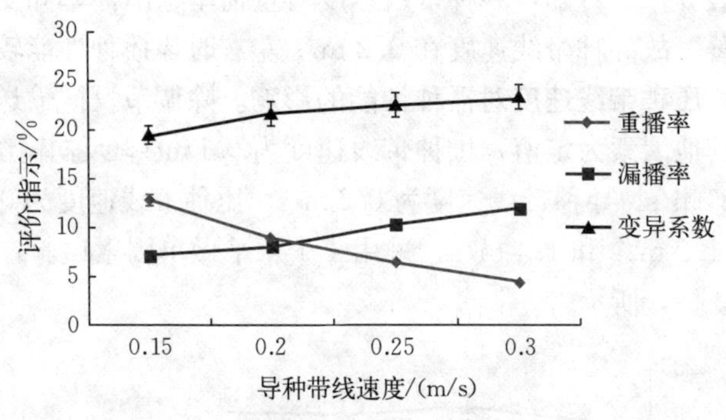

图 3-74　导种带线速度与播种性能关系

上升，薯块在导种带上的薯块间距变大，薯块堆积过多，导种压种效果变差。为了明确导种带线速度对播种性能的影响程度，以重播率、漏播率和变异系数为试验指标进行方差分析，结果如表 3-21 所示。

表 3-21　方差分析（明确导种带线速度对播种性能的影响程度）

	平方和	自由度	均方	F	显著性
			重播率		
组间	113.847	3	37.949	35.320	$P<0.001$
组内	8.596	8	1.074		
总计	122.442	11			
			漏播率		
组间	43.01	3	14.337	13.18	0.002
组内	8.702	8	1.088		
总计	51.712	11			
			变异系数		
组间	26.860	3	8.953	65.288	$P<0.001$
组内	1.097	8	0.137		
总计	27.958	11			

由表 3 - 21 可知，导种带线速度对重播率、漏播率和变异系数影响显著。故导种带线速度在 0.2 m/s 左右时，播种性能较优。

(4) 压种带线速度对播种性能的影响。除调节反向输送带线速度外，其他因素为定值，供种带线速度为 0.1 m/s，反向输送带线速度为 0.35 m/s，导种带线速度为 0.2 m/s，压种带线速度为 0.8 m/s、1 m/s、1.2 m/s 和 1.4 m/s，采用 4 个水平做单因素试验，试验结果如图 3 - 75 所示。

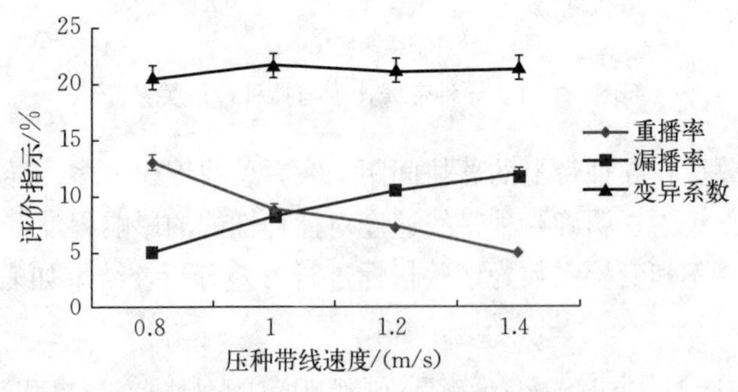

图 3 - 75　压种带线速度与播种性能关系

从图 3 - 75 中可以看出，当导种带线速度逐渐上升，三个评价指标的变化趋势分别为：重播率呈下降趋势，范围为 4.9～12.9%；漏播率呈上升趋势，范围为 5%～11.7%；变异系数趋于平缓，数值在 20.4%左右。其主要原因是随着压种带线速度上升，导致薯块在导种带上的薯块间距变大。为了明确反向输送带线速度对播种性能的影响程度，以重播率、漏播率和变异系数为试验指标进行方差分析，结果如表 3 - 22 所示。

表 3 - 22　方差分析（明确反向输送带线速度对播种性能的影响程度）

	平方和	自由度	均方	F	显著性
			重播率		
组间	103.155	3	34.385	14.61	$P<0.001$
组内	18.829	8	2.354		
总计	121.984	11			

（续）

	平方和	自由度	均方	F	显著性
			漏播率		
组间	77.937	3	25.979	27.302	$P<0.001$
组内	7.612	8	0.952		
总计	85.549	11			

由表3-22可知，压种带线速度对重播率和漏播率影响极显著。故压种带线速度在1 m/s左右时，播种性能较优。

综上所述，试验台的单因素试验以供种带线速度、反向输送带线速度、导种带线速度、压种带线速度为试验因素，以重播率、漏播率和变异系数作为评价指标。并通过SPSS软件分析数据，得出各因素的影响程度。试验结果表明：供种带线速度对漏播率和变异系数影响显著；反向输送带线速度对重播率影响显著，对变异系数影响较小；导种带线速度对重播率、漏播率及变异系数影响显著；压种带对重播率和漏播率影响显著。

二、试验台各关键部分测试及整机测试

为了探明上述多个因素之间的关联对播种的影响，在上述研究的基础上，开展多因素试验研究。试验台的播种性能试验采用Box-Behnken试验方案，通过响应面图分析数据，探究因素之间的交互作用。

响应面分析就是通过一系列确定性的“试验”拟合一个响应面来模拟真实极限状态曲面。其基本思想是假设一个包括一些未知参量的极限状态函数与基本变量之间的解析表达式代替实际的不能明确表达的结构极限状态函数。通过Design-Expert实验设计软件，完成播种性能的响应面分析。

先设定试验方案，为探究样机中各个装置的结构参数、工作参数对播种性能的影响，在自主设计的样机进行析因试验。物料选择参考前文。试验以供种带线速度、反向输送带线速度、导种带线速

度和压种带线速度的参数作为播种性能的试验因素，按照 GB/T 6242—2006《种植机械 马铃薯种植机 试验方法》的要求，试验指标为重播率、漏播率、株距变异系数。

依据试验台单因素试验得出各因素最佳工作参数，以最佳工作参数为基准，上下浮动选取各因素的取值范围，其范围如下：供种带线速度（0.07 m/s、0.1 m/s、0.13 m/s）、反向输送带线速度（0.25 m/s、0.35 m/s、0.45 m/s）、导种带线速度（0.15 m/s、0.2 m/s、0.25 m/s）和压种带线速度（0.8 m/s、1 m/s、1.2 m/s），设置 4 因素 3 水平试验，试验共设计 29 组试验，其中 24 组为析因试验，5 组为误差试验，对各因素水平进行编码，其因素水平编码如表 3-23 所示。测量薯块间距的数据时，每组测量点数 50 个，每组试验重复 3 次，取平均值作为结果。

表 3-23 因素水平编码

规范变量	自然变量			
	供种带线速度/(m/s)	反向输送带线速度/(m/s)	导种带线速度/(m/s)	压种带线速度/(m/s)
下水平－1	0.07	0.25	0.15	0.8
零水平 0	0.1	0.35	0.2	1
上水平 1	0.13	0.45	0.25	1.2
变化区间	0.06	0.2	0.1	0.4

试验评价按照 GB/T 6242 2006《种植机械 马铃薯种植机 试验方法》的要求，试验指标为重播率、漏播率、变异系数。

根据样机通过因素水平编码的表格进行析因试验和误差实验，其结果如表 3-24 所示。

表 3-24 试验结果

试验号	试验因素				重播率/%	漏播率/%	变异系数/%
	供种带线速度/(m/s)	反向输送带线速度/(m/s)	导种带线速度/(m/s)	压种带线速度/(m/s)			
1	－1	－1	0	0	7.23	16.58	21.32

（续）

试验号	试验因素				重播率/%	漏播率/%	变异系数/%
	供种带线速度/（m/s）	反向输送带线速度/（m/s）	导种带线速度/（m/s）	压种带线速度/（m/s）			
2	0	1	1	0	9.34	11.92	24.2
3	0	−1	0	1	7.12	7.98	21.41
4	−1	0	0	−1	8.24	11.73	19.42
5	0	0	1	−1	7.4	8.43	24.53
6	1	0	0	−1	8.32	5.13	16.56
7	−1	0	1	0	7.7	14.22	26.32
8	0	0	0	0	8.22	7.93	19.45
9	0	0	0	0	8.34	7.63	21.34
10	1	0	0	1	8.23	8.21	19.23
11	1	0	1	0	7.86	11.35	16.24
12	0	−1	1	0	8.85	9.48	24.81
13	0	0	1	1	7.5	14.3	24.54
14	0	1	−1	0	11.76	7.12	19.46
15	0	1	0	−1	10.12	9.12	21.35
16	0	−1	0	−1	7.4	8.06	21.34
17	0	0	0	0	8.33	7.86	19.11
18	0	1	0	1	10.1	11.4	20.45
19	0	0	0	0	7.5	8.29	21.12
20	0	0	−1	−1	9.2	6.22	19.61
21	1	0	−1	0	9.16	5.22	16.22
22	0	0	−1	1	9.8	7.43	19.57
23	−1	0	−1	0	8.12	16.43	17.31
24	1	1	0	0	9.22	5.64	23.32
25	−1	0	0	1	8.25	14.35	16.58
26	0	0	0	0	8.32	9.45	22.42
27	−1	1	0	0	9.9	16.76	21.34
28	1	−1	0	0	7.25	9.09	16.72
29	0	−1	−1	0	8.25	7.57	19.93

通过使用 Design - Expert 软件对表 3 - 24 的试验数据进行回归分析，建立数学模型。先通过方差分析得出试验因素对试验指标的显著性影响，通过软件分析得出回归模型拟合度。同时根据回归模型得出各因素之间关系的等高线图及响应曲面图，直观地展示交互影响因素的强弱。

(1) 研究各因子对重播率的影响。根据表 3 - 24 中的试验数据，应用 Design - Expert 软件进行分析，获得各因素对重播率 y_1 的回归模型，二元回归拟合后得到评价指标对自变量的二元回归方程为

$$y_1 = 8.14 + 0.05X_1 + 1.19X_2 - 0.6367X_3 + 0.0267X_4 - 0.175X_1X_2 - 0.022X_1X_3 - 0.025X_1X_4 - 0.755X_2X_3 + 0.065X_2X_4 - 0.125X_3X_4 - 0.2327X_1^2 + 0.6498X_2^2 + 0.4498X_3^2 + 0.423X_4^2 \quad (3-98)$$

式中 y_1——重播率；

X_1——供种带线速度 (m/s)；

X_2——反向输送带线速度 (m/s)；

X_3——导种带线速度 (m/s)；

X_4——压种带线速度 (m/s)。

重播率回归模型 y_1 的方差分析如表 3 - 25 所示，并进行回归方程的拟合度及回归性检验。

表 3 - 25 各因子对重播率影响的方差分析

来源	平方和	自由度	均方	F 值	P 值
模型	29.36	14	2.10	8.35	0.000 2
X_1	0.030 0	1	0.030 0	0.119 4	0.734 8
X_2	17.14	1	17.14	68.19	<0.0001
X_3	4.86	1	4.86	19.36	0.000 6
X_4	0.008 5	1	0.008 5	0.034 0	0.856 4
X_1X_2	0.122 5	1	0.122 5	0.487 5	0.496 5

（续）

来源	平方和	自由度	均方	F 值	P 值
X_1X_3	0.193 6	1	0.193 6	0.770 4	0.394 9
X_1X_4	0.002 5	1	0.002 5	0.009 9	0.922 0
X_2X_3	2.28	1	2.28	9.07	0.009 3
X_2X_4	0.016 9	1	0.016 9	0.067 2	0.799 2
X_3X_4	0.062 5	1	0.062 5	0.248 7	0.625 7
X_1^2	0.351 1	1	0.351 1	1.40	0.256 9
X_2^2	2.74	1	2.74	10.90	0.005 2
X_3^2	1.31	1	1.31	5.22	0.038 4
X_4^2	0.011 6	1	0.011 6	0.046 3	0.832 8
残差	3.52	14	0.251 3		
失拟	2.99	10	0.299 4	2.28	0.221 3
纯误差	0.524 5	4	0.131 1		
综合	32.88	28			

P 值小于0.05时为显著，小于0.01时为非常显著。由表3-25可知，模型的 P 值小于0.05，失拟值大于0.05，说明方程的拟合度较高。根据各因子对重播率的方差分析，将不显著剔除后，关系为

$$y_1=8.14+1.19X_2-0.636\,7X_3-0.755X_2X_3+0.649\,8X_2^2 \quad (3-99)$$

反向输送带线速度与导种带线速度对重播率的影响如图3-76所示。

从图3-76观察得出，重播率 y_1 的范围在7.12%～11.76%以内。当反向输送带线速度在0水平时，随着导种带线速度降低，重播率逐渐增大；当导种带线速度在0水平时，随着反向输送带线速度增加，重播率逐渐上升。

(2) 研究各因子对漏播率的影响。根据表3-24中的试验数据，应用Design-Expert软件进行分析，获得各因素对漏播率 y_2

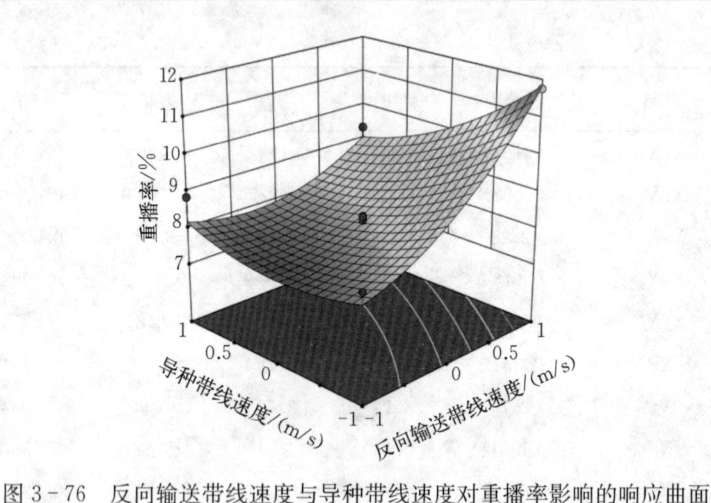

图 3-76　反向输送带线速度与导种带线速度对重播率影响的响应曲面

的回归模型，二元回归拟合后得到评价指标对自变量的二元回归方程为

$$y_2 = 8.23 - 3.79X_1 + 0.2667X_2 + 1.64X_3 + 1.25X_4 - 0.9075X_1X_2 + 2.08X_1X_3 + 0.115X_1X_4 + 0.7225X_2X_3 + 0.59X_2X_4 + 1.17X_3X_4 + 2.57X_1^2 + 0.8182X_2^2 + 0.6894X_3^2 - 0.2268X_4^2 \quad (3-100)$$

式中　y_2——漏播率；

X_1——供种带线速度（m/s）；

X_2——反向输送带线速度（m/s）；

X_3——导种带线速度（m/s）；

X_4——压种带线速度（m/s）。

漏播率回归模型 y_2 的方差分析如表 3-26 所示，并进行回归方程的拟合度及回归性检验。

表 3-26　各因子对漏播率影响的方差分析

来源	平方和	自由度	均方	F 值	P 值
模型	301.55	14	21.54	11.03	<0.0001

（续）

来源	平方和	自由度	均方	F值	P值
X_1	171.99	1	171.99	88.09	<0.000 1
X_2	0.853 3	1	0.853 3	0.437 0	0.519 3
X_3	32.37	1	32.37	16.58	0.001 1
X_4	18.70	1	18.70	9.58	0.007 9
X_1X_2	3.29	1	3.29	1.69	0.215 0
X_1X_3	17.39	1	17.39	8.91	0.009 9
X_1X_4	0.052 9	1	0.052 9	0.027 1	0.871 6
X_2X_3	2.09	1	2.09	1.07	0.318 6
X_2X_4	1.39	1	1.39	0.713 1	0.412 6
X_3X_4	5.43	1	5.43	2.78	0.117 6
X_1^2	42.74	1	42.74	21.89	0.000 4
X_2^2	4.34	1	4.34	2.22	0.158 1
X_3^2	3.08	1	3.08	1.58	0.229 5
X_4^2	0.333 8	1	0.333 8	0.170 9	0.685 5
残差	27.34	14	1.95		
失拟	25.26	10	2.53	4.86	0.070 6
纯误差	2.08	4	0.519 7		
综合	328.89	28			

P值小于0.05时为显著，小于0.01时为非常显著。通过表3-22所知，模型的P值小于0.05，失拟值大于0.05，说明方程的拟合度较高。根据各因子对漏播率的方差分析，将不显著剔除后，关系为

$$y_2=8.23-3.79X_1+1.64X_3+1.25X_4+2.08X_1X_3+2.57X_1^2 \tag{3-101}$$

供种带线速度与导种带线速度对漏播率影响如图3-77所示。从图3-77观察得出，漏播率y_2的范围为5.13%～16.76%。

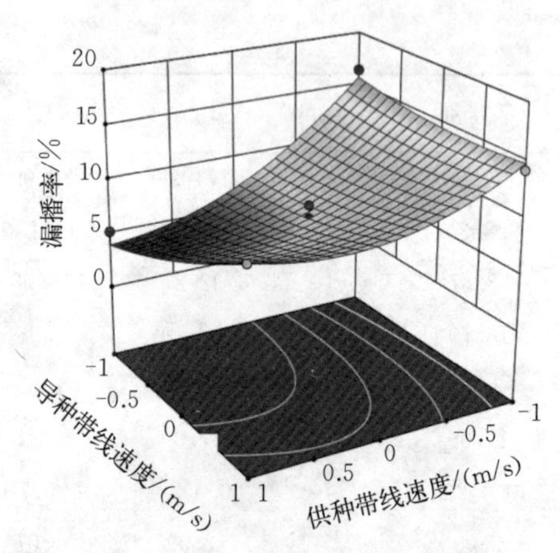

图 3-77 供种带线速度与导种带线速度对漏播率影响的响应曲面

当供种带线速度在 0.5 水平时，随着导种带线速度降低，漏播率逐渐降低；当导种带线速度在 0 水平时，随着供种带线速度降低，漏播率逐渐上升。

(3) 研究各因子对变异系数的影响。根据表 3-24 中的试验数据，应用 Design-Expert 软件进行分析，获得各因素对变异系数 y_3 的回归模型，二元回归拟合后得到评价指标对自变量的二元回归方程为

$$\begin{aligned}y_3 =& 20.69-1.17X_1+0.3825X_2+2.38X_3-\\&0.0858X_4+1.65X_1X_2-2.25X_1X_3+1.38X_1X_4-\\&0.035X_2X_3-0.2425X_2X_4+0.0125X_3X_4-0.201X_1^2+\\&1.12X_2^2+0.7577X_3^2-0.2611X_4^2\end{aligned} \quad (3-102)$$

式中 y_3——变异系数；

X_1——供种带线速度（m/s）；

X_2——反向输送带线速度（m/s）；

X_3——导种带线速度（m/s）；

X_4——压种带线速度（m/s）。

变异系数回归模型 y_3 的方差分析如表 3-27 所示，并进行回归方程的拟合度及回归性检验。

表 3-27　各因子对变异系数影响的方差分析

来源	平方和	自由度	均方	F 值	P 值
模型	172.36	14	12.31	3.97	0.007 2
X_1	16.33	1	16.33	5.27	0.037 7
X_2	1.76	1	1.76	0.566 5	0.464 1
X_3	67.88	1	67.88	21.90	0.000 4
X_4	0.088 4	1	0.088 4	0.028 5	0.868 3
X_1X_2	10.82	1	10.82	3.49	0.082 7
X_1X_3	20.21	1	20.21	6.52	0.023 0
X_1X_4	7.59	1	7.59	2.45	0.139 9
X_2X_3	0.004 9	1	0.004 9	0.001 6	0.968 8
X_2X_4	0.235 2	1	0.235 2	0.075 9	0.787 0
X_3X_4	0.000 6	1	0.000 6	0.000 2	0.988 9
X_1^2	26.27	1	26.27	8.48	0.011 4
X_2^2	8.16	1	8.16	2.63	0.127 0
X_3^2	3.72	1	3.72	1.20	0.291 5
X_4^2	0.442 1	1	0.442 1	0.142 7	0.711 3
残差	43.39	14	3.10		
失拟	35.75	10	3.58	1.87	0.285 7
纯误差	7.63	4	1.91		
综合	215.75	28			

P 值小于 0.05 时为显著，小于 0.01 时为非常显著。通过表 3-27 所知，模型的 P 值小于 0.05，失拟值大于 0.05，说明方程的拟合度较高。根据各因子对变异系数的方差分析，将不显著剔除后，关系为

$$y_3=20.69-1.17X_1+2.38X_3-2.25X_1X_3-2.01X_1^2 \tag{3-103}$$

供种带线速度与导种带线速度对变异系数的影响如图 3-78 所示。

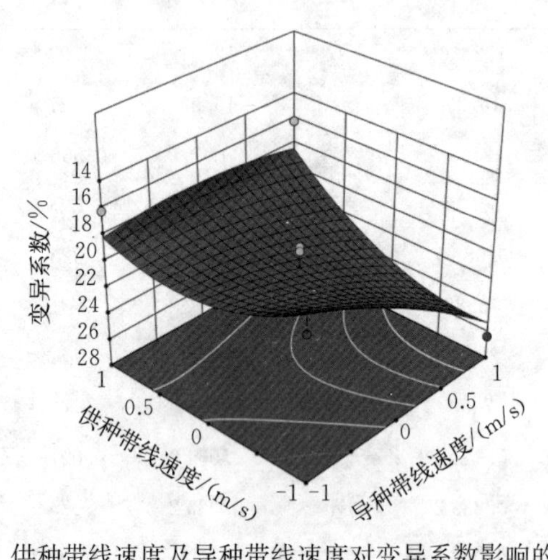

图 3-78　供种带线速度及导种带线速度对变异系数影响的响应曲面

从图 3-78 观察得出，变异系数 y_3 的范围为 16%～26%。当供种带线速度在－1～0 范围时，随着导种带线速度增加，变异系数逐渐降低；当导种带线速度在 0～1 范围时，随着供种带线速度降低，变异系数逐渐降低。

(4) 得出各因子最优参数解。通过播种指标要求，应用Design-Expert 软件，采用多目标优化的方法进行参数优化。将重播率、漏播率、变异系数作为目标函数，各因子作为约束条件，进行模型优化，寻找最优参数组合并进行验证。

选取因素变量为供种带线速度、反向输送带线速度、导种带线速度、压种带线速度，变量取值范围为－1～1，设置重播率、漏播率及株距变异系数均为最小值，如表 3-28 所示。最优解是：当供种带线速度为 0.128 m/s、反向输送带线速度为 0.314 m/s、导种带线速度为 0.189 m/s、压种带线速度为 0.8 m/s 时，此时重播率为 7.877%，漏播率为 5.445%，株距变异系数为 15.795%。

表 3-28　最优组合

组号	供种带线速度/(m/s)	反向输送带线速度/(m/s)	导种带线速度/(m/s)	压种带线速度/(m/s)	重播率/%	漏播率/%	变异系数/%
最佳工况	0.128	0.314	0.189	0.8	7.877	5.445	15.795
验证试验	0.13	0.3	0.19	0.8	7.67	5.79	16.38

综上所述，试验台的多因素试验供种带线速度、反向输送带线速度、导种带线速度、压种带线速度为试验因素，以重播率、漏播率和变异系数作为评价指标，通过 Design-Expert 软件设计 Box-Behnken 试验，并进行数据分析，建立回归方程，得出最优参数组合。试验结果表明：当供种带线速度为 0.128 m/s、反向输送带线速度为 0.314 m/s、导种带线速度为 0.189 m/s、压种带线速度为 0.8 m/s 时，此时重播率为 7.877%，漏播率为 5.445%，株距变异系数为 15.795%，为试验台的最佳工况提供依据。

三、施肥性能试验

为研究施肥装置的施肥性能试验，在自制的施肥装置上进行单因素试验。通过调节流量阀阀门的开闭角度，以平均施肥量和喷幅宽度为判断标准，探究施肥性能的最佳性能。

考虑到施肥安全性，在水泵和流量阀接通 220 V 电源时，先启动水泵，然后开启水箱开关，通过人为电控流量阀的阀门开关，分别以 0°、15°、30°、45°、60°、75°、90°阀门开启角度进行试验，每个阀门角度试验重复 3 次，观测流量计显示屏中施水量和喷幅宽度。

施肥性能评价指标参照 GB/T 24677.2—2009《喷杆喷雾机 试验方法》进行。

平均施肥量：

$$\bar{q} = \frac{\sum q}{n} \tag{3-104}$$

式中 $\bar{q}$——平均施肥量（L/min）；

q——总施肥量（L/min）；

n——喷头个数（个）。

喷幅宽度测定方法如图 3－79 所示。

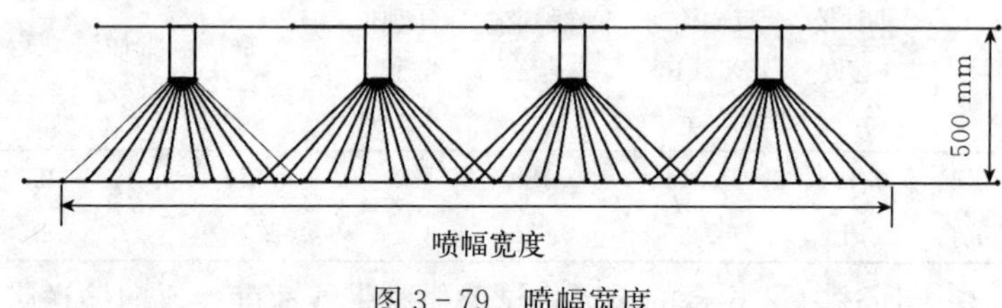

图 3－79 喷幅宽度

施肥喷雾的均匀性符合生产需求。

从图 3－80 中看出，随着流量阀阀门开闭角度的增大，平均施肥量和喷幅宽度都在逐渐增大。在 0°～45°范围平均施肥量变化最

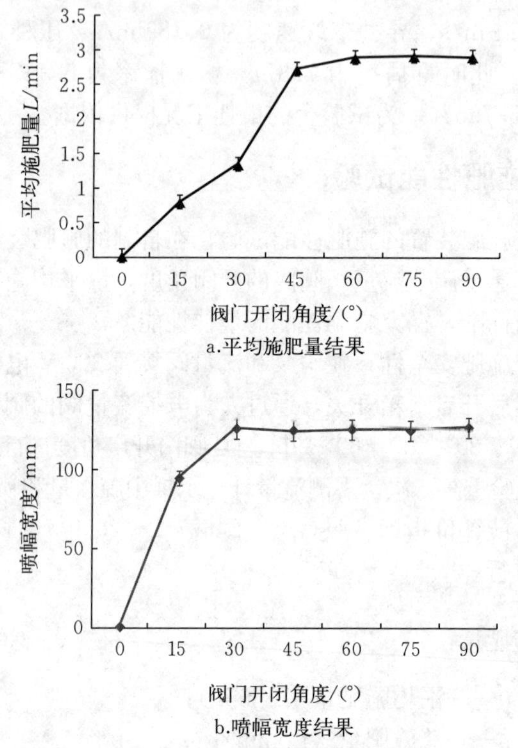

a.平均施肥量结果

b.喷幅宽度结果

图 3－80 不同阀门开闭角度对施肥性能的影响

为明显，平均施肥量与阀门的开闭角度呈正比；在 45°～90°，平均施肥量稍微上升变化后保持稳定。其主要原因是：由于水泵的压力处于固定值，阀门开闭角度在 45°之前，来自流量阀管道上部水溶液承受水泵施加的压力，管道阀门内外部压力差较大，因此平均施肥量在急速上升，当阀门开闭角度大于 45°之后，管道阀门内外部的压力基本处于一致，因此平均施肥量几乎达到恒定状态。

从图 3-80 中看出，在 0°～30°范围喷幅宽度变化最为明显，喷幅宽度与阀门的开闭角度呈正比，在 30°～90°范围喷幅宽度基本保持稳定。这是因为阀门开闭角度在 30°之前，由于喷嘴管内部的压力不够，水流通过喷嘴形成的喷幅面较小，从而导致喷幅宽度较小；当大于 30°之后，喷嘴管内部的压力逐渐增大，水流通过喷嘴形成的喷幅面保持稳定，因此喷幅宽度保持稳定。

结合图 3-80，选取流量阀阀门的角度在 45°时，整体的施肥性能最佳。

施肥装置的单因素试验以流量阀阀门的开闭角度为试验因素，以平均施肥量和喷幅宽度为判断标准。试验结果表明：选取流量阀阀门的角度在 45°时，整体的施肥性能最佳。

第四章 马铃薯智能精播实践及应用

第一节 种薯制备

马铃薯优质种薯的生产是稳产、高产和优产的前提和保证。种薯生产涉及育种、栽培和储存等多个环节。马铃薯种薯的规模化、标准化和机械化生产是种薯产业的发展趋势。按照产学研用一体化产业路线，从制备种薯的生产环节开始，笔者团队通过科技创新不断在种薯制备方面开展技术创新，通过种薯制备生产实践及应用为产业赋能。

我国的种薯制备主要由龙头企业引领和推动，这几年国内种薯生产企业蓬勃发展，为产业的升级奠定了良好的基础。由于气候条件的影响，种薯制备的企业和基地多分布在河北、内蒙古和甘肃等地区，不同企业所建立的基地多在北半球同一纬度，呈现集中连片的趋势。图 4 - 1 所示为笔者团队合作的种薯企业和建立的示范基地。

农业机械化成为种薯制备企业生产的重要依托。种薯生产实现全程机械化，提高了生产效率，同时降低了劳动强度。大型农业机械适合北方平原，可以实现种薯的高效生产。

种薯基地使用的马铃薯杀秧机采用仿形组合刀片，每个刀片的长短、形状和入土角度存在差异，提高了刀片和马铃薯栽培地垄紧密贴合，同时也有效地发挥不同刀片的切断和打碎的作用。

马铃薯按照目标产量选定合适的杀秧日期，杀秧过早会导致减产，杀秧过晚会影响种薯质量。根据天气和马铃薯长势来决定马铃

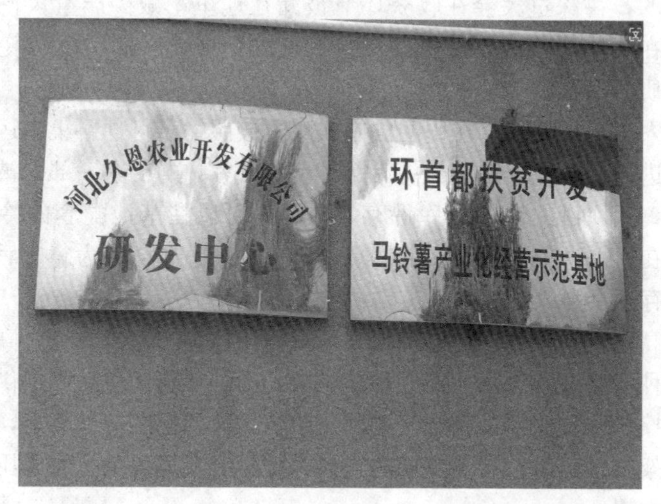

图 4－1　笔者团队合作的种薯企业和建立的示范基地

薯杀秧日期，是马铃薯高质量生产的关键技术。彩图 4－1 所示是马铃薯杀秧机机械化作业效果。

为了提高马铃薯种薯的质量，避免机械损伤降低马铃薯种薯的价格，传统的全自动收获辅助了人工分级装袋的环节。从地里将挖出的马铃薯进行人为甄别和分级，将质量不达标的马铃薯去除掉。

动态甄别马铃薯种薯的品质是制备环节的重要步骤，在收获种薯和人工分级过程中，需要随时在作业现场进行品质管控。

种薯的质量不但和栽培环节有关，也和挖掘收获、分级装袋密切相关，质量控制不到位，在后期的储存环节会出现质量问题，影响后期的播种和出苗。

马铃薯制种最为关键的环节就是控制种子的质量，在收获的同时技术人员要在田间反复查验，通过检查马铃薯的单个重量、产量、表皮以及内在品质等，来查验马铃薯种薯的质量是否稳定。

马铃薯田间查验还要注意马铃薯种薯体积的均匀性，作为商品薯的马铃薯体积差异不要过大。另外，种薯分布的耕深也是很重要的，耕深过大会在收获环节被漏在地里，减少产量；耕深过小会在收获环节被杀秧机打烂或者表皮受损，后期引发霉变，影响品质。

人工装袋的种薯在田间集中收集，按照编号将种薯集中运输到地头进行订单式交易。交易后的种薯按照客户的要求一部分被装上货车，运往目的地的冷库保存，一部分可以在基地配套的冷库保存。在这一环节非常重要的一点是避免种薯磕碰，因为磕碰后的种薯保存期会显著缩短。

高质量储存种薯可以确保来年规模化播种的整体质量，高质量的播种能提高发芽率，促进种苗长势，为马铃薯优质高产提供了科技支撑。种薯储存采用透气的网袋包装，放到标准的支架上，然后将支架堆叠起来。有了支架的支撑，可以有效地避免多层叠压对马铃薯的损坏。

立体储存的种薯能保证每个单元的重量和品质，有利于按照订单进行集中配送，其间要定期进行科学抽检，以确保所储存种薯的品质。

完成上述的种薯科学制备和高效储存，播种前的重要环节就全部到位了。笔者团队通过反复的摸索和实践，探索出了一条高效的生产模式，确保种薯制备过程实现低成本和高效率。这种生产模式也会随着产业的发展不断进步和优化。

第二节　精量切种

每年从库里取出种薯，人工对其进行催芽，在播种前首先要完成切种的生产环节。因为催芽后的马铃薯，每一个大的种薯上面，会分布多个芽眼，切种可以将一个较大的马铃薯作为 3 个以上的种子加以高效利用，减少成本，还能促进马铃薯的生长，一举多得。

传统的马铃薯切种依靠人工进行，依靠经验进行简单判断后，用小刀将马铃薯放在木板上切成小块，切块后的马铃薯再被收集起来进行处理，作为种薯使用。

精量切种是依靠农业装备进行种薯自动化高效切分，通过机器换人的方式解决种薯切块的高强度劳动。切种机通过输送带将待切分的种薯精准地送到滚刀下面，再通过托盘和刀片的配合实现种薯的快速切分。

托盘和刀片的运转速度、切块的大小配合可以通过控制器旋钮进行预先设定，这样切块机就可以适合不同规格大小的种薯，实现种薯的高效精量切分。

切块后的马铃薯要采用消毒溶液对切口进行处理，避免切口被细菌感染。消毒和切块同步完成，切块机上面配有专门的溶液瓶，可定量地灌入消毒溶液，在切块的同时快速进行消毒。

经过消毒溶液处理的切块种薯，被细菌感染的风险就大大降低了。处理后的种薯切块，可以通过输送带集中进行装袋，然后被运输到地头进行播种。彩图 4 - 2 所示是处理后的种薯切块。

晾干后的切块种薯可以用透气的袋子包装，集中运输到田间，作为播种的种子使用。准备好的种子统一摆放在播种机上面，根据播种的进度随时拆开，加入种箱。

第三节 精准播种实践

马铃薯精准播种对于马铃薯的规模生产具有至关重要的作用。如何解决实际生产播种精度和播种效率之间的矛盾，成为国内外研究的热点。播种精度的提高，对于节省种薯使用成本、节约劳动力和提高土地利用效率，都具有重要影响。研发新的机型、提升农艺水平、农机农艺融合是解决上述问题的三大法宝。

针对上述问题开展技术示范，通过田间技术示范带动装备的推广应用。笔者团队在四川等地建立了示范区并进行马铃薯机械化播种和栽培的技术推广。

为了加快产业升级，田间示范由装备制造企业、科研院所、农业技术推广单位、农业机械推广单位和种植合作社、种植大户共同举办，按照产-学-研-用一体化的思路开展联合技术示范，通过系统化的田间展示发现问题，现场讨论和解决问题，促进马铃薯精量播种装备的快速发展和更新换代。

在实际生产的播种环节，根据需要选择合适的种薯。较小的种薯可以不用切块直接播种，但售价较高，导致成本比切块薯高。

笔者团队联合多所高校开展了马铃薯精量播种的相关理论和技术研究，开发了新的送种机构，研制了新的播种机，并在上述示范区开展了联合示范。

从田间作业的数据来看，新研发的精量播种机，通过单独的送种机构，避免了拥堵，重播和漏播的问题得到很好的解决，播种的间距和播种的深度比较理想。对平地、坡地和坑地等不同地形和不同湿度土壤都有很好的适应性。图 4-2 所示是播种效果。

播种起垄一体的播种机实现了复合作业，提高了作业效率，作业后的田间地垄也更加平整、美观。

通过鸭嘴机构进行半自动播种、人工辅助投种的技术也进行了示范。这种移栽技术和精量播种结合的优点是对地形的适应性更高，缺点是作业效率较低。图 4-3 所示是鸭嘴式播种。

图 4-2　播种效果

图 4-3　鸭嘴式播种机

鸭嘴式播种机在田间作业时播种作业的深度较浅，直接播种后，种子在地表，要通过开沟在沟里进行播种，或者播种后起垄将种子埋好。

在河北示范基地的播种作业，不同于在南方进行马铃薯播种，由于河北张家口土地较为干旱，要在播种后浇水，播种机作业时，在拖拉机的头部加挂水箱作为配重使用。图 4-4 所示为播种机作业。

图 4-4　播种机作业

笔者团队在河北、内蒙古等马铃薯种植基地开展了精量播种技术示范，通过将旋耕、播种结合，提高了播种质量，促进了播种后的保墒和发芽，后期长势较好。彩图 4-3 为马铃薯旋耕播种一体机作业现场。

马铃薯机械化精量播种要按照农机农艺融合的方法，应根据当地的耕地和气候条件，因地制宜地开展规范化的作业。通过提高播种质量，降低后期的管理强度，促进马铃薯的长势，同时提高马铃薯产量。

田间精量播种的管理，要从马铃薯制种开始，通过精量切种、精准播种等环节，确保播种环节高质量完成。当然，在后期的管理、收获等环节中，也要一脉相承，才能提高马铃薯的产量和质量。这些技术笔者在其他著作中有详细陈述，在此不再赘述。

第五章

马铃薯智能精播发展趋势

第一节　产业趋势

马铃薯精量播种从开始推广应用，到如今逐步被产业认可，成为一种绿色低碳的栽培方式，这对于马铃薯产业的发展具有重要的引领作用，不仅在农业范畴具有前沿引导作用，在农田环保方面也具有重要影响。

马铃薯精量播种装备为产业的提升提供了装备支撑，使得机械化作业成为可能。智能装备的研究和规模化应用进一步提升了装备的整体水平，提高了马铃薯生产的精细化水平，确保了马铃薯生产的可持续发展。未来产业发展趋势包括以下 5 个方面。

(1) 人工智能技术赋能马铃薯智能播种装备发展。人工智能技术快速发展，已经深刻地影响到当前经济社会的方方面面，马铃薯作为主粮，对人民群众的生活产生重要的影响，人工智能技术与马铃薯产业的种薯识别、精量播种等方面的深度结合将成为必然趋势。

(2) 智慧农场场景带动马铃薯智能播种装备进步。智慧农场作为一种农业系统工程，将更加科学地整合现有农业资源。利用最小的资源生产更多的健康食品将成为未来农业发展的永恒主题。智慧农场将进入高级阶段，出现机器人、农机、耕牛和人力协同作业的奇妙场景。

(3) 农业产业工人影响马铃薯智能播种装备研发。马铃薯栽培不断朝着专业化的方向发展，越来越多的年轻人会去种地。智能播种装备的研发将迎合年轻人，将更加个性化、友好化，外形会科幻，设计有创意，功能很简洁，用途很小众。

（4）科普教育知识影响马铃薯智能播种装备发展。在自媒体众多的今天，科普马铃薯如何精量播种可以影响相应品种马铃薯薯片或薯条的价格。了解马铃薯生产的全过程，爱上这个食品，科普教育的图书、视频将发挥为马铃薯带货的功能。

（5）科创一体专家推动马铃薯智能播种装备革新。注重产业应用的专家将会以务实的态度走进最终的用户，装备创新科研成果的用户不仅是装备生产企业，更重要的是龙头种植公司，装备的革新最终的推动力是种植马铃薯的群体。

第二节 发展建议

马铃薯产业十多年间快速发展，种植规模和产量都有了飞速的发展。但在快速发展的同时，在品种、农艺、装备、人才和项目方面也存在诸多短板，对于精量播种的发展有以下建议：

（1）小众化的高端品种应该成为选育的重要方向。功能性的品种在未来生活中扮演重要的角色，例如通过分子生物学培育适合老年人、糖尿病人、运动爱好者的马铃薯品种，将马铃薯食品从吃风味变为吃健康，这将是革命性的创新。

（2）丰富化的特色农艺应该成为栽培的重要方向。栽培工艺的设计要朝着解决问题的方向发展，马铃薯一株上面保留几颗还是几十颗果实，藤蔓保留几厘米还是几米，吃马铃薯的块根还是吃马铃薯的叶、茎和花，这是可以选择的，特色栽培应是丰富的，各有其价值。

（3）智慧化的精准装备应该成为农机的重要方向。马铃薯的栽培作为人类 2035 年旅行到月球、火星的主粮是可行的，通过植物工厂在飞船的货舱周年生产全株可食用的马铃薯，所依靠的皆是精准农业装备。在戈壁荒漠、无人荒岛、边防哨所生产都需要智能农机装备。

（4）颠覆性的钻研人才应该成为培养的重要方向。马铃薯不仅是隐藏在土中，空中生长的马铃薯、水中生长的马铃薯都被笔者团队成功孕育，颠覆传统认知是马铃薯发展的希望，鼓励用马铃薯生产植物蛋白补充肉类蛋白都是正确的方向。

（5）地域性的重点研发应该成为经费资助的重要方向。马铃薯覆盖区域广泛，种质资源的收集挖掘、特色农艺的探索创新、智慧装备的研究创制和颠覆人才的包容支持都难以做到通用性，现有的以共性技术为主的重点研发资助应逐渐向研究地域性难题的资助转变。

后记

我与土有关的工作最早开始于2005年，当时刚开始工作，进入赵春江院士大团队。首先接到的就是土壤自动采样机械研发任务，课题组长是王秀老师，科研作风认真严谨，王老师带领团队从机械加工图纸、电子控制逻辑和轨迹规划软件做起，一步步把土壤采样装备研制成功，并进行了示范应用。这个过程历时多年，经过持续地改进一代代产品，最后将土壤的采样和管理的技术体系完整地搭建起来。

和马铃薯结缘也是偶然。曹程坳研究员负责联合国工业发展组织“中国甲基溴土壤消毒替代技术示范项目”，我们承担了机械装备的研发任务，该研究通过用棉隆药剂替换对环境有破坏作用的甲基溴农药来实现土壤熏蒸。由此开始对生姜、马铃薯等作物进行调研，后来陆续承担了液态药剂土壤消毒机、固态药剂土壤消毒机的自然基金科研任务，深入地开展土壤消毒促进马铃薯增产的工作。经过持续多年的研究，这项任务取得了非常好的效果。

在研究过程中，深感马铃薯智能化装备方面的资料缺乏。为了填补这方面的空白，从2016年开始，我萌生了将马铃薯智能化理论、技术和装备研究结集丛书出版的想法。由于科研成果到田间应用有个漫长的过程，加上多个单位协同研究而变动较大，因此写作过程也经历了多次调整。非常庆幸的是，在这个过程中培养了多名研究生，提供了坚实的素材，推动了马铃薯智能装备有关理论的不断完善。

按照多个主要作物、多个作业环节和多个研究思路，对拟编写的书进行了系统规划。从方便读者阅读和理解的角度，围绕关键知识点，本书力争做到观点新颖、研究扎实、图文并茂、简单明了。当然，还要营造“身临其境”的感觉，要带着读者到田间地头，如同讲故事一样娓娓道来。但是受限于笔者的水平，这一设想可能要打个折扣，但总体想法是：理论讲明白、技术说透彻、实践有乐趣。

其间，我作为团队首席牵头了国家重点研发计划的申报，整个团队有十几家科研单位和企业，大家长达半年围绕马铃薯全程作业装备的深入碰撞让我更加坚信创作一本系统学术著作的必要性。反复思考后，把马铃薯全程机械化的“播、管、收”全覆盖，调整为先写“播”。其目的就是更加聚焦深入关键问题，并且说得更加透彻、更加清晰；也和我创作并已出版的《图解温室智能作业装备创制》等全程装备的著作有所差异，这是一种新的探索。

我希望这本书能发挥科普的作用，让人们重新认识适合做薯条的马铃薯是怎么种出来的，也希望我的书能起到抛砖引玉的作用，让更多的人爱上马铃薯。

马　伟

2024年5月1日于望江楼

图书在版编目（CIP）数据

马铃薯智能精播理论及装备 / 马伟，许丽佳，谭彧著. -- 北京：中国农业出版社，2024. 12. -- ISBN 978-7-109-32906-5

Ⅰ. S532

中国国家版本馆 CIP 数据核字第 2025BC6528 号

中国农业出版社出版

地址：北京市朝阳区麦子店街 18 号楼

邮编：100125

责任编辑：李　瑜　黄　宇　　文字编辑：李兴旺

版式设计：王　晨　　责任校对：吴丽婷

印刷：中农印务有限公司

版次：2024 年 12 月第 1 版

印次：2024 年 12 月北京第 1 次印刷

发行：新华书店北京发行所

开本：880mm×1230mm　1/32

印张：7　　插页：8

字数：208 千字

定价：50.00 元

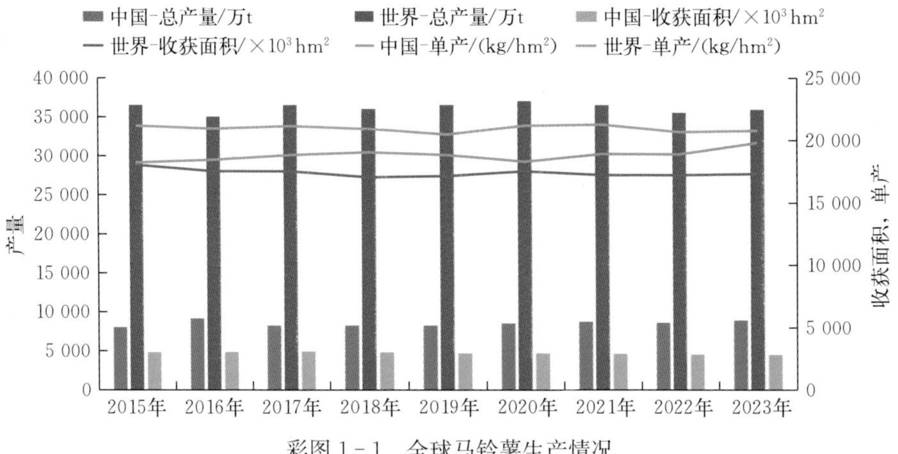

彩图 1-1 全球马铃薯生产情况

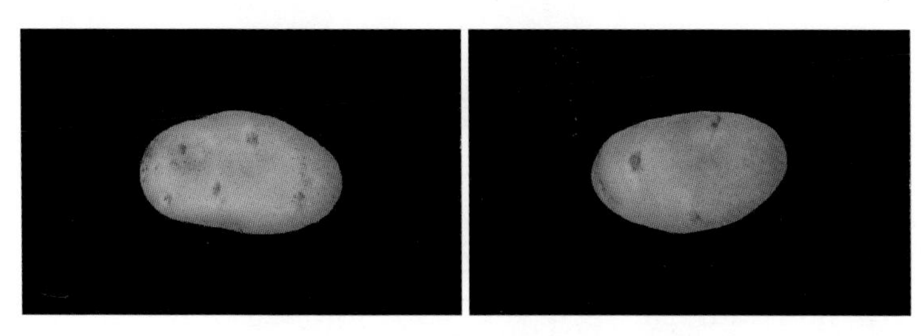

彩图 2-1 马铃薯种薯样本的原始图像

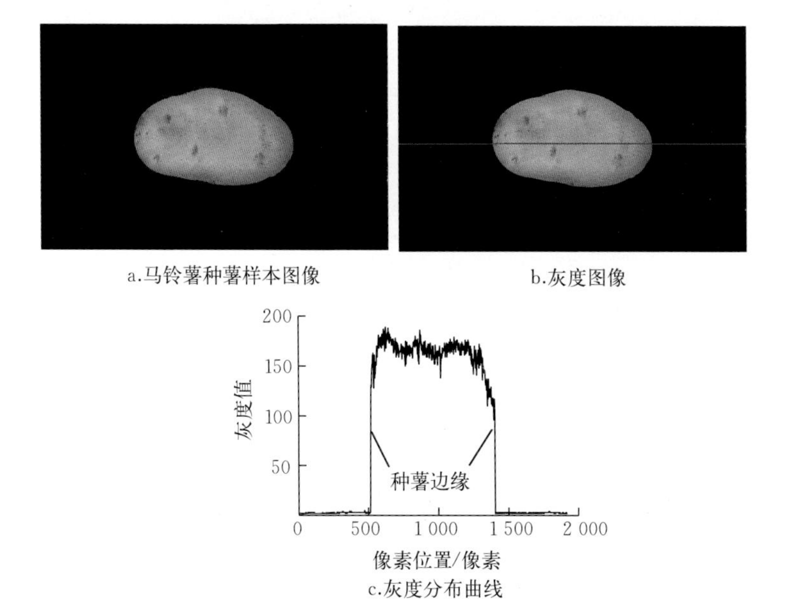

彩图 2-2 马铃薯种薯样本图像的灰度分布特征分析

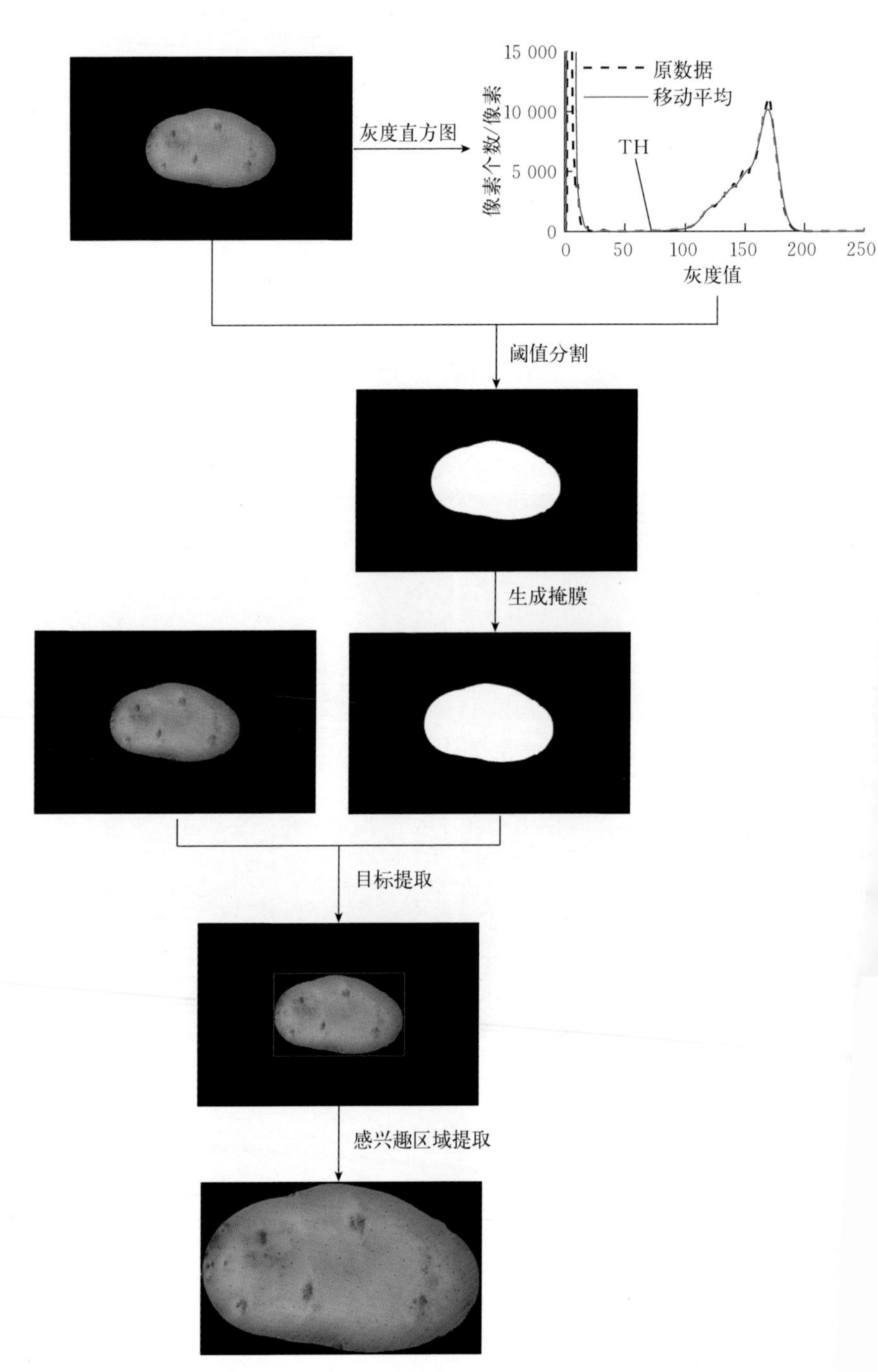

彩图 2-3　马铃薯种薯样本图像背景分割流程

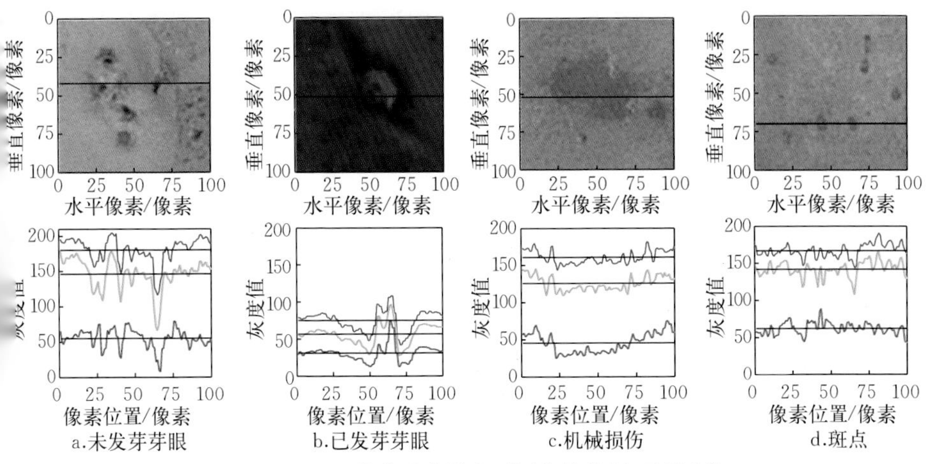

a.未发芽芽眼　b.已发芽芽眼　c.机械损伤　d.斑点

彩图 2-4　马铃薯种薯样本原图像的特征区域图像

注：在每种特征的 100 像素×100 像素图像中，黑色线段标记了图像的任一段水平像素；灰度分布曲线图中的红色（绿色或蓝色）曲线为特征图像中黑色线段所标记像素的 R（G 或 B）分量的灰度分布曲线，曲线图中的 3 条黑色线段分别为相应曲线的灰度平均值。

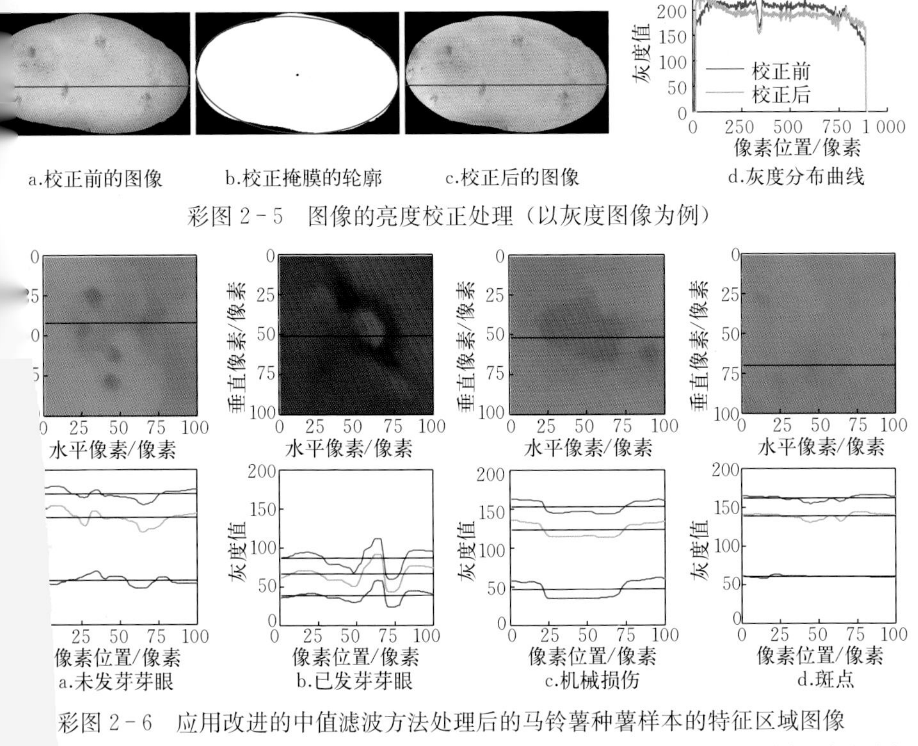

a.校正前的图像　b.校正掩膜的轮廓　c.校正后的图像　d.灰度分布曲线

彩图 2-5　图像的亮度校正处理（以灰度图像为例）

a.未发芽芽眼　b.已发芽芽眼　c.机械损伤　d.斑点

彩图 2-6　应用改进的中值滤波方法处理后的马铃薯种薯样本的特征区域图像

：在每种特征的 100 像素×100 像素图像中，黑色线段标记了图像的任一段水平像素；灰度分布中的红色（绿色或蓝色）曲线为特征图像中黑色线段所标记像素的 R（G 或 B）分量的灰度分布曲线图中的 3 条黑色线段分别为相应曲线的灰度平均值。

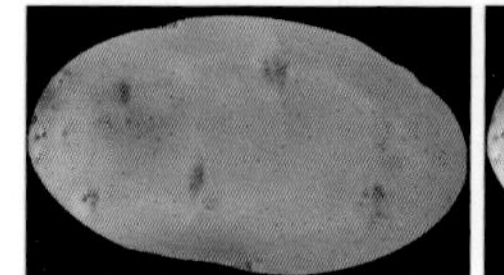
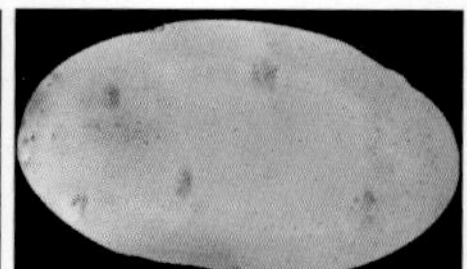
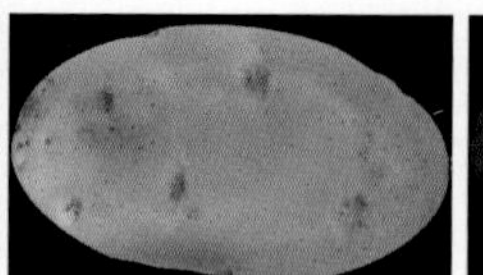
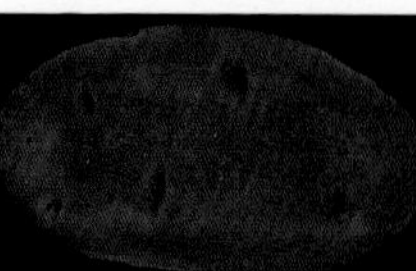

a.马铃薯种薯亮度校正的彩色图像及R、G、B分量图像

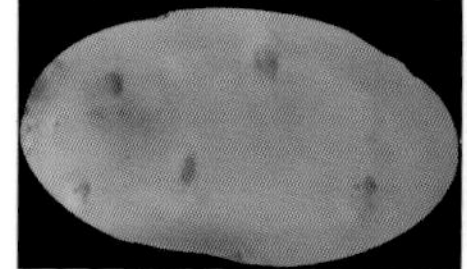
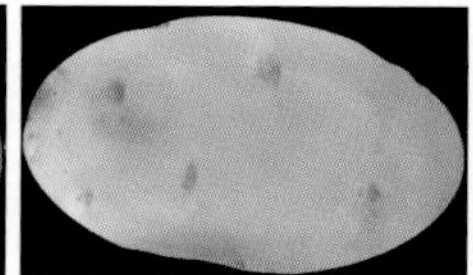
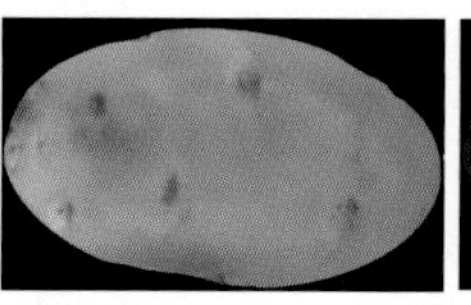
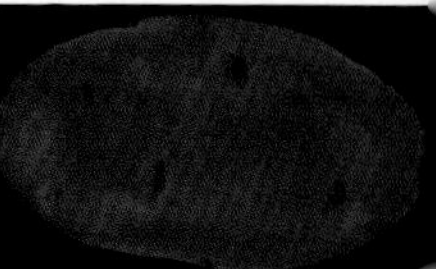

b.马铃薯种薯中值滤波的彩色图像及R、G、B分量图像

彩图 2-7　马铃薯种薯原图像与中值滤波处理后的图像

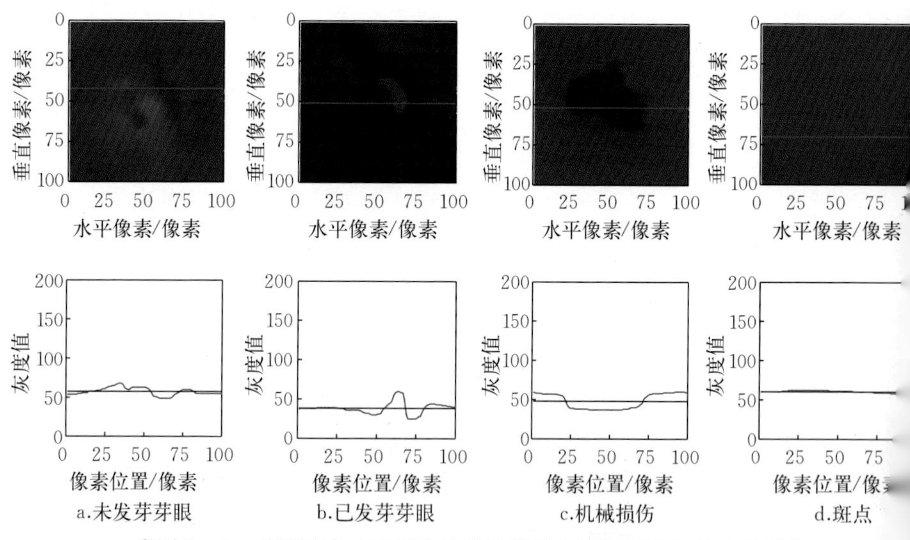

a.未发芽芽眼　b.已发芽芽眼　c.机械损伤　d.斑点

彩图 2-8　引导滤波处理后马铃薯种薯样本特征区域的 B 分量图像

注：在每种特征的 100 像素×100 像素图像中，蓝色线段标记了图像的任一段水平像素；灰
布曲线图中的蓝色曲线为特征图像中蓝色线段所标记像素的 B 分量的灰度分布曲线，曲线图中的
黑色线段分别为相应曲线的灰度平均值。

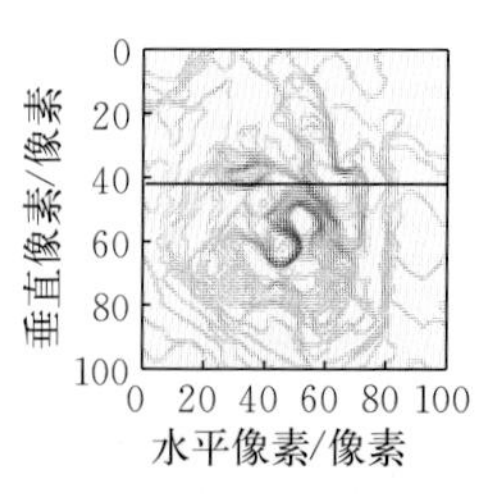

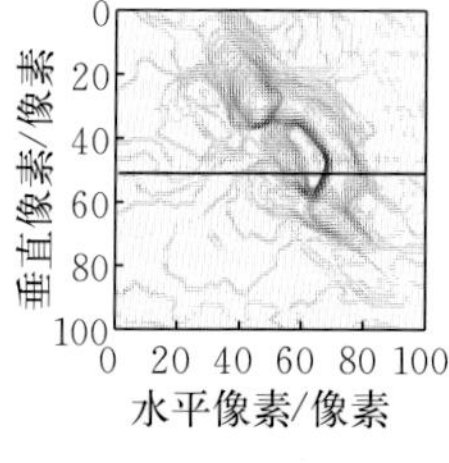

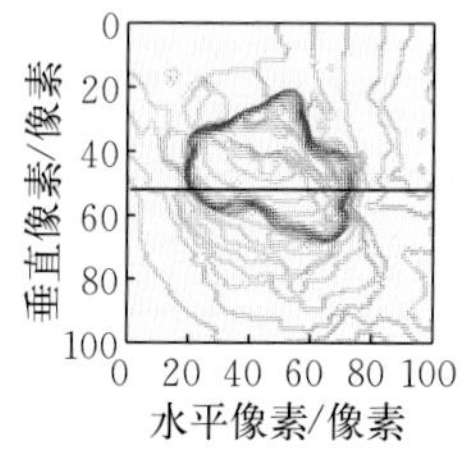

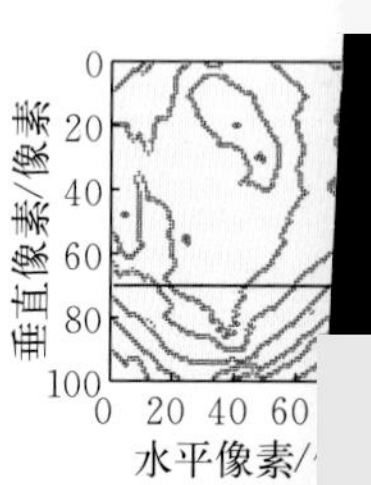

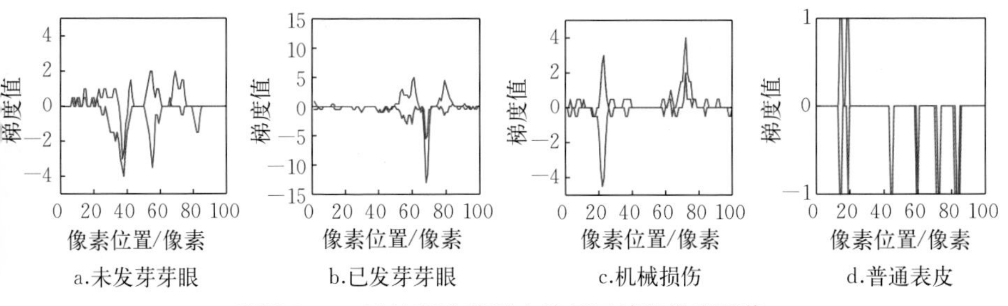

彩图 2-9　马铃薯种薯样本特征区域的梯度图像

注：在每种特征的 100 像素×100 像素的梯度图像中，黑色线段标记了图像的任一段水平像素；梯度分布曲线图中的红色曲线为水平梯度，蓝色曲线为垂直梯度，二者均与梯度图像中黑色线段所标记位置的像素梯度相对应。

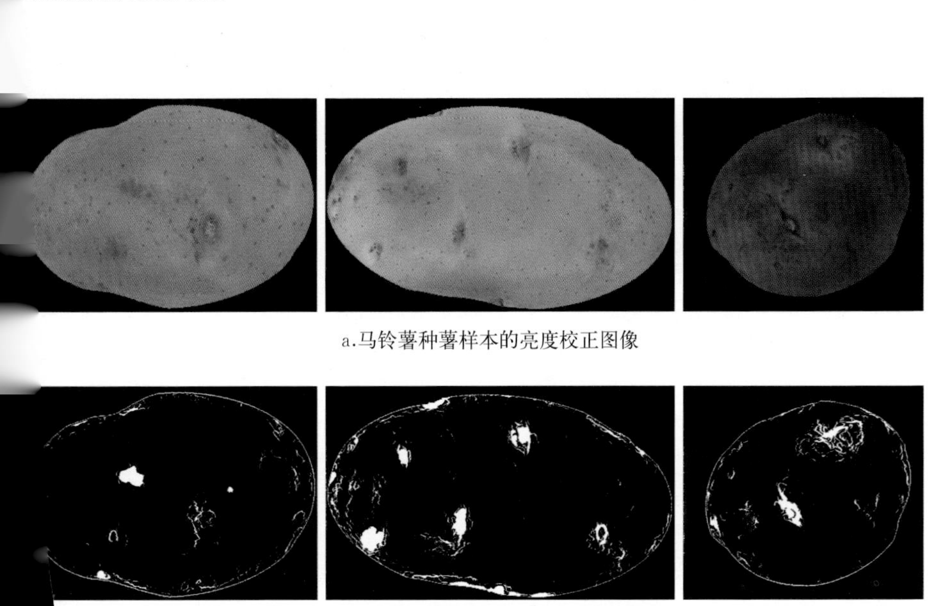

a.马铃薯种薯样本的亮度校正图像

b.马铃薯种薯样本的区域分割图像

彩图 2-10　基于梯度阈值和区域生长算法的图像分割

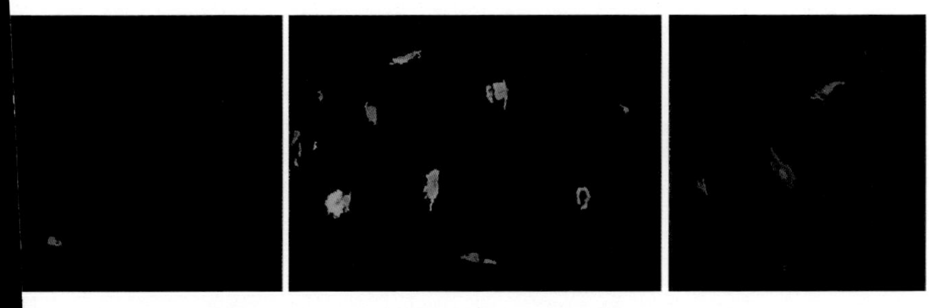

彩图 2-11　马铃薯种薯样本的芽眼识别结果

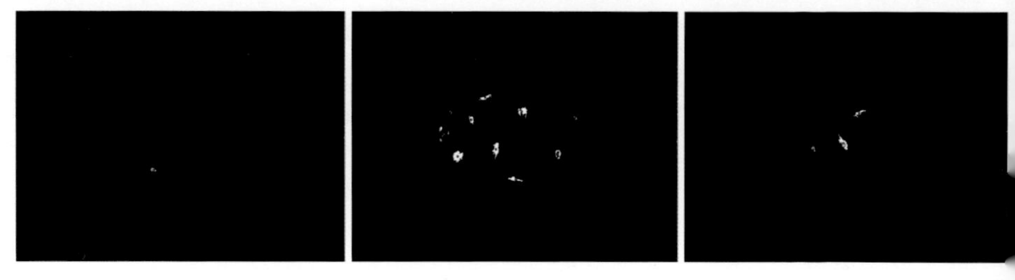

彩图 2-12　马铃薯种薯样本原分辨率图像中的芽眼定位和标记

彩图 2-13　彩色摄像头采集的标定板图像

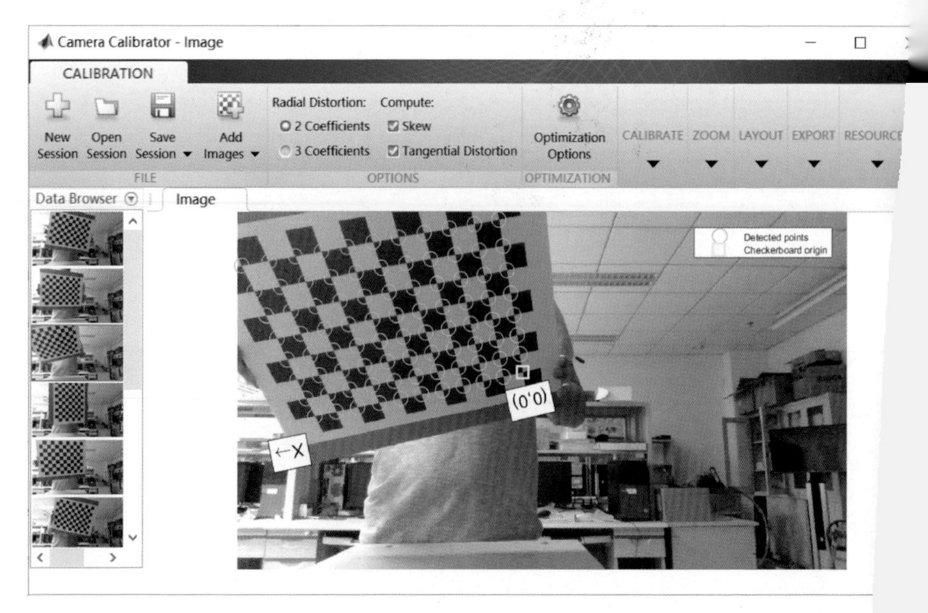

彩图 2-14　Camera Calibrator 相机标定界面

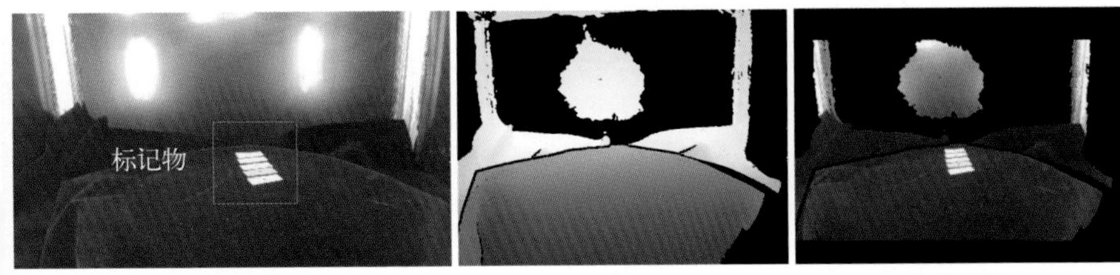

a.彩色图像　　b.深度图像　　c.配准图像

彩图 2-15　标记物的彩色图像、深度图像和配准图像

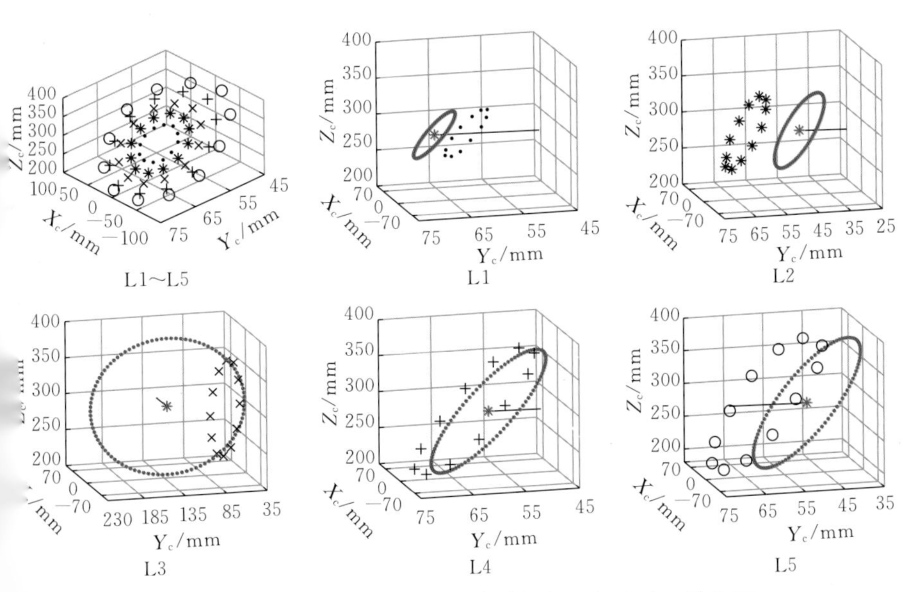

彩图 2-16　转台的标记物中心点在相机坐标系的三维坐标

注：图中黑色散点标记为人工读取的标记物中心点坐标，蓝色标记为拟合圆的圆心及边缘点，
” 标记表示拟合圆所在平面的法向量；黑色标记中，“·”“*”“x”“+”“○”依次对应彩图 2-15a
标记物。

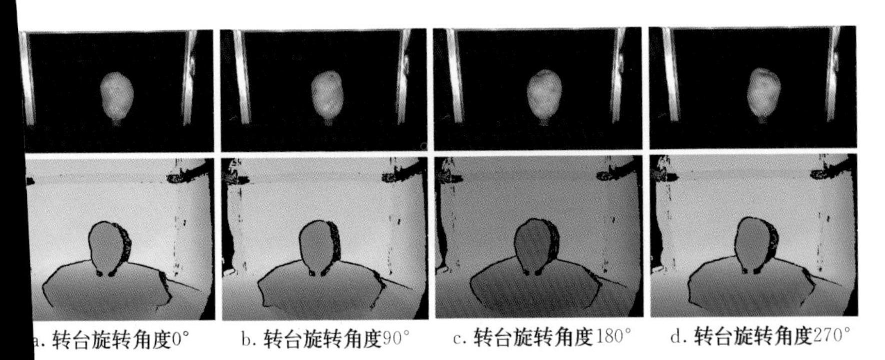

a. 转台旋转角度0°　　b. 转台旋转角度90°　　c. 转台旋转角度180°　　d. 转台旋转角度270°

彩图 2-17　马铃薯样本的彩色图像和深度图像

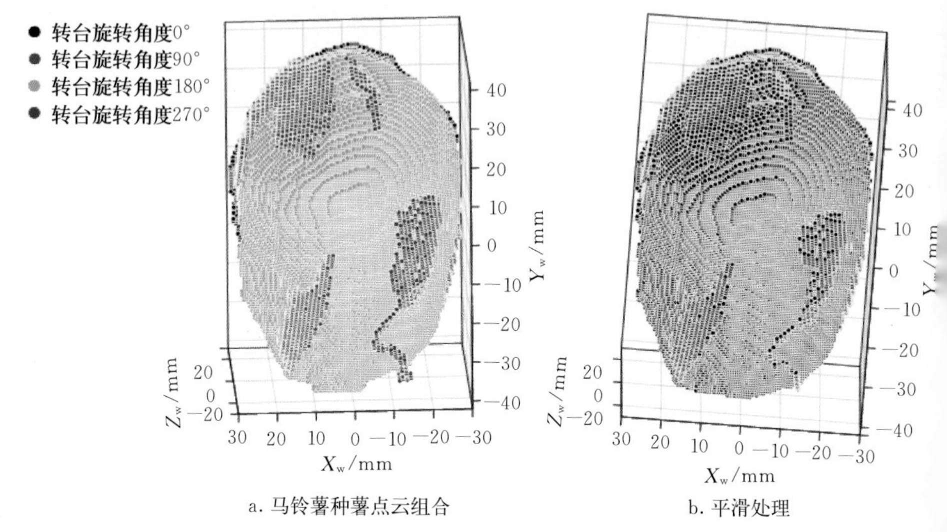

彩图 2-18　世界坐标系下的马铃薯种薯点云模型

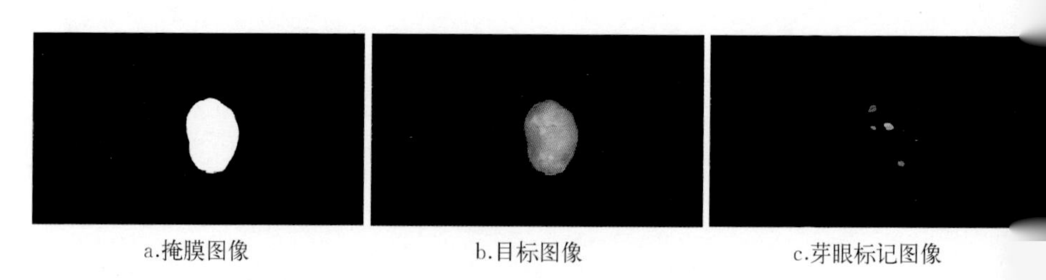

彩图 2-19　马铃薯种薯彩色图像的芽眼识别

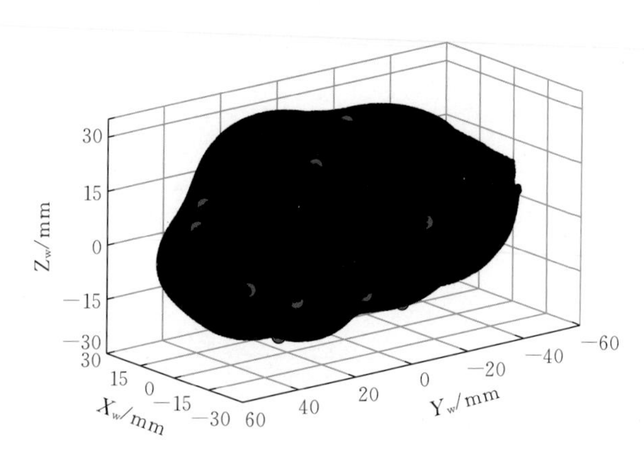

彩图 2-20　马铃薯种薯样本点云模型及芽眼标记

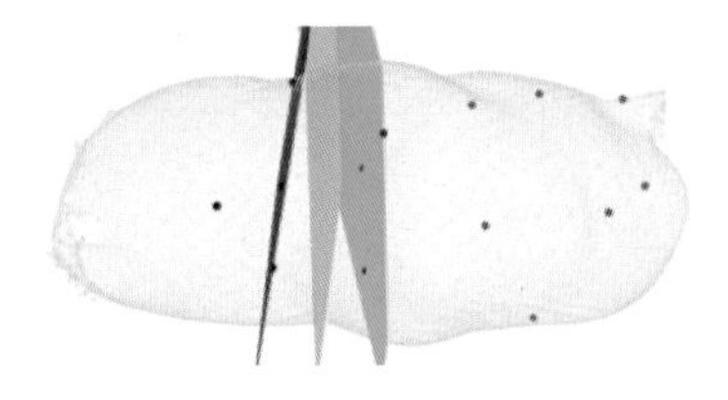

a.芽块Ⅰ和Ⅱ的芽眼平面及分割面

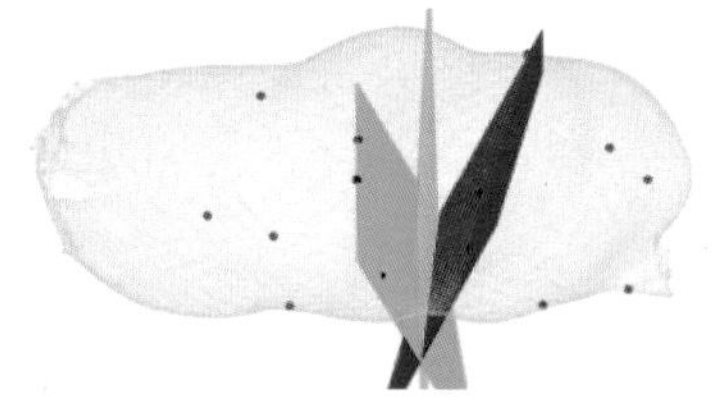

b.芽块Ⅱ和Ⅲ的芽眼平面及分割面

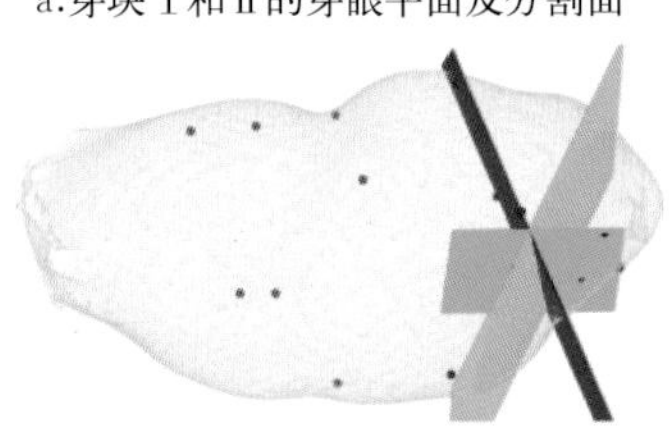

c.芽块Ⅲ和Ⅳ的芽眼平面及分割面

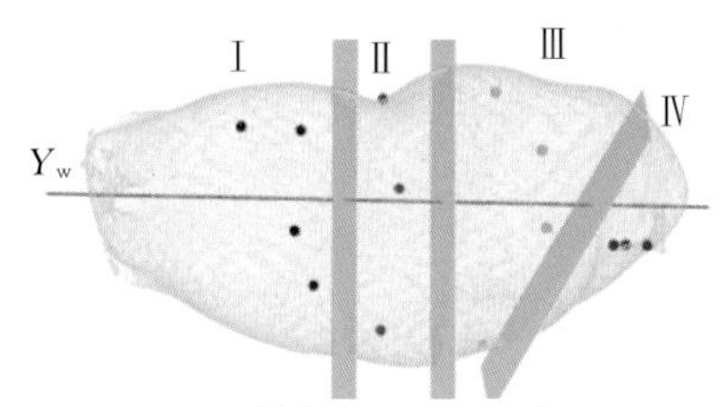

d.样本芽眼及分割面

彩图 2－21　基于芽眼纵向分布密度的马铃薯种薯样本的芽眼、芽眼平面及分割面

注：图中直线 Y_w 为点云模型所在坐标系的纵坐标轴，也是种薯样本在长度方向的中心轴；颜色为色的平面为芽块的分割面，颜色为红色和绿色的平面为相邻两芽块的芽眼平面。本图 a、b、c 中蓝色黑色圆点为拟分割的相邻两芽块上的芽眼，粉色圆点为其他部分的芽眼；本图 d 中从左往右颜色依为蓝色、绿色、红色和黑色的圆点为 4 个不同芽块上的芽眼。

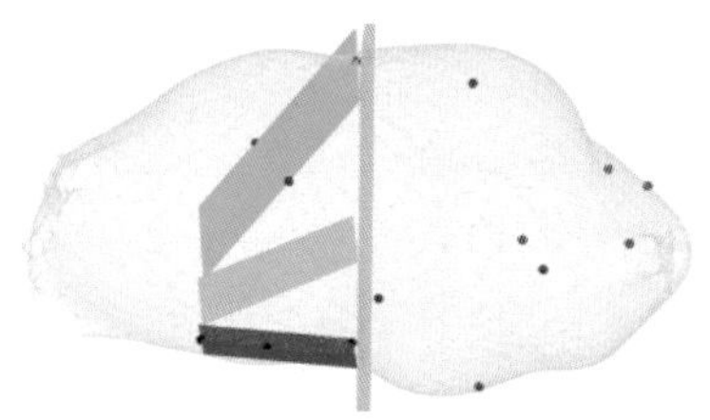

a.芽块Ⅰ与Ⅱ的芽眼平面及芽块Ⅰ、Ⅱ与Ⅲ的分割面

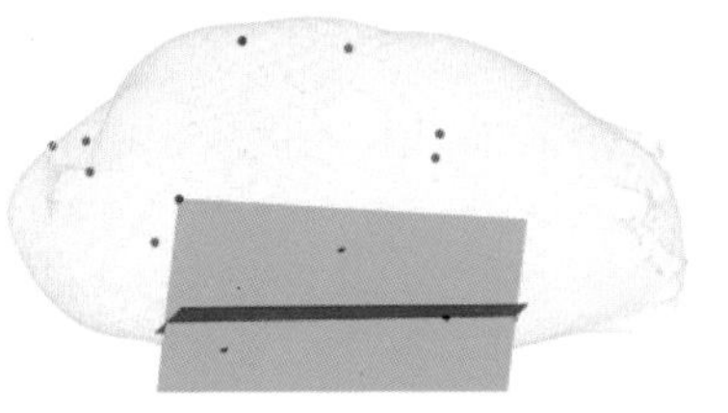

b.芽块Ⅰ和Ⅲ的芽眼平面

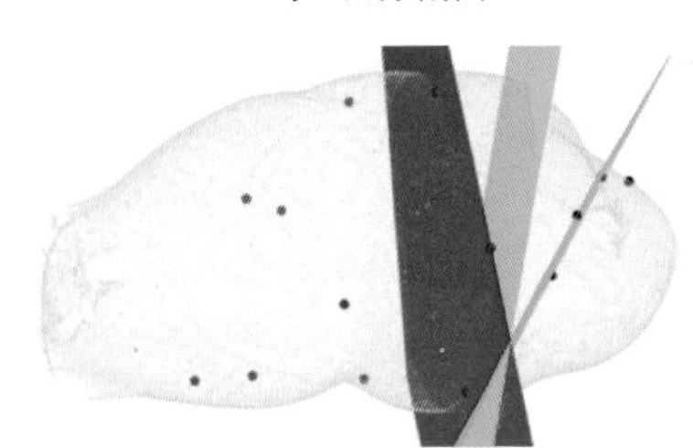

c.芽块Ⅲ和Ⅳ的芽眼平面及分割面

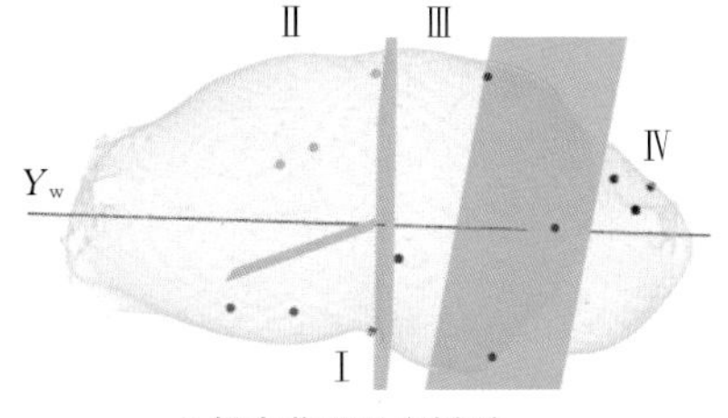

d.样本芽眼及分割面

彩图 2－22　基于芽眼欧氏距离的马铃薯种薯样本的芽眼、芽眼平面及分割面

：图中直线 Y_w 为点云模型所在坐标系的纵坐标轴，也是种薯样本在长度方向的中心轴；颜色为平面为芽块的分割面，颜色为红色和绿色的平面为相邻两芽块的芽眼平面。本图 a、b、c 中蓝色圆点为拟分割的相邻两芽块上的芽眼，粉色圆点为其他部分的芽眼；本图 d 中从左至右颜色依色、绿色、红色和黑色的圆点为 4 个不同芽块上的芽眼。

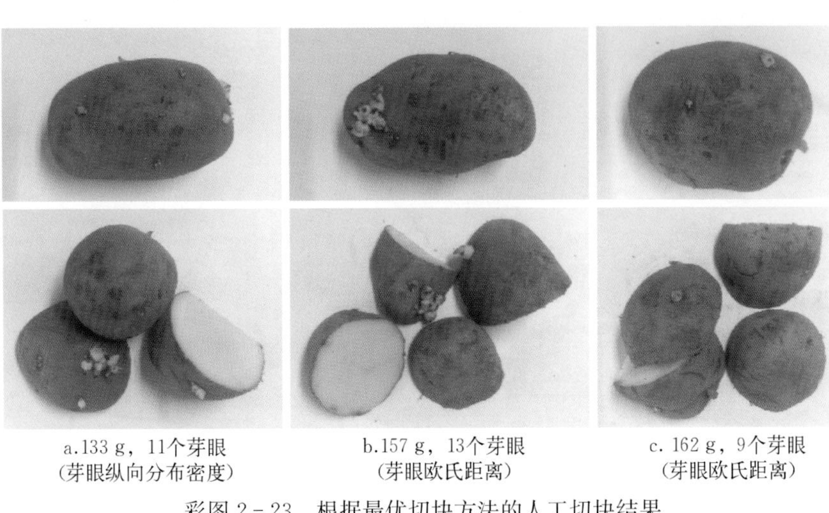

a.133 g，11个芽眼
（芽眼纵向分布密度）

b.157 g，13个芽眼
（芽眼欧氏距离）

c. 162 g，9个芽眼
（芽眼欧氏距离）

彩图 2-23 根据最优切块方法的人工切块结果

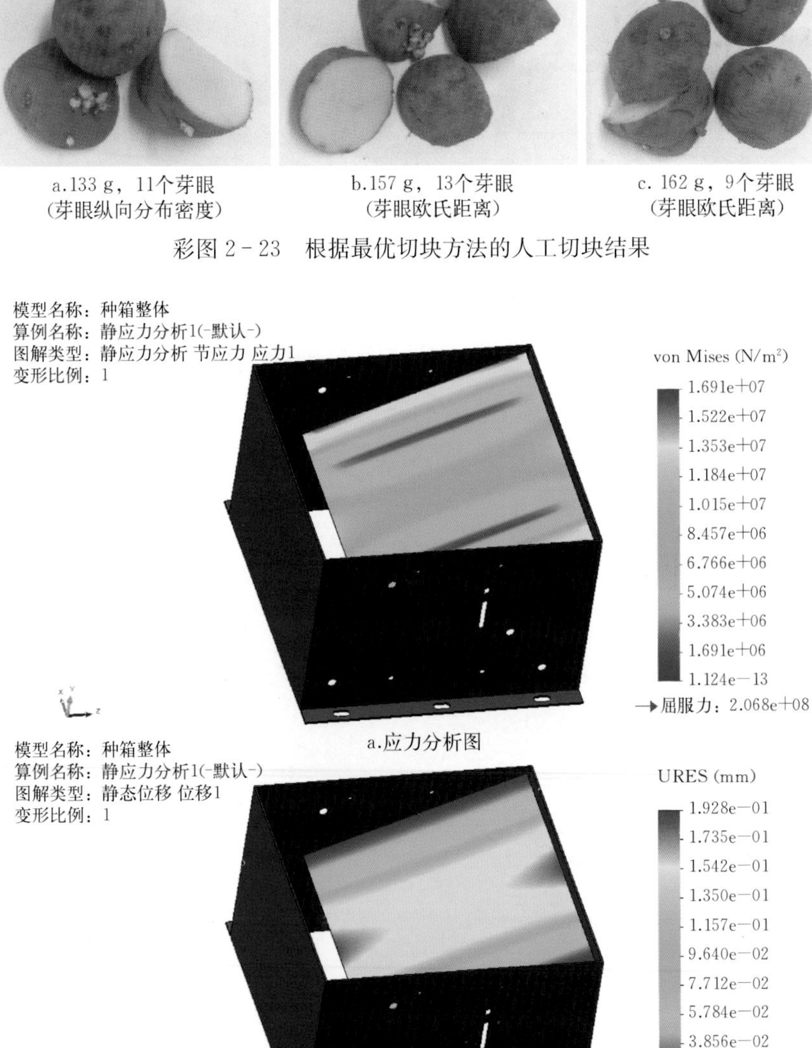

a.应力分析图

b.位移分析图

彩图 3-1 种箱静应力分析图

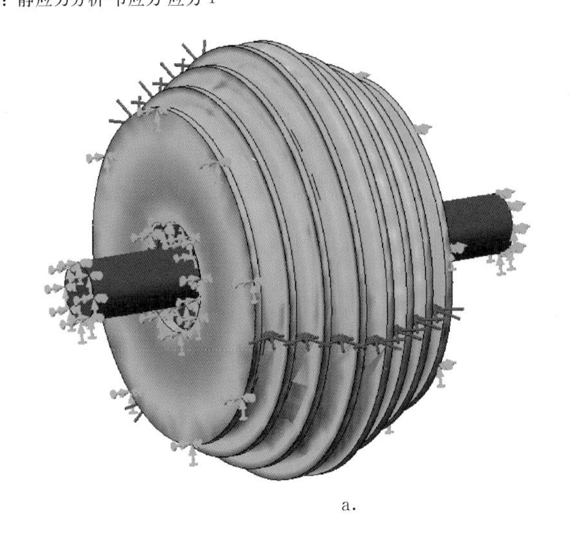

型名称：前中间主动驱动带轮整体
例名称：静应力分析 1(一默认一)
解类型：静应力分析 节应力 应力 1

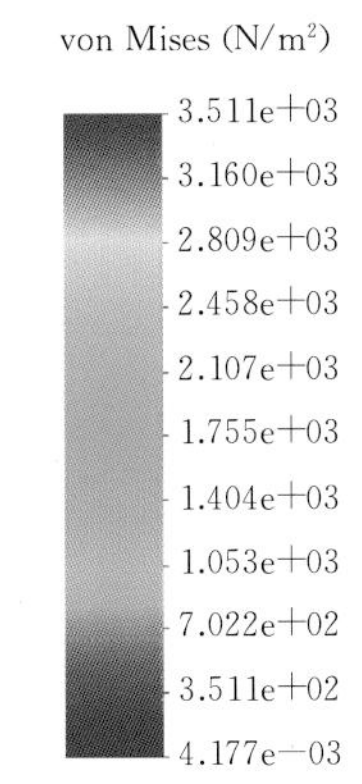

von Mises (N/m²)
3.511e+03
3.160e+03
2.809e+03
2.458e+03
2.107e+03
1.755e+03
1.404e+03
1.053e+03
7.022e+02
3.511e+02
4.177e−03

a.

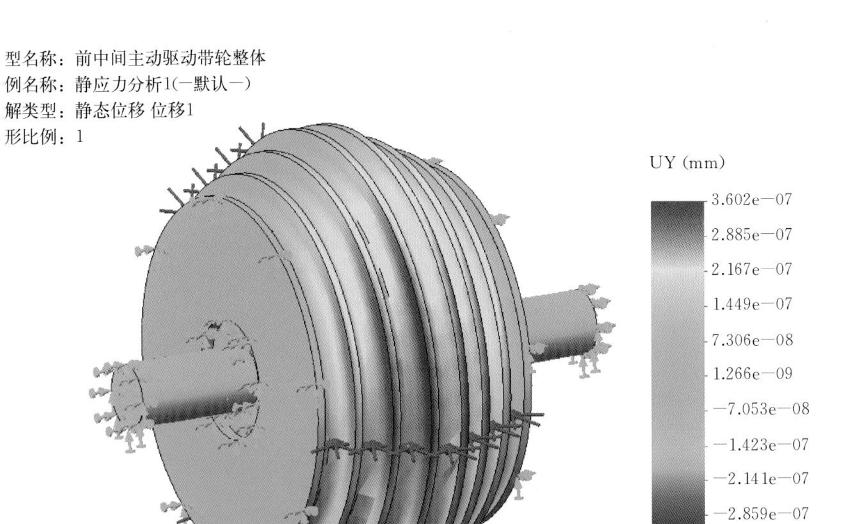

型名称：前中间主动驱动带轮整体
例名称：静应力分析1(一默认一)
解类型：静态位移 位移1
形比例：1
UY (mm)
3.602e−07
2.885e−07
2.167e−07
1.449e−07
7.306e−08
1.266e−09
−7.053e−08
−1.423e−07
−2.141e−07
−2.859e−07
−3.577e−07

b.

模型名称：反向输送带轮前整体
算例名称：静应力分析1(—默认—)
图解类型：静应力分析 节应力 应力1
变形比例：1

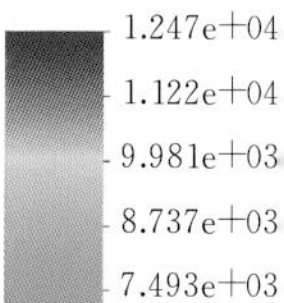

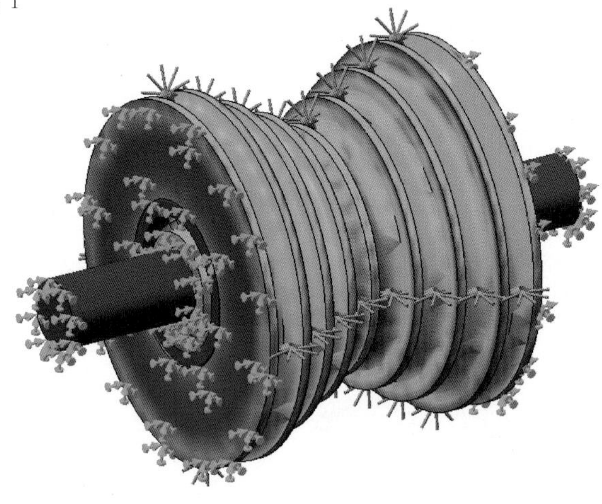

c.

模型名称：反向输送带轮前整体
算例名称：静应力分析1(—默认—)
图解类型：静态位移位移1
变形比例：1

URES (mm)
1.397e−
1.258e−
1.118e−
9.781e−
8.384e−
6.986e−
5.589e−
4.192e−
2.795e−
1.397e−
1.000e−

d.

模型名称：前左主动驱动带轮整体
算例名称：静应力分析1(—默认—)
图解类型：静应力分析 节应力 应力1
变形比例：1

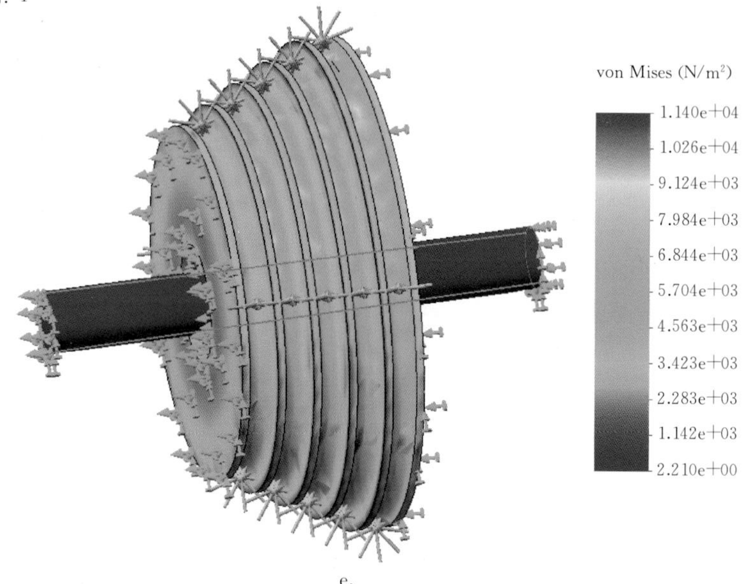

e.

模型名称：前左主动驱动带轮整体
算例名称：静应力分析1(—默认—)
图解类型：静态位移 位移1
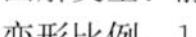
变形比例：1

f.

彩图 3-2　各带轮静应力分析图

模型名称：冷弯等边槽钢(50×30×2 286)
算例名称：静应力分析1(—50×30×2 286—)
图解类型：静态位移 位移1
变形比例：1

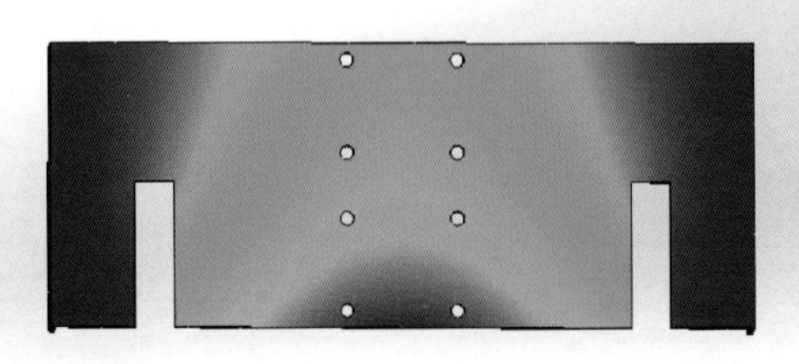

URES (mm)
1.257e+00
1.131e+00
1.005e+00
8.798e−01
7.541e−01
6.284e−01
5.027e−01
3.771e−01
2.514e−01
1.257e−01
1.000e−30

a.上镇压板位移分析

模型名称：压种带底架
算例名称：静应力分析1(—默认—)
图解类型：静态位移 位移1
变形比例：1

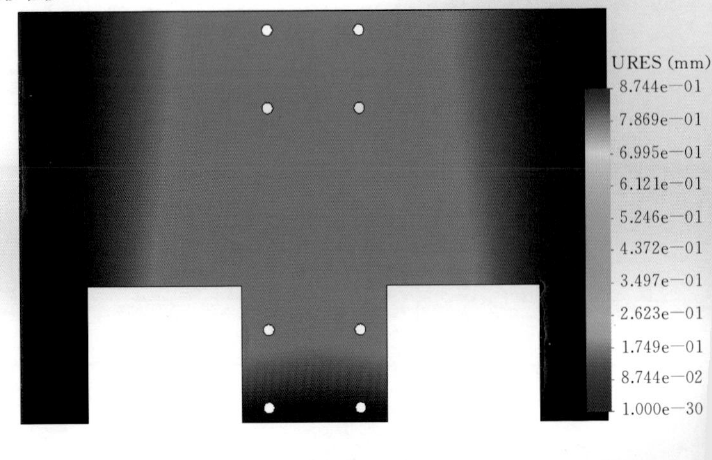

b.下镇压板位移分析

彩图 3-3　上、下镇压板静应力分析

a.承载板静应力分析

b.承载板与骨架位移分析

彩图 3-4　承载板与骨架静应力分析

彩图 4-1　马铃薯杀秧机机械化作业效果

彩图 4-2　处理后的种薯切块

彩图 4-3　马铃薯旋耕播种一体机